全国电工电子基础课程
实验教学案例设计竞赛（鼎阳杯）
优秀项目选编
（2017—2019 年）

黄慧春 胡仁杰 郑 磊 主 编

东南大学出版社
SOUTHEAST UNIVERSITY PRESS
·南京·

内容简介

本书整理汇编了全国高校电工电子基础课程实验教学案例设计竞赛2017、2018和2019年三届优秀获奖作品，从"实验内容与任务、实验过程及要求、教学达成及目标、相关知识及背景、教学设计及引导、实验原理及方法、实验步骤及进程、实验环境及条件、实验总结与分析、考核要求与方法"等方面展示实验教学的组织设计，以期对广大高校教师实验教学的教学理念、实验载体、技术方法、教学进程、实践模式、保障条件、教学评价有所裨益。

图书在版编目(CIP)数据

全国电工电子基础课程实验教学案例设计竞赛(鼎阳杯)优秀项目选编. 2017 — 2019 年 / 黄慧春，胡仁杰，郑磊主编. —南京：东南大学出版社，2022.9
　　ISBN 978-7-5641-9914-2

　　Ⅰ. ①全… Ⅱ. ①黄…②胡…③郑… Ⅲ. ①电工技术 − 教案(教育) − 汇编②电子技术− 教案(教育) − 汇编 Ⅳ. ①TM-42②TN-42

中国版本图书馆 CIP 数据核字(2021)第 262647 号

责任编辑：姜晓乐　　责任校对：杨光　　封面设计：王 玥　　责任印制：周荣虎

全国电工电子基础课程实验教学案例设计竞赛(鼎阳杯)优秀项目选编(2017—2019 年)

主　　编：黄慧春　胡仁杰　郑 磊
出版发行：东南大学出版社
社　　址：南京市四牌楼 2 号　　邮编：210096　　电话：025-83793330
经　　销：全国各地新华书店
印　　刷：常州市武进第三印刷有限公司
开　　本：787 mm×1092 mm　1/16
印　　张：22.75
字　　数：568 千字
版　　次：2022 年 9 月第 1 版
印　　次：2022 年 9 月第 1 次印刷
书　　号：ISBN 978-7-5641-9914-2
定　　价：69.00 元

本社图书若有印装质量问题,请直接与营销部联系。电话(传真)：025-83791830

全国电工电子基础课程实验教学案例设计竞赛组织委员会

主任委员：

王志功：东南大学教授，教育部电工电子基础课程教学指导分委员会主任委员。

曹学勤：中国电子学会副秘书长。

副主任委员：

王志军：北京大学教授，教育部电子信息类专业教学指导委员会副主任委员。

周勇义：北京大学教授，国家级实验教学示范中心联席会副秘书长。

陈后金：北京交通大学教授，"万人计划"教学名师，教育部电工电子基础课程教学指导分委员会副主任委员。

胡仁杰：东南大学教授，"万人计划"教学名师，教育部创新方法教学指导分委员会副主任委员，国家级实验教学示范中心联席会电子学科组组长。

委　　员：

王　娟：中国电子学会科普培训与应用推广中心主任。

孟　桥：东南大学教授，教育部电工电子基础课程教学指导分委员会秘书长。

程文青：华中科技大学教授，教育部电子信息类专业教学指导委员会委员。

徐向民：华南理工大学教授，"万人计划"教学名师，教育部电子信息类专业教学指导委员会委员。

郭宝龙：西安电子科技大学教授，教育部电工电子基础课程教学指导分委员会副主任委员。

韩　力：北京理工大学教授。

侯建军：北京交通大学教授。

姚缨英：浙江大学教授，教育部电工电子基础课程教学指导委员会副主任委员。

郭　庆：桂林电子科技大学教授，教育部电工电子基础课程教学指导委员会委员。

殷瑞祥：华南理工大学教授。

王淑娟：哈尔滨工业大学教授，"万人计划"教学名师，教育部电工电子基础课程教学指导分委员会委员。

殳国华：上海交通大学教授。

秘书长兼专家组组长：

胡仁杰：东南大学教授。

全国电工电子基础课程实验教学案例设计竞赛
评审专家组

陈后金	北京交通大学
陈小桥	武汉大学
程文青	华中科技大学
程江华	国防科技大学
陈 龙	杭州电子科技大学
段玉生	清华大学
堵国樑	东南大学
高晶敏	北京信息科技大学
韩 力	北京理工大学
侯建军	北京交通大学
侯世英	重庆大学
胡仁杰	东南大学
黄慧春	东南大学
蒋占军	兰州交通大学
金明录	大连理工大学
李 琰	哈尔滨工业大学
刘开华	天津大学
刘 晔	西安交通大学
刘乃安	西安电子科技大学
刘云清	长春理工大学
殳国华	上海交通大学
苏寒松	天津大学
汪庆年	南昌大学
王志军	北京大学
王淑娟	哈尔滨工业大学
王 俊	北京航空航天大学
王开宇	大连理工大学
吴新开	湖南科技大学
习友宝	电子科技大学
肖 建	南京邮电大学

谢作生	厦门大学
姚缨英	浙江大学
殷瑞祥	华南理工大学
袁小平	中国矿业大学
杨　挺	天津大学
杨　艳	青岛大学
赵洪亮	山东科技大学
周佳社	西安电子科技大学
曾喻江	华中科技大学

前言 PREFACE

　　《中国制造2025》与德国"工业4.0"的面世意味着世界范围新一轮科技和产业革命驱动新经济的形成与发展,工程教育专业认证也提出具有**全球化大工程视野、社会伦理与职业道德素养、解决复杂工程问题能力、从事造福人类创新性实践**的社会需求,要求现代工程教育培养学生在积累知识、发展能力、启迪思想和提高境界四维度全面发展。高校实践教学是把科学实验方法引进教学过程,必须顺应时代发展的需求,倡导**源于教育目标的教学设计、基于学生主体的教学进程、反映学习成果的评价考核**的教学理念,以实践为载体,通过教学设计激发学生的创新意识、培养其基本创新能力。

　　基于此,由中国电子学会、国家级实验教学示范中心联席会(电子学科组)联合教育部电工电子基础课程教学指导委员会组织的"全国高校电工电子基础课程实验教学案例设计竞赛",以工程教育专业认证"社会需求成果导向、逆向设计教学组织、学生中心全体受益、成效评价持续改进"四个核心理念为指导,试图引导实验教学一线教师"**转变理念、设计载体、推广技术、优化进程、创新模式、保障条件、评价质量**",从以下几个方面开展实验教学的组织设计:

　　1. 实验内容与任务:提出项目需要完成的任务,如需要观察的现象,分析某种现象的成因、需要解决的问题等。实践项目应强化"**应用背景工程性、知识应用综合性、技术方法多样性、实践过程探索性、项目实现挑战性**";并设计具有不同层次的工作任务,以便不同能力层次学生都能够有所建树。

　　2. 实验过程及要求:教学设计注重实践进程中学生的主体地位与作用,设计"**研究探索**(资料查询综述、知识方法探索、技术方案论证、实践资源挖掘)、**设计规划**(项目需求分析、性能成本分析、进程阶段规划、团队合作分工)、**工程实现**(软件仿真优化、硬件软件设计、系统实现调试、测试分析完善)、**成果总结**(测试验收质疑、演讲答辩点评、系统分析总结、项目成果展示)"的自主实践进程,展现发现与解决复杂工程问题中的不同侧面,让学生亲身体验、研究探索、自我发挥、创新实践。

　　3. 教学达成及目标:通过项目的实践,应该达成如学习及运用知识、技术、方法,培养及提升能力、素质等教学目标。实现或部分实现"**发现与探索问题、发展与构建知识、应用及迁移技术、工程分析与设计、团队合作与交流、工程领导与管理、社会伦理与道德、绿色及持续发展、全球视野与价值、创新思想与践行、终身学习与发展**"的人才培养目标。

　　4. 相关知识及背景:考虑项目所涉及的知识方法、实践技能、应用背景、借鉴案例等,应该在实践群体力所能及的范围之内。

　　5. 教学设计及引导:通过提出预习要求、理论背景、知识方法、实验重点、考查节点、验收重点、问题思考等教学环节,进行教学设计的引导。

6. 实验原理及方法:明确项目涉及的原理知识,完成任务的思路方法,可能采用的技术、电路、器件。

7. 实验步骤及进程:构思设计并真实记录实验实施进程中的各个环节,如任务分析、资料查询、实验方法、理论依据、方案论证、设计仿真、实验实现、测试方案、数据表格、数据测量、数据处理、结果分析、问题思考、实验总结。

8. 实验环境及条件:提出实验所需时间、空间、设备、器件等各方面条件及资源,如软件设计仿真工具、仪器设备规格性能、实验装置平台对象、相关元器件及模块配件等。

9. 实验总结与分析:提出需要学生在实验报告中反映的各方面工作,如实验需求分析、实现方案论证、理论推导计算、设计仿真分析、电路参数选择、实验过程设计、数据测量记录、数据处理分析、实验结果总结等。

10. 考核要求与方法:提出在**自学预习**(任务要求分析、理论知识准备、实验方案设计、实验步骤设计、电路设计仿真、实验电路搭试、数据表格设计)、**现场考查**(问题讨论参与程度、思维方式创新意识、问题发现分析研究能力、故障发现分析排查能力、实验技能掌握程度、工作专注投入程度、相互交流合作精神)、**项目验收**(实现方法自主程度、电路布局测量方法、实验质量完成速度、科学合理实现效率、实验记录完整准确、回答质疑合理正确)、**总结报告**(问题发现研究分析、数据处理误差分析、实验成效总结分析,以及思路方法科学合理性、内容步骤完整正确性、版面布局美观度、图文格式规范化)等实践进程中不同阶段、节点的考核标准及方法,实时反馈学生学习成效,及时发现教与学中存在的问题。

11. 课程思政核心元素:实验教学是科学思想、工程方法、工艺技术相结合的教学过程。实验教学具有科学性、技术性、综合性、工程性、实践性等特点。电工电子基础课程实验教学承载着立德树人、培养综合能力与创新素质的重任。通过"**优化课程体系、设计实验项目、拓展实验模式、改革实践进程、创新考核评价**"的教学设计,将"**家国情怀**""**科学精神**""**创新思维**""**批判思维**""**工程伦理**""**工匠精神**"等课程思政的核心元素落实到实验教学的各个环节中去。

现代工程教育赋予高校教育培养学生品行养成、知识传授、能力培养、思维创新的使命,实践中引导学生探究式、互动式、实践式和合作式学习。培养学生理性思考、独立判断的批判性思维及践行能力;教育学生如何对待自己、对待他人、对待社会及世界,培养价值观导向;向学生提供个性化全面发展的机会,实现以学生为中心的多样化培养。让学生在项目研究、策划、设计、实现、总结的实践过程中发挥自主性、能动性和创造性,运用兴趣引导、目标选择、考核激励等方法引导激发学生内在的学习愿望、正确的学习动机、持久的学习热情、认真的学习态度、严谨的学习风格。在学生自主实践进程中,教师不再是知识的拥有者、传授者和控制者,而是教学问题背景的设计者、研学过程中的引导者、师生互动的参与者和释疑者、研究结果的评价者。

为了充分发挥实验案例竞赛"教改成果展示、改革经验交流、实践能力培养、优质资源共享"的示范辐射作用,高等学校国家级实验教学示范中心联席会电子学科组从2017~2019年三届竞赛获奖案例中精选了部分优秀作品编纂成书出版,将这一实验教学优质资源奉献给社会。因篇幅所限,并考虑参赛作品是否体现构思精巧、内容新颖的特点,同时也考虑推广方便及避免题材重复等因素,共遴选了46篇获奖作品,其中第一部分电路与电工学实验7

篇、第二部分模拟电子电路及高频电路实验 7 篇、第三部分数字电路及数字系统实验 11 篇、第四部分电子电路综合设计实验 5 篇、第五部分电子系统设计 16 篇。本着尊重作品原创的原则，编辑时除了删除部分清晰度欠佳的图片之外，尽量保持了作品的原貌。

　　本书由东南大学电工电子实验中心黄慧春老师负责书稿统筹安排，郑磊老师负责第一、第二部分编辑整理工作，黄慧春老师负责第三、第四部分的编辑整理工作，胡仁杰老师负责第五部分的编辑整理工作。

　　全国高校电工电子基础课程实验教学案例设计竞赛得到了教育部电工电子基础课程教学指导委员会、中国电子学会及国家级实验教学示范中心联席会的大力支持，得到示范中心联席会电子组成员单位的热情响应，得到众多示范中心主任的倾力帮助，得到深圳鼎阳科技有限公司的鼎力协助，在此一并致谢！

编者

2021 年 12 月 28 日于南京

目录 CONTENTS

第一部分

电路与电工学

1-1 电阻网络的故障诊断(2017)

实验案例信息表

案例提供单位	西安交通大学		相关专业		电气工程	
设计者姓名	沈 瑶	电子邮箱	shenyao1758@mail.xjtu.edu.cn			
设计者姓名	应柏青	电子邮箱	yingbq@mail.xjtu.edu.cn			
设计者姓名	赵彦珍	电子邮箱	zhaoyzh@mail.xjtu.edu.cn			
相关课程名称	电路开放实验	学生年级	大一	学时(课内＋课外)		16
支撑条件	仪器设备	计算机,面包板,稳压电源				
	软件工具	Matlab,PSpice				
	主要器件	电阻				

1 实验内容与任务

1) 实验内容

对于图 1-1-1 所示的纯电阻网络,其中有一个电阻存在故障(故障包括短路、断路或者阻值错误),确定故障元件,并计算故障电阻的阻值。

2) 基本任务

(1) 仿真分析:根据电路实验微信公众平台的 PSpice 软件学习文档和视频,自学用 PSpice 软件仿真电路的方法,对如图1-1-1所示电阻网络进行仿真分析,给电路施加 1 A 的直流电流源,求电路中各节点的电压。

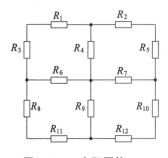

图 1-1-1 电阻网络

(2) 编程:列写图 1-1-1 所示电路的节点电压方程,用 Matlab 求解该纯电阻网络在无故障时的节点电压,并与仿真结果对比;自行编写计算机通用程序,建立节点电压方程的函数关系,函数的输入为电路元件连接描述语句,输出为节点电压方程系数矩阵和节点电压。

(3) 应用统一节点电压增量比向量法建立该电阻网络的故障字典,对图 1-1-1 所示电阻网络任意设定一个电阻故障,应用已建立的故障字典对故障进行查找,并计算故障电阻的阻值,验证正确性。

(4) 利用 Matlab GUI 设计一个故障诊断软件。

3) 提高任务

若电路中存在两个电阻故障,试寻找诊断故障的方法,进行故障诊断,并研究最少有几个可测节点可诊断出故障。

2 实验过程及要求

(1) 根据 PSpice 学习资料,自学 PSpice 软件仿真电路的方法。

(2) 查阅资料,学习用计算机程序建立电路节点电压方程的方法,考虑电阻阻值为符号变量的情况,用 Matlab 编写建立节点电压方程的函数。

(3) 查阅资料,学习电阻网络故障诊断的方法,了解各种方法的适用范围及优缺点。

(4) 自学用统一节点电压增量比向量法建立电阻网络故障字典的原理,并用 Matlab 编写建立故障字典的函数。

(5) 设计 Matlab GUI 故障诊断软件,要求界面操作简单易用,可实现对电路中任意电阻故障的准确诊断。

(6) 实际搭建图 1-1-1 电路,检验自编程序的正确性。

(7) 思考在考虑元件容差的情况下,如何进行准确诊断,优化程序。

(8) 在此基础上,分析如果电路中存在两个故障,应如何进行故障诊断,编程实现之。

(9) 撰写实验总结报告,并进行 PPT 演讲汇报。

3 相关知识及背景

这是一个将电路理论与电力系统接地网的故障诊断相联系的典型案例,需要综合应用电路理论、工程仿真、测量技术、程序设计及误差处理等相关知识与技术方法。通过该实验项目,既检验学生节点电压法这一知识点的掌握程度,又使学生了解电力系统接地网的背景知识,掌握了故障诊断方法,有助于学生注重对理论知识的学习和实验技能的提升。

4 教学目标与目的

通过一个完整的故障诊断软件设计过程,引导学生掌握电路节点电压方程的计算机建立和求解方法,学习用故障字典法进行故障诊断的基本步骤,及 Matlab GUI 设计方法,锻炼学生查阅文献和利用电路基本理论解决实际问题的能力,提高学生分析解决问题和自主学习的能力,培养学生对科学研究的兴趣。

5 教学设计与引导

本实验题目面向电气专业本科大一学生,他们对专业知识的掌握较少,查阅文献及运用知识的能力比较欠缺,故在实验教学中,应密切关注每个学生的实验进程,仔细进行引导,逐步提高学生查阅文献、解决问题和独立思考的能力。具体应在以下几个方面进行引导:

(1) 学习仿真软件。教师介绍仿真软件,并引导学生自学"电路实验微信公众平台"上的 PSpice 学习文档和教学视频,掌握用 PSpice 软件进行电路仿真计算的方法。

（2）节点电压方程的计算机建立方法。对于复杂电路,电路方程的手工建立很繁琐,仿照 PSpice 仿真的文本输入方式,可自行编写程序由计算机建立电路方程并求解,要求学生自行编写建立电路节点电压方程的函数程序。

（3）介绍利用故障字典法进行故障诊断的思想,及如何通过统一节点电压增量比向量法建立故障字典,要求学生自行编写生成故障字典的函数程序。

（4）介绍通过 GUIDE 创建 Matlab GUI 的方法,要求学生自行查找资料学习 Matlab GUI 界面设计方法,设计一个故障诊断软件。

（5）实验完成后,要求学生提交实验报告,并用 PPT 进行答辩汇报,锻炼学生撰写报告和演讲的能力。

在编写建立节点电压方程和生成故障字典的函数程序时,提醒学生注意程序的可读性和通用性,应考虑 GUI 交互式界面设计,适当选择电路结构和参数输入的形式,使得 GUI 界面操作简单明了;程序调试时要注意断点的使用。

6　实验原理及方案

电阻网络的故障诊断实验一共分为 5 个主要步骤,现将每一步骤的主要原理列写如下:

1) 建立节点电压方程的计算机方法

参看图 1-1-2(a),假设电阻 R 连接在节点 p 和节点 n 之间,电阻的电导为 G,节点 p 和 n 的电压分别为 V_p 和 V_n,则流经该电阻的电流等于 $G(V_p - V_n)$,分别对节点 p 和 n 列写 KCL 方程得到:

$$节点\ p: GV_p - GV_n + \cdots = 0$$
$$节点\ n: -GV_p + GV_n + \cdots = 0$$

式中的省略号表示与该节点相关联的其余支路的电流。由以上两式可得电阻元件在节点方程中的贡献,可用以下编程语句表示:

$$G = 1/R$$
$$A(p, p) = A(p, p) + G$$
$$A(p, n) = A(p, n) - G$$
$$A(n, p) = A(n, p) - G$$
$$A(n, n) = A(n, n) + G$$

对于纯电阻电路,需要加激励测量节点电压,如果电路含有电流源,如图 1-1-2(b)所示,电流源连接在节点 p 和 n 之间,且从 p 节点流向 n 节点,列写 KCL 方程为:

$$节点\ p: \cdots = -I_s$$
$$节点\ n: \cdots = I_s$$

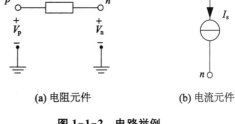

(a) 电阻元件　　(b) 电流元件

图 1-1-2　电路举例

由上式可知,电流源仅对节点电压方程的右端项有贡献,编程语句为:

$$B(p) = B(p) - I_s$$
$$B(n) = B(n) + I_s$$

通过以上介绍的电阻和电流源在节点电压方程系数矩阵中的填入方法,可以编写程序,实现输入为电路结构和元件值,输出为节点电压方程系数矩阵和节点电压值。

2) 建立故障字典

节点电压增量序列守恒定理:线性模拟电路中,在任一正弦激励下,若 V_a 与 V_b 是任意两个节点电压,X_i 是任一元件参数,X_i 的变化为 ΔX_i,由此而引起的 V_a、V_b 的改变量分别为 ΔV_a 和 ΔV_b,则 ΔV_a 和 ΔV_b 的大小关系不随 X_i 和 ΔX_i 的变化而变化。即在线性模拟电路中,任一元件参数的任何故障,对任意两个节点电压影响的强弱关系为,强者恒强,等者恒等,弱者恒弱。据此,对电路中的每个元件建立一个统一的故障特征向量,存储于故障字典中,该故障字典可以对电路元件发生的任意故障进行有效诊断。

构造软硬故障统一的故障字典的步骤:

(1) 选择任意一个可测节点为参考节点;

(2) 逐一计算各元件分别故障时,所有测试节点电压增量相对于参考节点电压增量的比值;

(3) 将各比值作为特征向量建立故障字典。

当电路发生故障后,求出故障电压相对于正常电压的增量比向量,并在故障字典中查找,定位故障元件的位置。

3) 计算故障电阻的阻值

已知故障电阻的位置后,求故障电阻可以有两种方法。

方法 1:已知故障电阻的位置后,将故障电阻的阻值设为未知数,代入节点导纳矩阵中,由于故障电压已知,解方程 $Y_n \cdot V_n = I_n$(其中,Y_n 为节点导纳矩阵,V_n 为节点电压列向量,I_n 为节点的电流源激励列向量),即可求出故障电阻的阻值。

方法 2:已知故障电阻的位置后,求故障电阻两端的戴维宁等效电路,由于故障电阻两端的电压已知,代入方程 $u = u_{oc} - i \cdot R_{eq}$,可求出流过故障电阻的电流,进而可根据 $R = u/i$ 求出故障电阻的阻值。

4) 设计 Matlab GUI 故障诊断软件

设计 Matlab GUI 故障诊断软件的目的是利用 Matlab GUI 将故障诊断的各主程序综合起来,形成一个完整的故障诊断过程,最终将软件生成可执行文件,则该故障诊断软件可在未安装 Matlab 的计算机上独立运行。整个故障诊断软件的主体函数包括打开文件读取电路结构描述和参数,计算无故障节点电压值,计算故障字典,根据输入故障时节点电压值计算故障元件位置,最终输出故障电阻阻值,框图如图 1-1-3 所示。

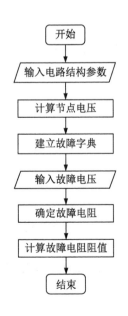

图 1-1-3 故障诊断软件设计的流程图

学生设计的故障诊断软件的主要界面如图 1-1-4 和图 1-1-5 所示。

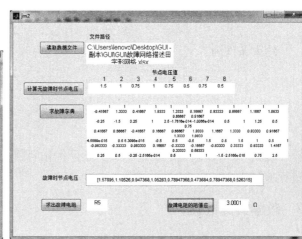

图 1-1-4　故障诊断软件起始界面　　　图 1-1-5　故障诊断软件计算界面

5) 提高任务

若图 1-1-1 电阻网络中存在两个故障,则基于统一节点电压增量向量的故障字典法不再适用。此时可借助能量最低原理和优化技术来解决故障诊断欠定方程问题。

由电网络理论的节点分析法可知:

$$Y_n \cdot V_n = I_n$$
$$Y_n = A \cdot Y_b \cdot A^{\mathrm{T}}$$
$$V_n = Y_n^{-1} \cdot I_n$$

式中,Y_n 为节点导纳矩阵,V_n 为节点电压列向量,I_n 为节点的电流源激励列向量,Y_b 是支路导纳矩阵,A 为节点关联矩阵。经推导计算,可知单个支路电阻的变化对节点电压的影响为:

$$\frac{\partial V_n}{\partial R_j} = -Y_n^{-1} \cdot A \cdot \frac{\partial Y_b}{\partial R_j} \cdot A^{\mathrm{T}} \cdot V_n$$

由上式可计算出每一条支路电阻变化时每个节点电压的变化量,这样就形成了一个 $n \times b$ 维的矩阵 V_{nb},称为灵敏度矩阵。设电路中存在电阻故障后,节点电压的列向量为 V_n',于是节点电压的增量向量为 $\Delta V_n = V_n' - V_n$。设 X_b 为 b 维列向量,其中 X_j 表示电阻网络中第 j 个电阻 R_j 增加的倍数,则有:

$$\Delta V_n = V_{nb} \cdot X_b$$

当电流通过电阻时,满足能量最低原理,即能量损耗最小:

$$P_{\min} = \sum_{j=1}^{b} I_j^2 \cdot R_j^*$$

其中,$R_j^* = R_j \cdot (1 + X_j)$。

现在,故障诊断求解式由约束条件和目标函数两部分组成,其中约束条件由故障诊断方

程的等式约束和电阻增量的非负约束组成,即:

约束条件为:
$$
\begin{cases}
v_{11}x_1 + v_{12}x_2 + \cdots + v_{1b}x_b = \Delta v_1 \\
v_{21}x_1 + v_{22}x_2 + \cdots + v_{2b}x_b = \Delta v_2 \\
\vdots \\
v_{n1}x_1 + v_{n2}x_2 + \cdots + v_{nb}x_b = \Delta v_n \\
x_j \geqslant 0 (j = 1, 2, \cdots, b)
\end{cases}
$$

目标函数为:$P_{min} = \sum_{j=1}^{b} I_j^2 \cdot R_j^*$

现在,故障诊断问题就是求解上述最优化问题。可借助 Matlab 优化工具箱函数 linprog 进行求解。

7 教学实施进程

教学实施进程如表 1-1-1 所示。(注:该开放实验从第 5 周开始)

表 1-1-1 教学实施进程表

	角色安排	具体内容
第一阶段(第 5～6 周)	教师任务安排(1 h)	1. 发放实验任务书,使学生明确实验任务,及最终应达到的结果; 2. 介绍仿真软件 PSpice、编程语言 Matlab,及电路实验微信公众平台上的学习资料
	学生自主学习(3 h)	1. 学生根据电路实验微信公众平台上的 PSpice 学习文档和视频,自学 PSpice 软件,对图 1-1-1 电路进行仿真分析; 2. 根据《电路与系统分析——使用 Matlab》书中的相关内容,自学节点电压方程的计算机建立方法,编写程序,计算图 1-1-1 所示电阻网络的节点电压值,与仿真结果对比,验证程序的正确性
第二阶段(第 7～8 周)	教师验收及任务安排(1 h)	1. 验收图 1-1-1 所示电阻网络的仿真结果和编程结果,如有问题,现场解决; 2. 任务安排:介绍用故障字典法进行故障诊断的思想,及如何建立故障字典; 3. 任务安排:学生根据电路实验微信公众平台上的资料,自学面包板、稳压电源和数字多用表等的使用方法
	学生自主学习(4 h)	1. 自学相关文献,编写建立故障字典的函数,生成图 1-1-1 电阻网络的故障字典; 2. 在仿真电路中设置一个电阻故障,用所建立的故障字典法进行故障诊断,查找故障元件,并计算故障电阻的阻值; 3. 自行在面包板上搭建实验电路,考虑如何设计程序并分析元件容差对故障诊断的影响

(续表)

	角色安排	具体内容
第三阶段 (第9～10周)	教师验收及任务安排(1 h)	1. 验收：在学生实际搭建的图1-1-1电路中,任意设置一个电阻故障,检查学生所编写的软件是否可以诊断出故障元件的位置,并得到故障电阻的阻值。如有问题,现场解决; 2. 任务安排：教师介绍 Matlab GUI 界面设计的基本方法
	学生自主学习(3 h)	自学 Matlab GUI 软件,设计一个人机交互良好的故障诊断软件
第四阶段 (第11周)	教师验收(1 h)	验收学生设计的 Matlab GUI 故障诊断软件,提出建议,如存在疑问,现场解决
	学生撰写报告,准备答辩PPT(1 h)	学生按照要求,撰写实验报告,并准备 PPT 进行答辩
第四阶段 (第12周)	答辩验收(1 h)	学生现场演示故障诊断软件,并用 PPT 进行演讲汇报

8 实验报告要求

1) 实验报告应包含以下内容

(1) 故障诊断的工程背景及意义;

(2) 故障诊断方法：实验任务分析、方法比较、原理说明;

(3) 实验过程：仿真、编程、实测、软件设计;

(4) 故障诊断软件使用说明及诊断实例;

(5) 总结：实验收获与体会,建议;

(6) 参考文献。

2) 实验报告要求

字体、图、表、参考文献等写作规范应参照西安交通大学本科生论文写作规范(模板由教师提供给学生)。

9 考核要求与方法

该开放实验的考核方式为过程考核,考核时间、验收内容及评分标准表如表 1-1-2 所示。(注：该开放实验从第5周开始)

表 1-1-2 考核时间、验收内容及评分标准表

	考核时间	验收内容	评分标准	得分
第一次验收	第7周	1. 应用 PSpice 软件对电路进行仿真计算;2. 用计算机列写节点电压方程并求节点电压的程序(1分)	仿真结果与编程结果是否一致： 是□ 否□ 所编程序是否适用于任意纯电阻网络的节点电压方程的建立： 是□ 否□	

(续表)

	考核时间	验收内容	评分标准	得分
第二次验收	第9周	1.在面包板上搭建的电路;2.生成故障字典的函数程序,在搭建的电路中设定一个故障,用生成的故障字典查找故障元件;3.计算故障电阻的阻值(1分)	面包板上搭建的电路是否正确: 是□ 否□ 用生成的故障字典是否可以检测出故障电阻: 是□ 否□ 故障电阻的阻值是否正确: 是□ 否□	
第三次验收	第11周	验收 Matlab GUI 故障诊断软件,人机界面良好,在界面上能够显示正常节点电压,故障字典,故障元件位置,及故障元件的阻值(1分)	软件是否能实现故障诊断过程: 是□ 否□ 软件是否人机交互良好,界面操作简单: 是□ 否□	
第四次验收	第12周	每人3 min PPT 演讲,并提交实验报告(1分)	答辩讲述是否清楚: 是□ 否□ 报告撰写是否完整: 是□ 否□	
第五次验收	期末考试前	扩展内容:对存在两个及以上故障的电路进行故障诊断(1分)	是否能实现对两个及以上故障进行诊断: 是□ 否□	

10　项目特色或创新

（1）以工程为背景:以电力系统接地网故障诊断为工程背景设计实验题目,引导学生在深入掌握电路理论知识的同时,增强分析和解决实际问题的能力;

（2）综合性:综合应用电路理论、工程仿真、测量技术及程序设计知识开展拓展性研究;

（3）开放性:分层设计的实验思路,提升学生分步解决问题的能力和模块化思维能力;

（4）PBL 问题式实验教学:培养学生自我学习能力、独立工作能力及自主创新能力。

参考文献:

[1] 邱关源,罗先觉.电路[M].5 版.北京:高等教育出版社,2006.

[2] 赵录怀,杨育霞,张震.电路与系统分析:使用 Matlab[M].北京:高等教育出版社,2004:85-102.

[3] 叶笠.基于统一节点电压增量比向量的模拟电路故障诊断方法的研究[D].成都:电子科技大学,2010:67-95.

[4] 李锋,邓铁军.节点电压灵敏度序列守恒定理及其软硬故障统一诊断字典法[J].应用科学学报,1998,16(3):253-261.

1-2 基于电动机负载的功率因数提高实验(2017)

实验案例信息表

案例提供单位	天津大学		相关专业	机械、材料、建环、材控等非电类专业
设计者姓名	陈晓龙	电子邮箱	156158@tju.edu.cn	
设计者姓名	王萍	电子邮箱	wangps@tju.edu.cn	
相关课程名称	电工学实验	学生年级	大二	学时(课内+课外) 9(3+6)
支撑条件	仪表设备	交流电压表,交流电流,功率表,单相异步电动机		
	软件工具	Multisim 软件		
	主要器件	电容器组,线路电阻,白炽灯		

1 实验内容与任务

功率因数提高实验具有很强的工程背景及意义,能够有机地将电路理论与工程实际结合起来。

1) 基本任务

(1) 自行查阅提高功率因数相关的工程资料;

(2) 使用 Multisim 软件,对感性负载和并联电容后的负载的功率因数进行仿真计算;

(3) 以单相异步电动机为负载,用电阻模拟输电线路,正确使用电压表、电流表及功率表,测量并计算感性电路功率因数;

(4) 在负载两端并联电容,改变电容大小,设计表格并记录实验数据,观察过补偿现象,掌握最佳电容的选取方法;

(5) 在并入最佳电容情况下,继续并入小灯泡,使线路电流约等于(3)中线路电流,记录此时小灯泡数量,通过完成指定的推算工作,理解提高功率因数的工程意义。

2) 拓展任务

(1) 测量不同支路的电压、电流和功率,分析并掌握交流电路中电气量间的关系;

(2) 感性认知电动机启动电流大于感应电流的现象;

(3) 分析计算电动机空载运行时的等效电路参数;

(4) 将输电线路由纯阻性线路变为感性线路,测量并分析负载电压变化情况,探索减小负载端电压压降的方法。

2 实验过程及要求

1) 课前预习环节

(1) 查阅资料,了解工业用户常见负载及电力公司对工业用户功率因数的要求,熟悉功率因数提高的工程意义及方法等,并制作PPT;

(2) 使用 Multisim 软件,分别将电容与负载串联和并联进行仿真,分析其区别,对实验

内容形成初步认识;

(3)预习实验教材,观看微课视频,设计实验电路和相关参数,完成预习报告和网上预习测试。

2)课内实践环节

(1)学生分享实验背景资料,教师点评并补充;

(2)根据预习搭建实验电路,正确选择仪表量程,认真完成实验操作;

(3)练习最佳电容"先粗后细"的选取方法;

(4)合理设计表格,保证数据测量的完整性和有效性。

3)课后总结环节

(1)对实验数据进行分析总结,掌握提高功率因数的方法及意义;

(2)完成实验报告,总结心得,提出疑惑。

3 相关知识及背景

以电动机为感性负载的功率因数提高实验具有很强的工程背景及意义,能够将交流电路理论、实验操作及工程实际有机结合,涉及功率表等仪表的使用方法、负载功率因数的概念及计算、最佳电容的选取方法、数据处理及分析等相关知识与技术方法,拓展部分涉及交流电路电气量关系、感性负载的等效电路参数计算方法及电容用途分析等。

4 教学目标与目的

结合实验内容的工程背景,培养学生理论联系实际分析解决问题的能力,激发学生学习和实验兴趣;指导学生掌握正确的数据记录、数据处理及科学结论方法;提高学生查阅总结文献、使用仿真软件、流畅表达等能力。

5 教学设计与引导

1)总体教学设计思路

工程背景＋理论内容,仿真＋实验,视频＋教材,课前预习＋课堂操作,课堂当面互动＋课后问题沟通。

2)课前准备

(1)充分利用新媒体资源提高学习效率,提供多元化自主学习途径,并注重实验的工程背景及意义。

① 教材。阅读教材,应温习实验内容相关理论知识,明确实验任务及内容,熟悉实验基本操作、功率表等仪表的使用方法、电动机的接线方法等,完成教材思考题,思考总结实验步骤。

② 微课。观看微课视频,按照视频引导思考相关问题及实验注意事项等。

③ 网上预习测试系统。完成该实验相关网上测试题。

④ 期刊文献。查找资料,了解电力公司对工业用户功率因数的要求,熟悉功率因数提高的工程意义,了解工程中提高功率因数的常见方法等,并制作PPT。

(2)引导学生思考电容接入电路的可能方式,并通过仿真软件进行对比测试。

① 以电感和电阻串联等效感性负载,测量并计算其功率因数。

② 引导学生将电容分别与负载并联和串联,分别测量并计算其功率因数。

③ 结合功率因数值、负载端电压值,引导学生对比分析上述两种情况的区别,思考功率因数提高时电容的正确接入方法。

④ 结合仿真,引导学生思考实验过程中应测量的电气量。

（3）强调预习报告的重要性及内容的完整性。

预习报告应包括实验电路接线图、电路元件参数、仪表量程、待测数据表格、实验步骤等,留出记录实验现象的位置,并建议用不同颜色突出重点注意事项等,从而既能保证学生自主学习的时间和质量,也能减少教师课题集中讲解时间,为课堂实验的高效开展做好准备。

上述课前引导涉及内容,以文档形式上传至校内办公网,学生需在课前下载查阅。

3）课堂教学

（1）展示实验工程背景 PPT。

① 随机挑选学生分享 PPT 内容,提醒学生应注意讲解的逻辑性和完整性,锻炼学生表达能力,除第一个学生详细展示外,后面学生主要做提炼补充。

② 教师点评补充,并简要补充最新的基于光伏发电系统的无功补偿及电能质量治理技术,开拓学生视野,激发学生学习及实验兴趣,加深实验印象。

（2）提示学生实验注意事项。

① 实验前应先检查仪表是否完好。

② 借助开关和短接线来尽量一次性完成测试内容的接线方法。

③ 合闸通电前应仔细检查电路接线是否存在短路或断路。

④ 检查功率表接线端子是否连接正确,注意功率表分格常数的计算方法。

⑤ 预估电流表、电压表和功率表量程,防止烧毁熔断器。

⑥ 思考实验过程中应测量的电气量。

（3）引导学生思考实验过程中发现的常见问题并集中讲解。

① 若计算电动机功率因数以及交流电源输出端总功率因数,需测量哪些数据?

② 如何实现电容值的增大或减小?

③ 对于电容器组提供的电容值,如何判断并精确选取最佳电容值?

④ 什么是过补偿? 为什么要避免过补偿?

⑤ 如何体现功率因数提高的工程意义?

⑥ 如何用一块电流表快速测量多条支路电流?

（4）因材施教,鼓励实验进展快的学生思考并完成更多拓展实验。

① 如何得到电动机空载运行时的等效电路参数?

② 各支路电流测量值是否满足基尔霍夫电流定律? 为什么? 是因为测量误差吗?

③ 用电阻和电感串联模拟线路,如何进一步减小负载端电压压降?

4）课后总结

（1）鼓励学生根据电动机等效电路参数,在软件仿真平台中再次对上述实验内容重新建模和验证,对比分析实验、仿真数据及理论值。

（2）提供关于实验工程背景及拓展实验任务相关的微课视频,鼓励不同水平的学生课后学习和思考。

(3) 要求学生规范完成实验报告,记录实验心得体会,总结实验经验,记录尚未解决的问题,以便于教师全面掌握实验情况及后续答疑。

6 实验原理及方案

1) 实验原理

(1) 交流电路功率因数计算

一般来讲,交流电路含有储能元件,此时电路消耗的功率 P 是电路电压有效值 U 与流入的电流有效值 I 的乘积再打上一个折扣,即满足:

$$P < UI$$

这个折扣就称为该电路的功率因数,记为 λ。引入功率因数后,有下式成立:

$$P = UI\lambda,\ \lambda < 1\ (交流电路只含有电阻元件时有 \lambda = 1)$$

实际上 λ 就是电路端口处电压与电流相位差的余弦值,可直接将电路的功率因数写成:

$$\lambda = \cos\varphi$$

显然,用一块交流电压表、一块交流电流表和一块功率表就能很容易测算出被测电路的功率因数:

$$\lambda = \frac{P}{UI}$$

(2) 并联电容提高功率因数

提高感性负载的功率因数,需要减少其与电源间无功功率的交换,同时不能影响原负载的工作状态。如图 1-2-1 所示,并联电容后,原负载的电压和电流基本不变,其吸收的有功功率和无功功率也基本不变,即工作状态保持不变。电容支路电流超前于电容电压 90°,则由图 1-2-2 所示相量图可知,并联电容后总电流有效值减小,负载两端电压与总电流之间的相位差减小,功率因数变大。

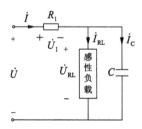

图 1-2-1 并联电容提高负载功率因数原理图

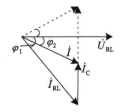

图 1-2-2 电压/电流相量分析图

由相量图可知,电容支路电流的有效值满足 $I_C = I_{RL}\sin\varphi_1 - I\sin\varphi_2$,而负载消耗的有功功率满足 $P = U_{RL}I_{RL}\cos\varphi_1 = U_{RL}I\cos\varphi_2$,结合上述两式,可以得到电容值计算公式如下:

$$C = \frac{P}{\omega U_{RL}^2}(\tan \varphi_1 - \tan \varphi_2)$$

需要注意的是,并联电容与串联电容都能使得总负载吸收的无功功率降低,但是串联电容将使得原负载两端电压降低,负载工作状态也将改变,不符合提高功率因数的前提条件。但是,当线路为感性阻抗时,将电容串联在线路里,则相当于缩短了线路长度。

（3）并联电容过补偿

在用并联电容的办法提高感性负载电路功率因数时,存在过补偿问题。由图 1-2-2 所示相量图可知,并入电容前,感性负载的功率因数 $\lambda_1 = \cos \varphi_1$,并入电容后功率因数提高到 $\lambda_2 = \cos \varphi_2$（因为 $|\varphi_1| > |\varphi_2|$）。当负载电压变化不大时,电容电流相量将随电容值的增大沿图中点画线的方向向上延长（$I_C = \frac{U_C}{X_C} = U_C \cdot \omega C$）,使得 $|\varphi_2|$ 先随电容的增大逐渐变小,待 φ_2 过 0 后,如果继续增大电容,φ_2 会从 0 又逐渐变大,此后电容值越大,功率因数便越小,这就是过补偿现象。

（4）电源利用率和电路传输效率分析

功率因数提高的工程意义可以用电源利用率和电路传输效率来说明。

电源利用率指负载有功功率所占电源容量的比率,如下式所示:

$$\rho_{P-S} = \frac{P_{RL}}{S}$$

由图 1-2-2 可知,并入电容后,负载占用电源容量因线路电流的减小而降低,但负载消耗的有功功率不会因为并入电容而发生明显变化,因此功率因数提高后,电源利用率也将随之提高。若在并入电容后继续并入白炽灯等阻性负载,使得线路电流与并入电容前线路电流基本相等,则总负载占用电源容量基本不变,但总负载的有功功率变大,故此时电源利用率也得到提高。

电源传输效率为负载有功功率与电源提供有功功率的比率,如下式所示:

$$\rho_{P-P} = \frac{P_{RL}}{P_S}$$

电源提供的有功功率等于负载有功功率和线路损耗的有功功率之和。并入电容后,线路电流减小,使得线路损耗的有功功率减小,而负载有功功率基本不变,故电源传输效率提高。并入电容且并入白炽灯等其他阻性负载后,使得线路电流与并入电容前线路电流基本相等,则线路损耗有功功率基本不变,但总负载的有功功率变大,该情况下电源传输效率也得到改善。

2）实验方案

（1）展示功率因数提高的工程背景

从以下四个方面分析功率因数低造成的危害:①电源的容量无法得到充分利用,并举例说明,即同一容量的发电机向功率因数低的电动机供电时承担的电动机台数少;②增加输电线路的功率损失,借助图 1-2-2 所示相量图说明;③线路电流增大,提高电气元件投资费用;④增加输电线路的电压损失,负载端电压减小,可能无法正常运行。因此,我国《功率因数调整电费办法》规定 100 kVA 及以上用电企业的功率因数应在 0.9 以上,电力公司根据功率因数调整电价计算方法,激励用电企业安装无功补偿设备。

无功补偿装置包括开关投切电容、静止无功补偿器、静止无功发生器等,无功补偿方式包括高压集中补偿、低压集中补偿和低压就地补偿,其中低压就地补偿方式的补偿区域最广,补偿效果最好。

关于无功补偿的注意事项:①无功补偿分为欠补偿,全补偿和过补偿三类,其中轻负载时应避免过补偿,防止无功倒送增加线路损耗,过补偿经济性也差;②功率因数越高,补偿容量的减耗作用越小,经济性也越差,通常将功率因数提高至 0.95 即可。

介绍该领域最新技术发展趋势:基于大多数工业用户白天用电量大的特点,将光伏储能系统作为分布式电源接入工业用户电网,不仅可以充分利用太阳能在用电高峰为用户供电,还可以配合多功能并网逆变器接口技术实现无功补偿等电能质量综合控制。

(2)设计并连接实验电路

用电阻模拟输电线路,设计如图 1-2-3 所示的实验电路接线图,并在形式上一次性完成接线工作,即将单相电动机、电容器组、白炽灯均接入电路,通过电容器组上的开关和白炽灯支路上的短接线分别控制电容器组支路和白炽灯支路的通断。

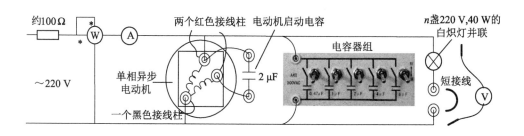

图 1-2-3　功率因数提高实验电路接线图

将功率表接入时,注意应将电压和电流的同名端连接至同一节点。由于电动机参数未知,在选择功率表、电流表和电压表量程时,先给出充足裕度进行试测,在检查电路并通电后,根据仪表示数进行调节,尽量选择使指针位于表盘 1/3~2/3 之间的量程挡。

(3)测量单相异步电动机的功率因数

由于线路等效电阻值并非已知量,因此需测量该电阻两端电压值,从而计算得到准确的线路电阻值,该值将用于分析电路传输效率等。设交流电源输出电压、线路电阻两端电压、负载两端电压、线路电流的有效值分别为 U_S、U_R、U_{RL} 和 I,功率表示数为 P,电动机功率因数为 λ_{RL},电源利用率为 ρ_{P-S},电路传输效率为 ρ_{P-P},数据表格设计如下:

表 1-2-1　数据记录表(一)

U_S/ V	U_R/ V	U_{RL}/ V	I/ A	P/ W	R/ Ω	λ_{RL}	ρ_{P-S}	ρ_{P-P}

需要注意的是,通电后,如果电流表示数较大但是电动机并不旋转,则应立即切断电源,防止电动机因堵转而被烧毁。然后,认真检查电动机启动电容是否可靠接入。

（4）并入电容器组，选取最佳电容

拨动开关并入电容器组，改变电容值时，按照"先粗后细"的原则确定最佳电容值，即先将电容值从小到大较大跳跃，粗略找到线路电流由大到小再变大的大致回调点，然后以该回调点为基础，以尽可能小的变化量调节电容值，找到最小线路电流，从而确定最佳电容。在此过程中，设电动机与并联电容的功率因数为 λ_{RLC}，需要测量和计算的数据表格如下：

表 1-2-2　数据记录表（二）

$C/\mu F$	U_S/V	U_R/V	U_{RL}/V	I/A	P/W	λ_{RLC}	ρ_{P-S}	ρ_{P-P}

注意，第（3）步中数据表格可以与上表合并，即（3）对应并联电容为 0 的情况。

（5）最佳电容时，继续并入白炽灯

在（4）中选好最佳电容的基础上，继续并入不同数量的白炽灯，当线路电流与（3）中线路电流大小近似相等时，记录此时白炽灯数量 n 及其他仪表示数，以备后续功率因数提高后电源利用率的分析计算。

表 1-2-3　数据记录表（三）

	U_S/V	U_R/V	U_{RL}/V	I/A	P/W	λ_{RL}	ρ_{P-S}	ρ_{P-P}
$n=1$								
$n=2$								

（6）拓展内容 1：测量并分析交流电路中电气量的关系

选择由交流电源、线路电阻和电动机组成的闭合回路，分别测量三个组成部分的电压，分析 U_S 是否等于 U_R 与 U_{RL} 的和及其原因。

利用实验台上测量电路电流的专用插孔板（如图 1-2-4 所示），采用短接线与电流表相互替代的测量技巧，解决用一块电流表测量多条支路电流的问题，分别测量线路电流、电动机支路电流和电容支路电流，分析 I 是否等于 I_{RL} 与 I_C 的和及其原因。

将功率表位置分别置于线路电阻之前、线路电阻之后及电容支路上，分析测量值之间的关系及原因。

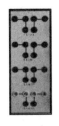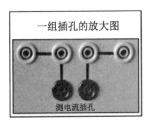

图 1-2-4　测电流专用插孔板

（7）拓展任务 2：计算电动机等效电路参数，并观测电动机启动电流将电动机等效为电阻和电感串联,结合感性负载等效电路分析原理,根据(3)中测量数据,计算电阻和电感两个等效电路参数。

由于电动机瞬间启动,且电流表表针的旋转装置对表针有阻尼作用,因此无法使用电流表定量观测到电动机的启动电流。但是,能够观测到电动机启动电流大于工作电流的现象。

(8)拓展任务 3:利用电容减小感性输电线路的压降

将输电线路等效为电阻和电感串联,分析并思考提高负载端电压的方法。除了通过在负载两端并联电容提高负载功率因数外,还可以在线路上串联电容,以减小线路电压压降。对上述方法进行实验操作和仿真验证,并查阅相关期刊文献,拓展知识面。

7 教学实施进程

1)课外预习环节

(1)资料查阅部分:学生查阅并熟悉功率因数提高的工程意义及方法,并将所查知识制作成 PPT;教师也针对该部分内容制作一份内容详实的 PPT。(约 1.5 学时)

该教学设计的目的是引导学生深入挖掘实验内容所对应的工程背景及价值,同时也锻炼学生文献查阅与总结能力。

(2)软件仿真部分:结合对实验内容的认知和思考,学生自主搭建仿真电路模型,对电容与负载并联、电容与负载串联等不同情况进行仿真对比,对实验内容形成初步认识,并结合仿真结果和实验原理设计合理的待测数据表格;教师则根据可能出现的不同仿真情境及问题提前做好答疑准备。(约 1 学时)

该教学设计的目的是培养学生将仿真与实验相结合的习惯,充分发挥仿真软件的灵活性和安全性,对电路设计进行大胆尝试,既提高了学生仿真操作的熟练程度,也能够通过仿真对比和分析,提高学生分析和解决问题的能力。

(3)预习报告部分:学生明确实验任务及目的,画出实验电路接线图,选择合理的电路元件参数,预估实验仪表量程,设计待测数据表格,规划实验步骤;教师提前叮嘱预习报告内容,认真检查预习报告,耐心讲解报告中存在的问题。(约 1.5 学时)

该教学设计的目的是提高学生预习实验的主动性,避免课堂临时突击、不知所措,促使实验操作一气呵成,提高实验效率,保证实验效果。

2)课内实践环节

(1)PPT 展示环节:学生讲解关于功率因数提高的工程背景及方法等;教师对学生展示内容进行点评和补充。(约 0.5 学时)

该教学设计的目的是培养学生理论联系实际的工程实践意识,激发学生实验兴趣,加深实验印象,同时锻炼学生的表达能力。

(2)实验操作环节:学生根据预习报告完成实验操作,记录实验数据及现象,针对实验过程中存在的问题与同学或教师讨论;教师提醒学生实验前应检查仪表是否完好,强调最佳电容的选取方法,强调数据测量和记录的完整性,为学生答疑解惑,并针对共性问题进行集中讨论和讲解。(约 2.5 学时)

该教学设计的目的是将实验时间交给学生,学生占据课堂主导地位,提高学生实验操作、发现问题、解决问题的能力及学习的积极性和主动性,教师根据学生水平进行更加灵活的个性化指导。

3）课外总结环节

学生观看拓展任务微课视频,对实验数据进行分析总结,完成实验报告,记录实验心得和疑惑;教师强调实验报告的完整性和规范性,强调通过电源利用率、电路的传输效率等来体现功率因数提高的意义。(约 2 学时)

该教学设计的目的是让学生对实验数据进行充分挖掘和分析,不仅掌握最佳电容的选取方法,还应根据并联电容前后的数据对比,分析功率因数提高的意义,并掌握实验报告的规范化撰写方法。

8　实验报告要求

1）预习报告

(1)设计并绘出输电线路、感性负载、并联电容和并联灯泡电路接线图,选择合理的元件参数;

(2)预估实验仪表量程,设计待测数据表格,给出实验步骤。

2）实验报告

(1)实验使用的仪表及其量程;

(2)功率因数提高的工程背景简介;

(3)实验(3)中的测量数据及电动机功率因数的计算过程;

(4)实验(4)中观察到的过补偿现象,最佳电容选取的依据及方法,最佳电容值,不同电容值对应的功率因数计算过程;

(5)实验(5)中灯泡数量;

(6)利用实验(3)(4)(5)中数据,对比分析电压利用率及电路传输效率,总结提高功率因数对电源利用率及电路传输效率的影响;

(7)根据实验(6)测量数据,分析并总结交流电路中电流、电压和功率的关系;

(8)实验(7)中测量电动机等效电路参数的测量数据及计算过程;

(9)根据实验(8)中的内容,分析并总结电容在交流电路中的用途;

(注:(7)~(9)为实验拓展任务的报告内容,学生可根据自身情况选做)

(10)总结实验过程中遇到的问题及解决方法,记录实验心得,罗列仍未解决的问题。

9　考核要求与方法

(1)预习情况:学生进入实验室之前,规范完成实验预习报告,完成网上测试习题。

(2)实验环节:教师检查预习报告,让学生随机抽取题卡回答相关问题;学生展示PPT,鼓励学生积极主动补充分享;教师检查电路接线情况,对实验能力欠缺的学生,耐心沟通并帮助找出原因,引导完成实验,对于实验能力强的学生,鼓励并引导他们完成更多拓展任务。

(3)实验报告:实验课结束后一周,学生提交实验报告,教师审核报告的完整性和规范性,重点关注实验步骤的合理性、数据记录的完整性、数据分析的正确性、结论提炼的科学性和严谨性等。

（4）教师记录学生预习情况、课堂表现及实验报告,折算并给出本次实验的平时成绩。

10　项目特色或创新

（1）深入挖掘实验内容的工程背景及意义,理论、实验与工程实际相结合,激发学生实验和学习兴趣。

（2）以功率因数提高实验为抓手,将仪表使用、交流电路测量等有机结合,内容丰富。

（3）引导学生掌握正确的数据记录、数据处理及结论凝练方法。

（4）探索将新媒体融入实验教学过程。

（5）鼓励学生思考和大胆尝试,加深对知识的理解与掌握。

1-3　互感式无线电能传输原理研究(2018)

参赛选手信息表

案例提供单位		北京交通大学	相关专业	通信、自动化、电子科学与技术
设计者姓名		余晶晶	电子邮箱	jjyu@bjtu.edu.cn
设计者姓名		闻跃	电子邮箱	ywen@bjtu.edu.cn
设计者姓名		养雪琴	电子邮箱	xqyang@bjtu.edu.cn
相关课程名称		电路实验	学生年级	大二	学时(课内+课外)	16
支撑条件	仪器设备	信号发生器,示波器,交流电压表
	软件工具	Multisim、自制手机 App(扫描模块二维码)
	主要器件	发送线圈回路,接收线圈回路,负载模块、RLC 元件

1　实验内容与任务

近场互感耦合是近距离无线电能传输的一种常用方式。本实验采用简化的互感电路模型进行互感耦合无线电能传输系统的原理分析,通过相关电路特性测量结果与理论计算和仿真的对比分析、可变参数设计、现象研究,加深对相关电路理论和方法的理解,引导学生解决工程实践相关问题。

1) 基础部分

（1）测量发送线圈和接收线圈的电感值 L_1、L_2。测量两线圈靠近时最大互感 M 和耦合系数 k。

（2）测量 L_2 与 C_2 的串联谐振频率 f_0。在两回路无耦合条件下,用发送板上给定的三个电容值组合成 C_1,使其与 L_1 也谐振于 f_0。

（3）按图 1-3-1 搭建发送和接收回路,连接发送回路到频率为 f_0 的 $5\,V_{pp}$ 交流信号源,不接负载 R_L,用测量和计算的方法得到从负载 R_L 看到的戴维南等效电路的参数,并进行比较分析。

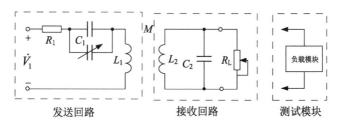

图 1-3-1　实验电路

（4）保持信号源不变，连接负载 R_L 并调节电阻值使其获得最大功率，测量并验证。

（5）去掉负载电阻，将测试模块接入接收线圈回路，验证无线能量传输可正常工作。

2）扩展部分

（1）改变信号频率，当负载变化时保持其吸收功率不变。

意义：在无限能量应用中，通过改变电源频率可适应负载变化，保持功率恒定。

任务：

① 要求负载功率维持在最大功率的一半 $P_{max}/2$。通过调高信号频率的办法来使负载达到此功率值。

② 设测得的匹配负载为 $R_L = R_{L0}$，对于负载的 $R_{L0}/2$、R_{L0} 和 $2R_{L0}$ 三种阻值，测量保持其功率在 $P_{max}/2$ 所需要的信号频率。

③ 用 Multisim 仿真方法验证测量结果，并求出三种情况下电源到负载的功率传输效率。

（2）利用负载调制实现数据通信。

意义：实际应用中，电能接收设备需通过互感线圈给发送设备传递设备 ID 和充电功率等参数。为了实现信息的传送，接收设备动态改变接收回路的总阻抗，使得发送线圈上的电压幅度发生微小变化；能量发送装置监测这个微小幅度变化，据此解调出通信数据。

任务：在基础部分（5）基础上，用两种方法让发送线圈电压幅度产生 10% 的变化：

① 动态改变负载电阻 R_L（通过附加并联电阻的通断）；

② 动态改变电容 C_2（通过附加并联电容的通断）。

用理论计算或仿真方法得出需要动态并联的电阻值或电容值，并用实验测量来验证。分析哪一种方式比较好，说明理由。

2　实验过程及要求

（1）课前预习：RLC 谐振电路特性，回路 Q 值，互感系数，反映阻抗等原理。准备好实验需要的计算公式。

（2）在实验室用给定的电路板和元件搭建发送和接收回路，完成要求的实验测量，记录测试结果和元件参数值。包括：C_1，C_2，L_1，L_2，f_0，k，匹配负载 R_{L0}，接收回路负载端戴维南等效电路参数。

（3）对于扩展部分，预先进行方案设计、计算和仿真，选定接近的电阻和电容搭建电路进行实验测量，并记录负载调制下发送线圈的电压幅度值。

（4）根据实际元件参数进行理论计算，Multisim 仿真，与实验结果进行比较，并进行误差分析。

（5）撰写、提交实验报告。

3 相关知识及背景

近距离的无线电能传输采用电感耦合方式进行，广泛应用于便携式设备充电，为植入人体的电子设备供电等。实际无线电能传输系统的典型构成如图 1-3-2 所示。实际系统的设计问题包括调节负载电压、调节传输功率、提高传输效率等，这些问题涉及多方面电路理论应用。研究互感式无线电能传输可了解实际工程应用，并加深对相关电路理论和方法的理解。

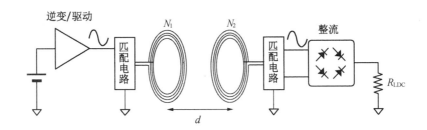

图 1-3-2　实际的互感式无线电能传输系统组成

实际系统中涉及非线性电子电路和控制电路等，在电路实验中需要进行简化，重点突出能量耦合传递原理。实际电能传输过程包括"DC 电源-逆变为 AC-互感耦合-整流-DC 负载"，本实验案例中简化为图 1-3-3 的互感耦合电路模型，其中能量传输过程变为了"AC 电源-互感耦合- AC 负载"。工程设计中也大多采用这种近似的线性电路模型进行分析和计算。利用这个模型可分析最大功率传输匹配方案、传输效率分析等。

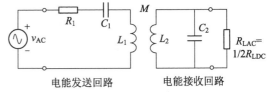

图 1-3-3　简化的互感电路模型

4 教学目标与目的

（1）了解实际的工程应用问题，了解无线电能传输的工作原理和应用问题。

（2）熟悉并学会运用相关的电路理论知识，包括：串联/并联阻抗等效，互感反映阻抗分析，谐振电路特性，品质因数，最大功率传输条件，阻抗匹配等。

（3）掌握相关的实验技能，包括：交流电压、电流测量，阻抗测量，耦合系数测量，频率特性测量，交流戴维南等效参数测量等。

5 教学设计与引导

本实验源于工程实践问题，包含理论学习、电路搭建、特征参数测量、理论计算与仿真及实际测量结果性能比较、方案对比总结等过程。

1）实验教学设计的要点包括

（1）合理设计、选择实验参数。信号频率采用较低频率，参照 WPC-QI 标准，选为100～200 kHz，减少寄生参数影响，便于测量。

（2）为避免损坏信号源，或受信号源内阻影响过大，采用在发送线圈中串联电阻的方式，降低功率。接收回路采用 LC 并联匹配网络，适合高阻值负载，有利于连接桥式整流电路时二极管的导通。此方案也可使测量、仿真和计算结果更加接近。

（3）预先选择发送、接收回路元件组合，制作模块，实现元件值差异化，避免相互抄袭或预先知道结果。教师可利用装置编号或二维码快速识别。

2）实验教学中对学生的引导包括

（1）布置具体的课前预习内容，提供参考阅读资料，让学生了解相关应用背景。

（2）要求学生理解相关理论知识点及参数的计算推导，包括 LC 谐振（谐振频率、特征阻抗、回路品质因数）、互感（耦合系数、反映阻抗）及阻抗串并联转换，负载调制等。

（3）实验过程中，要求学生规范记录实验数据和实验现象，进行误差分析，方案改进等。

（4）实验完成后，撰写实验报告，可以组织学生以分组讨论、教师评讲的形式进行交流，了解不同解决方案及其工程应用、实际系统和实验系统的差别。

6 实验原理及方案

为提高实验效率，实现参数差异化，采取预制实验装置的方法。装置分为电能发送板、接收板、负载模块。发送板上包括发送回路元件，接收板包括接收回路元件，由学生自行连接。负载模块包含整流电路、电阻、LED 指示灯等，用于检验和演示。教师可利用装置编号或二维码快速识别预制模块的参数，方便检查验收。

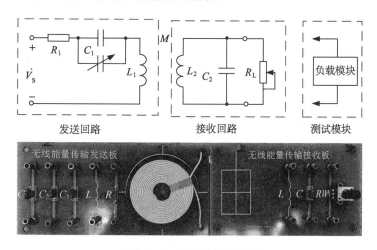

图 1-3-4 实验装置示意图

本实验中发送回路和接收回路采用 LC 谐振方式实现阻抗匹配和提高传输效率等目的。涉及的相关理论知识点和计算推导包括：

（1）LC 谐振匹配

发送回路线圈用串联电容 C_1，接收回路线圈用并联电容 C_2 实现阻抗匹配。电容与线圈电感谐振于同一工作频率(典型参数下约为 100 kHz)。

$$f_0 = \frac{1}{2\pi\sqrt{L_1C_1}} = \frac{1}{2\pi\sqrt{L_2C_2}}$$

(2)互感模型

测量出线圈阻抗 L_1、L_2 后,靠近线圈测量 L_2 开路电压,可得到互感和耦合系数

$$M = \frac{V_{2OC}}{2\pi f_0 I_1}, \quad k = \frac{M}{\sqrt{L_1 L_2}}$$

典型参数 $k = 0.7$。

(3)从负载 R_L 看进去的戴维南等效参数

在谐振频率下,发送回路总阻抗 $Z_1 = R_1$,R_1 是信号源内阻与串联电阻之和,100 Ω 左右。利用反映阻抗分析,考虑到谐振条件,计算图 1-3-5 中发送回路到接收回路的反映阻抗 Z_{2r},$Z_{2r} = \dfrac{k^2 L_2/C_1}{R_1} = R_{2r}$,在典型参数下 Z_{2r} 约为 1 Ω。将其与 L_2 进行阻抗串并联转换,得到戴维南等效阻抗约为 $Z_0 = R_2 \approx \dfrac{\rho_2^2}{Z_{2r}}$,典型参数为 100 Ω。

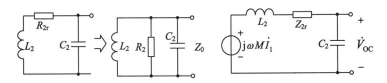

图 1-3-5　戴维南等效阻抗和开路电压

$$\dot{V}_{OC} = \mathrm{j}\omega M \dot{I}_1 \cdot \frac{1/\mathrm{j}\omega C_2}{Z_{2r} + \mathrm{j}\omega L_2 + 1/\mathrm{j}\omega C_2} = \dot{I}_1 \frac{M}{C_2 Z_{2r}} = \frac{\dot{V}_S}{R_1} \cdot \frac{M}{C_2 Z_{2r}} = \dot{V}_S \frac{L_2}{M} = \dot{V}_S \frac{\sqrt{L_2/L_1}}{k}$$

典型参数下 $V_{OC} = V_S$。

(4)最大功率匹配条件下,$f = f_0$,$R_L = |Z_0|$,$P_L = P_{\max}$。

(5)升高工作频率 $f > f_0$,发送回路阻抗模增大,反映阻抗 Z_{2r} 模减小,Z_0 模升高,负载功率降低。对于不同负载,改变失谐频率可维持负载功率恒定,如图 1-3-6 所示。

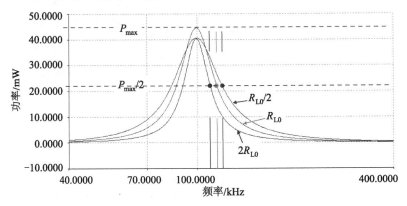

图 1-3-6　改变频率维持负载功率恒定

(6) 负载调制原理：改变接收回路中的电容或电阻，引起发送回路的阻抗 Z_{1r} 的变化，及发送线圈电感上电压幅度的变化。

7　教学实施进程

(1) 分发参考阅读材料，布置预习。

(2) 学生在实验室领取实验材料，完成实验。实验过程中实验教师对实验电路、关键实验数据进行核实验收。

(3) 对学生扩展部分内容提供需要的电阻和电容元件。

(4) 教师扫码确认学生实验的最终结果。

(5) 学生完成实验后的计算、分析、仿真等，撰写实验报告。

(6) 学生提交实验报告，教师按照预定评分标准，结合实验室验收和实验报告内容对实验评分。

8　实验报告要求

(1) 实验目的与要求。

(2) 课前预习相关理论知识点和计算推导。

(3) 实验装置编号或二维码。

(4) 实验方案对比分析，电路图。

(5) 原始测量结果记录：谐振频率，L_1，L_2，C_1，C_2，耦合系数 k，次级等效电路 V_{OC} 和 Z_0，匹配负载阻值 R_{L0}，负载最大功率 P_{max}。负载变化时频率值，负载调制需要的电容和电阻变化量。

(6) 根据实际元件参数进行理论计算，与实验结果进行比较。

(7) 根据实际元件参数进行 Multisim 仿真，与实验结果比较。

(8) 方案对比、误差分析。

(9) 实验总结、问题讨论。

9　考核要求与方法

(1) 课前预习：相关知识点、理论公式的准备(实验教师在实验室检查)。

(2) 过程、步骤和方案：电路搭建、仪器的使用、测试步骤是否完成。

(3) 基本实验数据：测试数据记录是否完整、规范，数据是否正确(教师扫描实验板二维码确认)。

(4) 扩展内容：是否完成，何种方案，记录数据。

(5) 实验报告：实验报告的规范性、完整性，分析计算、仿真和结论分析是否正确、独到。

10　项目特色或创新

(1) 工程背景：实验题目源于实际工程问题，测试和分析有实际意义，能扩展知识面。

(2) 基础性：侧重电路基础知识和基本实验技能，采用简化的电路模型，贴近实际电路教学需要。

（3）综合性：涉及多个电路理论知识点，包含多种测量练习。

（4）参数差异性：利用预制模块参数差异性促使学生独立操作，避免抄袭。同时，实验电路参数和结果预先不可知，实际参数在实验后确定，用于实验后分析。

（5）内容充实：预习包括资料查阅、理论推导和实验方案准备，实验后工作包括理论计算、仿真和问题讨论。

（6）易操作：结果简单易验证，便于教师检查和验收，可用于大范围必做实验。

1-4　简单无源网络"特性之最"的实现与测量(2018)

参赛选手信息表

案例提供单位	北京交通大学		相关专业	通信工程、自动化、电子科学与技术、轨道交通信号与控制
设计者姓名	赵文山	电子邮箱	wshzhao@bjtu.edu.cn13.212mm	
设计者姓名	闻　跃	电子邮箱	ywen@bjtu.edu.cn	
设计者姓名	养雪琴	电子邮箱	xqyang@bjtu.edu.cn	
相关课程名称	电路实验	学生年级	大二	学时(课内＋课外)　16
支撑条件	仪器设备	"灰盒"模块，万用表，示波器，信号发生器，交流电压表		
	软件工具	Multisim		
	主要器件	定值电阻，可变电阻，电容，电感		

1　实验内容与任务

　　本实验属于蕴含设计思维的综合性实验，要求学生利用 4 个 RLC 元件组成的"灰盒"模块，自主构建无源网络，实现要求的"特性之最"，用测量方法进行辨别和验证。其中，"灰盒"模块如图 1-4-1 所示，包括 1 个定值电阻、1 个可变电阻、1 个电感和 1 个电容，参数未知，位置随机。元件参数和实现电路的不确定性要求学生在预习环节积极思考、拓展思路，根据理论知识设计所有可能方案，在实验环节利用仪器测量确定元件参数，进而选择最优实现电路。

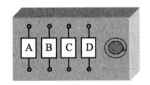

(a) 外部

北京交大
电路实验

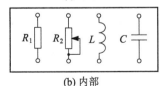

(b) 内部

图 1-4-1　"灰盒"模块

1) 基本题目

(1) 利用给定测量仪器,辨别 A、B、C、D 4 个元件类型,测量元件参数。

(2) 最大时间常数:搭建一个时间常数最大的一阶动态电路,测量时间常数。

(3) 最大截止频率:搭建一个截止频率最高的一阶低通滤波器电路,测量截止频率。

(4) 最大电压振幅:搭建一个能输出最大振幅正弦电压的电路,测量输出正弦信号的振幅和输入信号频率。

(5) 最大电压峰峰值:搭建一个能产生最大 V_{pp} 电压波形的电路,记录电压波形,测量其峰峰值。

2) 选做题目

(1) 最大带宽:搭建一个通带宽度最宽的带通特性网络,测量截止频率、带宽和 Q 值。

(2) 最大功率:将 R_1 与输入正弦电压串联作为信号源内阻,将 R_2 作为负载,用 L 和 C 构建一个匹配网络,使可变电阻 R_2 获得最大功率,测量 R_2 的阻值、负载功率及信号频率。

2　实验过程及要求

(1) 做好预习,利用 4 个 RLC 元件构造所有符合问题要求的电路结构(要求不能短路信号源),推导对应的特性参数表达式,设计满足"特性之最"的电路实现结构及实验测量方案。

(2) 每位学生随机领取一个"灰盒"模块,利用给定测量仪器辨别 A、B、C、D 4 个元件,电容和电感参数可由后续时域或频域测量获得。

(3) 搭建所有可能实现最大时间常数的一阶电路,输入合适的方波,测量比较各时间常数。

(4) 搭建所有可能实现最高截止频率的一阶低通滤波器电路,输入正弦信号,改变信号源频率,测量、比较各截止频率,在半功率点附近选择不少于 10 个点绘制幅频特性曲线。

(5) 搭建可输出最大振幅正弦电压的 RLC 电路,输入振幅为 1 V 的正弦电压,改变信号源频率,测量最大输出振幅及输入信号频率。

(6) 搭建所有可能实现最高 V_{pp} 电压波形的电路,限定输入为 1 V 方波,频率为 100～500 Hz,测量比较各 V_{pp}。

(7) 搭建所有可能实现最大带宽的带通滤波器电路,输入正弦信号,改变信号源频率,测量上、下截止频率,计算带宽、品质因数和中心频率。

(8) 搭建所有可能实现 LC 匹配网络的电路,输入正弦信号,改变信号源频率,调节负载 R_2,测量 R_2 功率的最大值,记录匹配时的信号频率。

(9) 撰写实验报告,简述实验方案及实验过程,记录实验数据。

3　相关知识及背景

本实验属于任务式设计实验,涉及一阶动态特性、一阶低通特性、RLC 串联谐振特性、二阶电路阶跃响应、二阶带通特性、正弦稳态电路的共轭匹配等理论知识,以及时间常数、截止频率等特性参数的实验测量方法,要求学生综合运用以上电路基础知识和基本实验技能,自主设计、搭建符合要求的电路,用仪器测量进行辨别与验证。

4　教学目标与目的

本实验通过创设问题、布置任务展开实验教学,以 RLC 组合电路的多样性为载体,利用问题要求和元件参数等限定条件引导学生经过比较选择实现电路,完成预设的实验内容,促使学生在目标电路的寻求和探索中掌握理论知识和实验技能。

5　教学设计与引导

本实验主要包括预习检查、课堂讲解、实验指导、考核验收等环节,需要经历方案论证、电路搭建、实际测量、辨识比较、参数计算、报告撰写等过程。

课前预习:要求学生根据题目任务进行方案设计,倡导学生积极思考,构建多种潜在符合要求的电路实现结构,理论推导特性参数计算公式,进行必要的仿真验证。

课堂讲解:布置学生需要完成的实验内容,简单介绍"灰盒"模块的基本构造和连接方法,明确仪器使用的注意事项;说明考核方法,要求学生画出实验电路图并记录测量数据。

实验指导:针对学生的疑问进行现场答疑,尤其对于仪器使用的常见错误给予现场指导;对提高测量精度和效率的实验方法进行引导,例如方波信号周期的合理设置、频域测量时输入信号的幅度保持等;及时提醒学生记录必要的实验数据,绘制或保存相关响应曲线。

考核验收:现场扫描"灰盒"模块的二维码,读取实验题目的正确答案,查看预习报告,核查电路连接、测量数据及响应波形,判断学生实验任务的完成情况。

6　实验原理及方案

1) RLC 元件辨别及参数测量

可利用万用表的电阻挡辨别"灰盒"模块 A、B、C、D 4 个元件,测量定值电阻的阻值和可变电阻的范围,电感与电容参数可由后续时域或频域测量获得。

2) 最大时间常数

一阶动态电路的时间常数通常可表示为 $\tau_C = RC$ 或 $\tau_L = \dfrac{L}{R}$。因此,最大时间常数的实现电路有两种,如图 1-4-2 所示。RC 实现电路中两个电阻串联,可变电阻调节至最大,$\tau_C = (R_1 + R_2)C$;RL 实现电路中两个电阻并联,可变电阻调节至最小,$\tau_L = \dfrac{L}{R_1 /\!/ R_2}$。实验中,测量比较两种电路的时间常数,计算电容和电感参数。需要注意的是,为了防止 R_1 被 R_2 短路,实际"灰盒"模块的制作中,可变电阻 R_2 由电位器与定值电阻串联组成。

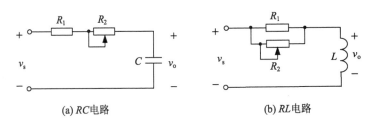

(a) RC 电路　　　　　　　　　　(b) RL 电路

图 1-4-2　最大时间常数实现电路

3）最高截止频率

一阶低通滤波器电路可由 RC 或 RL 元件组成,其截止频率通常可表示为 $f_c = \dfrac{1}{RC}$ 或 $f_L = \dfrac{R}{L}$。因此,最高截止频率的实现电路有两种,如图 1-4-3 所示。RL 实现电路中两个电阻串联,可变电阻调节至最大, $f_L = \dfrac{R_1 + R_2}{L}$;$RC$ 实现电路中两个电阻并联,可变电阻调节至最小, $f_c = \dfrac{1}{(R_1 \mathbin{/\mkern-5mu/} R_2)C}$。实验中,测量比较两种电路的截止频率。

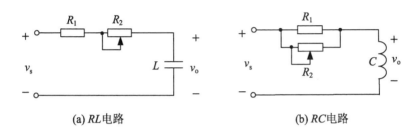

(a) RL 电路　　　　　　　(b) RC 电路

图 1-4-3　最高截止频率的实现电路

4）最大输出振幅

利用串联 RLC 谐振电路特性可以在电抗元件上获得振幅高于输入电压振幅的正弦电压,即 QV_s,其中 Q 为品质因数。可见,增大 Q 值可提高谐振电抗的电压。由于 $Q = \dfrac{1}{\omega_0 CR}$,将 R_1 和 R_2 并联可获得最小电阻值,从而实现最高电抗电压振幅,电路如图 1-4-4 所示。调节输入信号频率,测量电路的谐振频率及谐振电抗的电压振幅。

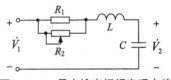

图 1-4-4　最大输出振幅实现电路

5）最高 V_{pp} 电压波形

方法一:利用二阶电路的欠阻尼响应可实现输出信号的振荡过冲,从而实现较高 V_{pp} 的电压波形。输入信号为周期方波,当 RLC 串联电路满足 $R < 2\sqrt{L/C}$ 时,可实现欠阻尼响应,且 R 越小振荡幅度越大。因此,可将 R_1 和 R_2 并联获得最小电阻值,实现最高 V_{pp} 的电压波形,约为 $2.8V_s$,实现电路如图 1-4-5 所示。

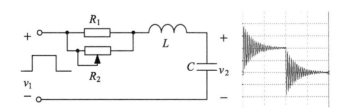

图 1-4-5　最高 V_{pp} 电压欠阻尼的实现电路

方法二：单个一阶电路动态响应的电压不高于输入电压，但用两个一阶响应叠加可实现最高 V_{pp} 的电压波形，约为 $3V_s$，实现电路如图 1-4-6 所示。

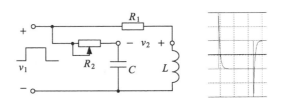

图 1-4-6　最高 V_{pp} 电压双一阶的实现电路

6）最大带宽

二阶带通滤波器电路的 RLC 元件实现结构有两种，如图 1-4-7 所示。

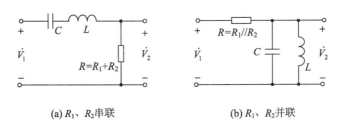

(a) R_1、R_2 串联　　　　　(b) R_1、R_2 并联

图 1-4-7　最大带宽实现电路

图 1-4-7(a)中，带宽可表示为 $B=R/L$。为得到最大带宽，R 可由 R_1 和 R_2 串联实现，并将 R_2 调节至最大。图 1-4-7(b)中，带宽可表示为 $B=1/RC$。为得到最大带宽，R 可由 R_1 和 R_2 并联实现，并将 R_2 调节至最小。实验中，测量比较两种电路的带宽，计算品质因数和中心频率。

7）最大功率传输

制作"灰盒"模块时要求 R_1 小于 R_2。在实现最大功率匹配时，需要利用 LC 电路的转换，使得从信号源看等效负载电阻值变小，等于 R_1。电阻与电抗元件并联等效为串联组合后，电阻值会变小，设计任务转换为 Z_1 与 Z_2 的共轭匹配，实现电路有两种，如图 1-4-8 所示。

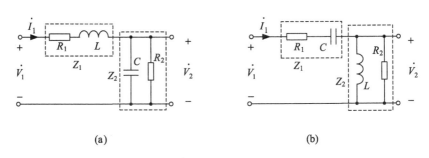

(a)　　　　　　　　　　　(b)

图 1-4-8　最大功率传输实现电路

调节 R_2 的阻值与信号源的频率,可实现电路的共轭匹配,其中 R_2 的阻值满足 $R_1R_2 = L/C$。图 1-4-8(a)中信号源频率满足 $f = f_0\sqrt{1-R_1/R_2}$,图 1-4-8(b)中信号源频率满足 $f = f_0/\sqrt{1-R_1/R_2}$。实验中,通过测量输出电压可计算出负载的有功功率,比较两种电路在共轭匹配时的最大传输功率。

7　教学实施进程

在实验教学实施的进程中应着重注意以下方面:

1) 课前预习

本实验成功实施的前提在于充分的课前预习。"灰盒"模块的元件参数未知导致实现"特性之最"的电路具有多种可能,学生需要在实验前做大量的前期准备工作,包括构建各种可能实现电路,根据理论知识推导特性参数的求解公式,设计"特性之最"的实现方案及实验测量方法,完成必要的仿真验证等。学生在这一阶段的主要任务是设计实验方案,完成预习报告;教师的主要任务是引导学生思考实现电路的多样性,说明预习报告的撰写要求。

2) 课堂讲解

实验过程中测量仪器的正确使用和测量数据的及时记录对于实验的成功实施至关重要。本阶段教师的主要任务是说明实验内容、实验流程及考核方法,发放"灰盒"模块,介绍基本构造;学生的主要任务是了解实验仪器使用的注意事项,明确需要记录的实验数据。

3) 实验指导

预设实验方案的顺利实施是实验成功的关键。本阶段学生的主要任务是合理搭建电路,正确使用仪器,准确测量最大特性参数,及时记录实验数据。老师的主要任务是在实验过程中对学生的疑问进行现场引导,包括仪器使用的注意事项及关键参数的测量方法。

4) 考核验收

学生在完成每一项实验题目后,及时向教师提供实验数据,展示搭建电路和测量波形。教师现场扫描"灰盒"模块的二维码,读取每项实验题目的正确答案,检查电路搭建的合理性,判断实验结果的正确性,为学生每项实验任务的完成情况进行打分。

8　实验报告要求

实验报告主要包括:

1) 设计方案及论证

(1)"特性之最"实现电路设计;(2)理论推导和计算;(3)仿真分析。

2) 电路搭建与测量

(1)元件辨别及参数对照;(2)"特性之最"实现电路搭建(含接线图);(3)测量数据(表格);(4)比较与结论。

3) 总结

(1)对实验现象的解释和讨论;(2)收获与体会。

9 考核要求与方法

1) 现场验收

教师扫描"灰盒"模块的二维码,获得实验任务的正确答案,对学生作业进行验收,每个基本实验12分,每个选作实验10分,核查内容主要包括:

(1)元件辨识与参数;(2)实现方案的合理性;(3)电路搭建水平;(4)测量数据(表格);(5)结论与最大特性参数。

2) 实验报告

按照实验报告的撰写要求核查学生的实验报告,重点关注规范性与完整性,共20分。

10 项目特色或创新

(1)侧重电路基础知识和基本实验技能。

(2)不直接给出实验电路,以问题(任务)形式提出设计要求,学生思考后自主设计实验电路,与理论知识结合紧密。

(3)同一类型电路从时域和频域两方面测量其特性,将两方面特性有机结合。

(4)实验电路参数和结果预先不可知,某些电路需要实验测量比较后确定,并非简单验证已知结论。

(5)内容充实,综合性强,要充分预习才能完成,预习包括理论推导和实验方案准备。

(6)利用"灰盒"实现元件参数差异性,促使学生独立操作,避免抄袭。

(7)利用"灰盒"和"特性之最"的实现需求,实现结果的确定性,便于教师检查和验收,可用于大范围必做实验。

1-5 软磁材料交流磁特性自动测试系统的设计(2018)

实验案例信息表

案例提供单位	西安交通大学		相关专业	电工电子技术
设计者姓名	孙晓华	电子邮箱	sxh0809@mail.xjtu.edu.cn	
设计者姓名	李瑞程	电子邮箱	lirc@mail.xjtu.edu.cn	
设计者姓名	原晓楠	电子邮箱	yxn0002017060@mail.xjtu.edu.cn	
相关课程	电工电子开放实验	学生年级	大三、大四	学时(课内＋课外) 课外32
支撑条件	仪器设备	低频交流功率源,示波器,万用表,myDAQ采集卡,计算机		
	软件工具	Ansoft Maxwell电磁场仿真软件,Multisim电路仿真软件,Altium Designer电路设计软件,LabVIEW虚拟仪器设计软件		
	主要器件	环形软磁材料试样,定制的大功率水泥电阻,OP07,AD620等		

1 实验内容与任务

1) 实验内容

根据图 1-5-1 所示的系统框图,利用 LabVIEW 软件和硬件电路设计相结合的办法,设计并制作一套完整的软磁材料交流磁特性自动测试系统,完成至少一个测试案例的讨论与分析。

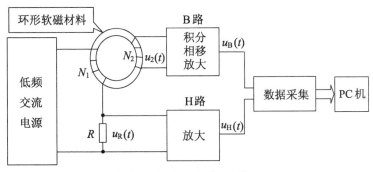

图 1-5-1 测试系统原理框图

2) 基本任务

(1) 仿真分析:为了便于设计单匝励磁回路的结构,学习并掌握 Ansoft Maxwell 软件的使用方法,用 Ansoft Maxwell 软件对电压电流变换器转换出的励磁电流进行分析仿真和计算。

(2) 硬件设计与制作:

① 装置与试样设计:

a. 根据仿真计算出的励磁电流,设计制作与功率匹配的电压电流变换器、励磁电流回路和无感取样电阻;

b. 选择被测软磁材料试样和测量尺寸并绕制测试线圈;

c. 设计装置的安装结构,加工各部分零件。

② 原理图和 PCB 制作:学习并掌握 Altium Designer 软件的使用方法,利用 Altium Designer 软件设计调理电路原理图和绘制 PCB 图。

③ 硬件制作:根据设计好的 PCB 图印制电路板,并焊接好元件,与其他部件组装完成硬件实物的制作,完成的硬件结构如图 1-5-2 所示。

(3) 软件编程设计:学习并掌握 LabVIEW 软件的使用方法,利用 LabVIEW 软件设计编写系统测试软件,选取至少一种软磁材料构成测试系统,实现其交流磁特性和相关磁参数的测量。

(4) 测试案例分析:在软磁材料交流磁特性自动测试系统设计制作完成的基础上,分析测试数据得出结论,形成测试报告。同时对整个实验过程中涉及的内容,撰写实验设计报告,制作 PPT,进行总结答辩。

3) 拓展任务

(1) 根据教师提供的程控电源,编写 LabVIEW 控制程序,构建自动测试系统。

(2) 编程对采集的波形进行 FFT 变换,分析 B 和 H 路波形的谐波分量。

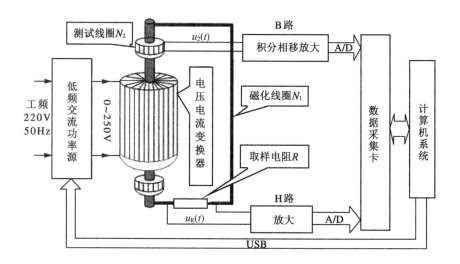

图 1-5-2　测试系统硬件结构图

（3）通过软件计算,测量出软磁材料的铁损耗,获得材料的比铁损曲线。

2　实验过程及要求

（1）根据教师提供的学习资料以及自己查找文献资料,自学 Ansoft Maxwell 软件仿真方法、Altium Designer 软件的使用方法。

（2）通过查找文献了解工程背景,做好综述调研工作,熟悉实验原理,制定实验计划,进行开题汇报,向老师论证计划的可执行性。

（3）利用 Ansoft Maxwell 软件仿真分析电压电流变换器转换的励磁电流情况。

（4）利用 Altium Designer 软件设计调理电路原理图,绘制 PCB 图,完成布线和仿真。

（5）制作电流变换器,选取试样绕制测试线圈,设计、加工、安装零件,印制电路板,焊接元器件,组装磁特性测量测试系统的硬件部分。

（6）通过查找资料,自学 LabVIEW 设计测量软件的程序编写方法。

（7）利用 LabVIEW 软件设计磁特性测量测试系统软件。

（8）将软硬件结合,组合成软磁材料交流磁特性自动测试系统,选择一种材料进行测试,输出测试报告并进行分析。

（9）根据所有实验结果,按格式要求撰写实验报告,制作答辩展示 PPT,参加演示答辩。

本实验因材施教,对普通本科生侧重基础任务的完成,针对能力较强的本科生可增加难度和要求予以考评。

3　相关知识及背景

软磁材料例如各种交流电机、变压器、互感器、磁放大器等的铁芯,其交流磁特性的测量历来受到科研和工程人员的重视。这是一个将电工理论与工程应用软磁材料的磁特性测试相联系的典型案例,需要综合应用电工理论、工程仿真、测量技术、程序设计及误差处理等相关知识与技术方法。通过该实验项目,既检验了学生安培环路和电磁感应定理这些知识点的扎实程度,又使学生了解铁芯材料应用的背景知识,并涉及电气专业多项基础技能,使学生掌握了软磁材料交流磁特性,以及其比铁损特性的测试方法,有助于学生综合能力的提升。

4　教学目标与目的

通过软磁材料交流磁特性测试系统的设计,引导学生了解相关工程领域的问题,掌握Ansoft Maxwell 软件、Altium Designer 软件的使用方法,学会利用 LabVIEW 软件设计测量系统的编程方法,以及掌握电气专业实验基础操作技能。整个实验内容设置系统全面,可以锻炼学生检索与查找文献资料的能力,提高学生分析解决问题和自主学习的能力,培养本科生对科学研究的兴趣,以及进行专题深入研究的能力。

5　教学设计与引导

本实验设计是由具体的工程应用问题映射到实验教学环节中的一个项目,不仅要考虑两者之间转换的具体细节设计,还应尽量考虑本科生的理论水平和实际能力,提供适当的资料和答疑帮助。整个实验过程历经资料检索、方案设计、硬件制作、软件设计、案例测试等环节,教师在掌握项目进展情况的同时,应对理论知识点映射工程应用、装置结构设计、调理电路原理图设计、PCB 图绘制、硬件组装、测试案例等环节给予重点关注和引导,及时地答疑解惑。实验中指导具体应在以下几个方面体现:

(1) 提供学习资料。教师介绍 Ansoft Maxwell 软件、Altium Designer 软件,提供关于它们的学习资料,并引导学生自己查找资料和与实验题目相关的文献,完成背景调查和开题研究。

(2) 软件设计指导。提供 LabVIEW 软件设计方法及在线学习视频资源,介绍软件设计和改进思路,对学生的创新设计进行及时考评予以反馈。

(3) 硬件制作方面的指导。在电路板印制、焊接组装等环节指导和帮助学生,保证制作的成功率。

(4) 案例测试指导。指导学生选择合适而且典型的材料进行测试分析。

(5) 实验完成后,要求学生提交实验报告,并用 PPT 进行答辩汇报,锻炼学生撰写报告和演讲的能力。

在编写自动测试程序时,提醒学生注意程序的可读性和通用性,应考虑交互式界面设计的曲线显示形式和试样参数输入的形式,使得界面操作简单明了。另外,教师对实验项目的自主拓展研究及时指导,评估可行性和测试效果。

6　实验原理及方案

软磁材料交流磁特性自动测试系统的设计主要包括硬件和软件两个部分的设计,下面从这两个方面介绍实验原理及项目过程中遇到的关键问题。

1) 测试系统原理

(1) 理论概述

动态磁性能测试的对象是矫顽力 H_c 低于 120 A/m 的软磁材料。在动态磁性能测量中,必须考虑频率 f、磁化时的波形、样品的规格尺寸、测量仪器和方法、测量顺序等对测量结果的影响。磁化条件下的动态磁参数几乎都是通过测量电学量和电参数并计算得到,其中很大一部分内容是交流磁参数,它们的定义最为明确。

在交流磁化条件下,由于磁场强度周期对称变化,所以磁感应强度 B 也随之反对称地变化,两者变化一周所构成的曲线称为交流磁滞回线,即 $B\text{-}H$ 曲线。随着交流幅值磁场强度 H_m 的变化,可以得到一簇大小不同的交流磁滞回线,这些磁滞回线顶点构成的轨迹就是交流磁化曲线,简称为 $B_m\text{-}H_m$ 曲线。交流幅值磁场强度增大到饱和磁场强度 H_s 时,磁滞回线面积不再增加,此时的回线称为极限磁滞回线。极限磁滞回线的退磁曲线与纵轴和横轴的交点值分别表示剩磁 B_r 和矫顽力 H_c。幅值磁导率 μ_a 可按公式(1)求得,由 μ_a 和 H_m 构成磁导率曲线,记为 $\mu_a\text{-}H_m$ 曲线。

$$\mu_a = \frac{B_m}{H_m} \tag{1}$$

(2) 测试原理

交流磁特性测试实验系统的原理框图如图 1-5-2 所示。图中磁化回路由程控低频交流电源、磁化线圈 N_1 和无感取样电阻 R 组成,其中低频交流电源为闭合磁化线圈 N_1 提供磁化电流,该电流经取样电阻转换为电压,经放大后进入数据采集卡的 A/D 端;测试线圈 N_2 感应出的电压信号经积分、相移、放大后,同样送入采集卡 A/D 口。计算机系统对上述两路送入 A/D 口的信号进行采集、分析,最终实现磁特性曲线及磁参数的测试和显示。以下对系统各部分的工作原理作详细介绍。

软磁材料样品中的磁场信号是通过系统中线圈 N_1、N_2 两路取出的。在磁化线圈 N_1 中产生的磁场强度 H 为

$$H(t) = \frac{N_1 i(t)}{l} \tag{2}$$

式中:l 为测试样品的等效磁路长度(m);$i(t)$ 为磁化线圈中的磁化电流(A);N_1 为磁化线圈的匝数。

由式(2)可知,当样品的 N_1 和 l 不变时,磁化电流 $i(t)$ 的大小与磁场强度 H 成正比。由于磁化线圈中串入取样电阻 R,因此 R 两端的电压 $u_R(t)$ 经放大后为:

$$u_H(t) = k_H \cdot u_R(t) = k_H \cdot i(t) \cdot R = \frac{k_H l R}{N_1} H(t) \tag{3}$$

式中:k_H 为 H 路的放大倍数。

由式(3)可知,$u_H(t)$ 与磁场强度 H 成正比关系。同理根据电磁感应定理,测试线圈 N_2 两端感应到的电压 $u_2(t)$ 为

$$u_2(t) = -N_2 \frac{\mathrm{d}\Phi(t)}{\mathrm{d}t} = -N_2 S \frac{\mathrm{d}B(t)}{\mathrm{d}t} \tag{4}$$

式中:N_2 为测试线圈的匝数;S 为试样的横截面积(m^2)。

电压 $u_2(t)$ 经积分、相位补偿和放大后为

$$u_\mathrm{B}(t) = \frac{k_\mathrm{B}}{R_1 C_1} \int u_2(t)\mathrm{d}t = -\frac{k_\mathrm{B} N_2 S}{R_1 C_1} B(t) \tag{5}$$

式中：R_1、C_1 为积分电路的电阻、电容参数值；k_B 为 B 路的放大倍数。

由式(5)可知，$u_\mathrm{B}(t)$ 与磁感应强度 B 成正比。因此，磁场强度 H 和磁感应强度 B 两路磁参量的测量，总的来说可归结为 $u_\mathrm{H}(t)$ 和 $u_\mathrm{B}(t)$ 信号的获取，将两路信号进行采集并分析处理，最终得到被测软磁材料的交流磁特性和相关磁参数。

计算机通过采集卡获取一个磁化周期内的 H、B 两路电压信号，即可得到一条磁滞回线 $B\text{-}H$。从小到大改变交流电源信号的幅度，就可获得一簇磁滞回线，由各个磁滞回线的顶点 B_m、H_m 值，可得到交流磁化曲线 $B_\mathrm{m}\text{-}H_\mathrm{m}$。当磁性材料达到饱和时，从饱和的磁滞回线上可以求出饱和磁感应强度 B_s、饱和磁场强度 H_s 等常用磁参数。由磁化曲线及磁导率 μ_a 的定义可画出交流磁导率曲线 $\mu_a\text{-}H_\mathrm{m}$，在该曲线上可求出初始磁导率 μ_{ai} 和最大磁导率 μ_{am}。

对于剩磁 B_r 和矫顽力 H_c 的准确计算，可采用简单的线性插值法。从 $(H_\mathrm{m}, B_\mathrm{m})$ 点处沿着退磁曲线，找出与 $H=0$ 处相邻的两点坐标，即 (H_i, B_i) 和 (H_{i-1}, B_{i-1}) 且满足 $H_i \cdot H_{i-1} < 0$；同理，在 $B=0$ 处找出相邻的两点坐标，即 (H_j, B_j) 和 (H_{j-1}, B_{j-1}) 且满足 $H_j \cdot H_{j-1} < 0$。根据公式(6)计算出剩磁 B_r 和矫顽力 H_c。

$$\begin{cases} B_\mathrm{r} = B_i - H_i \cdot \dfrac{B_i - B_{i-1}}{H_i - H_{i-1}} \\[2mm] H_\mathrm{c} = -H_j + B_j \cdot \dfrac{H_j - H_{j-1}}{B_j - B_{j-1}} \end{cases} \tag{6}$$

（3）测量中应注意的问题

测量动态磁参数要特别注意测量条件的影响，下面讨论测量中试样尺寸要求和磁滞回线失真的问题。

① 试样的尺寸要求

为了减少退磁场的影响，软磁材料磁特性测试中所用的样品一般采用闭合磁路，且截面为矩形的环状结构，如图 1-5-3 所示。其截面为矩形，外径为 D_o，内径为 D_i，环高为 h。为了保证圆环宽度上各处磁场强度均匀，要求环形样品的尺寸应符合下式：

$$\frac{D_\mathrm{o} - D_\mathrm{i}}{D_\mathrm{o} + D_\mathrm{i}} \leqslant \frac{1}{9} \tag{7}$$

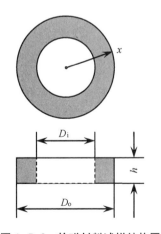

满足该条件时，圆环的平均直径 $\overline{D}$ 取其内外径的平均值 $\overline{D} = (D_\mathrm{i} + D_\mathrm{o})/2$。如果不满足公式(7)，则应该采用谐和直径 D_h 来代替平均直径 $\overline{D}$ 以减小误差。谐和直径 D_h 的计算公式为

图 1-5-3　软磁材料试样结构图

$$D_\mathrm{h} = (D_\mathrm{o} - D_\mathrm{i})/\ln\frac{D_\mathrm{o}}{D_\mathrm{i}} \tag{8}$$

此时样品的等效平均磁路长度为 $l = \pi D_h$,可近似认为环形样品内存在着大小为 $B = \mu H$ 的均匀磁场。

② 讨论磁滞回线失真问题

测试系统中的积分器会带来相位误差,导致如图 1-5-4 所示的磁滞回线失真。如果 B 路信号相位滞后,则会出现图 1-5-4(a)所示的麻花状回线;如果 B 路信号相位超前,则会出现图 1-5-4(b)所示的圆滑尖部回线;图 1-5-4(c)所示是正常情况的磁滞回线。本测试系统在积分器输出端加一个阻容电路,通过调节电位器便可改善输出的磁滞回线形状。

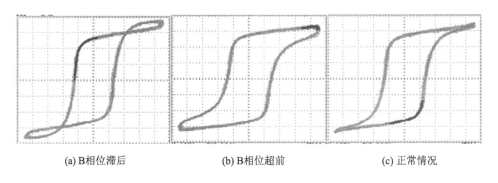

(a) B相位滞后　　　　　　　(b) B相位超前　　　　　　　(c) 正常情况

图 1-5-4　三种典型磁滞回线示意图

另外,较多的初级线圈也会增加匝间、层间分布电容,使磁滞回线变形,因此要求测量时磁化线圈匝数尽量少,测试线圈绕制时最好使用漆包细线单层均匀紧密绕线。

2) 测试系统硬件设计

完成设计后的实验硬件装置如图1-5-5所示,其结构包含电压电流变换器、样品线圈、取样电阻和调理放大电路 4 个部分,而低频交流功率源、数采卡和计算机外接。其中硬件装置的设计特点:

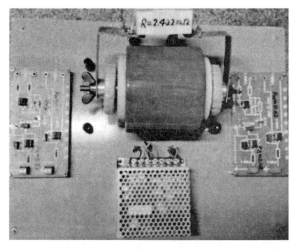

图 1-5-5　测试系统硬件装置图

（1）电压电流变换器利用 220 V/1 kW 的调压器改装；

（2）被测的环形样品可以灵活地从磁化回路中取出，便于更换；

（3）调理放大电路和积分电路，可根据实际需要随时调整；

（4）串入磁化线圈中的大功率无感取样电阻（也称限流电阻）可以接插更换，其中取样电阻的选取应注意：

① 其阻值大小决定了软磁材料样品能否达到饱和；

② 电阻必须采用无感的非导磁材料。这里采用大功率可拆卸的水泥电阻代替了易发热的镍铬铝合金电阻；

③ 电阻接入电路的方式应采用四端接线法，以减小接线电阻和引线电阻的误差。

3）测试系统软件设计

软件部分采用虚拟仪器设计工具 LabVIEW，根据硬件电路处理信号的原理将采集卡获取的电压信号还原为 $H(t)$ 和 $B(t)$，然后计算相关的交流磁参数并显示磁滞回线、磁化曲线和磁导率曲线。

为检验所设计的测试系统性能，我们选取某种环形软磁材料试样，绕制测试线圈进行了测试实验。案例选取程控低频交流功率源作信号源，所取试样工作在低频环境中，选取 H 为正弦形。图 1-5-6 给出了学生设计的测试系统软件部分前面板，基于这些曲线即可获得各种磁参数。图 1-5-7 为不同频率下磁滞回线的测试结果。

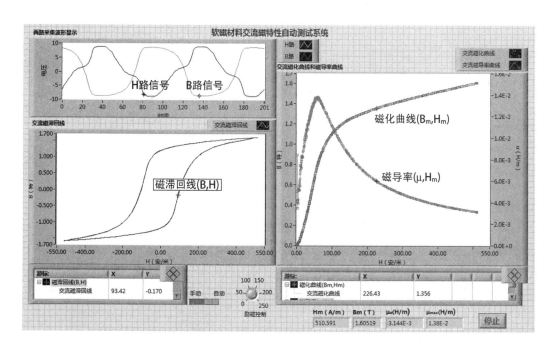

图 1-5-6 测试系统软件部分前面板

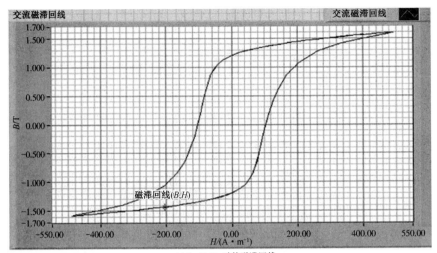

(a) f = 50 Hz 时的磁滞回线

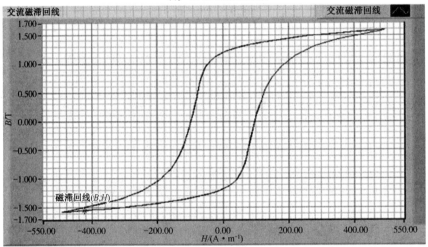

(b) f = 45 Hz 时的磁滞回线

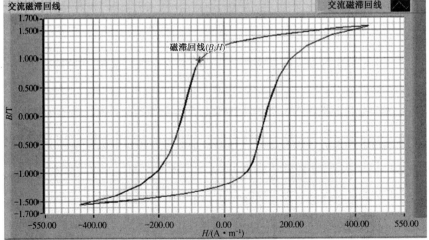

(c) f = 100 Hz 时的磁滞回线

图 1-5-7　不同频率下的磁滞回线比较

另外,为了较好地实现电源电压连续调节,设计了手动/自动的切换模式,可在自动模式下均匀调节励磁大小,图1-5-8给出的是程控电源激励的自动控制程序框图。

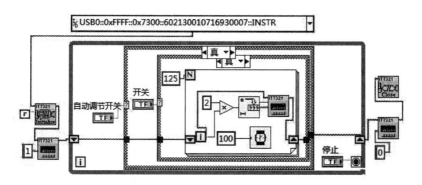

图1-5-8　程控电源激励的自动控制程序框图

7　教学实施进程

实验教学安排进度如表1-5-1所示。

表1-5-1　教学安排进度表

阶段/周数	角色安排	具体内容
第一阶段 (2周)	教师任务安排(1 h)	1. 发放实验任务书,明确实验目标; 2. 介绍实验题目背景,讲解任务,介绍实验过程中涉及的相关软件,提供学习资料
	学生自主学习(5 h)+课下	学生自学 Ansoft 软件、Altium Designer 和 LabVIEW 软件的使用方法
第二阶段 (2周)	文献调研(3 h)	学生检索相关文献,了解实验背景,进行实验方案设计,撰写开题报告,进行答辩论证
	仿真分析(3 h)	利用 Ansoft Maxwell 软件仿真分析电压电流变换器的磁场分布,对仿真结果与实际测试结果进行分析比较。
第三阶段 (2周)	调理电路设计与制作(5 h)	1. 利用 Altium Designer 软件设计调理电路原理图,绘制 PCB 图; 2. 印制电路板,焊接元器件
	硬件组装(3 h)	将电压电流变换器、取样电阻、测试试样和调理电路等部件进行组装,并利用传统的示波器测试方法验证该方法的正确性,对选择的软磁材料进行测试分析
第四阶段 (2周)	学生自主学习(2 h)	根据提供的资料,学生自学 LabVIEW 软件编程方法
	测试系统软件设计(4 h)	利用 LabVIEW 软件编程设计测试系统的软件部分
第五阶段 (2周)	测试案例(2 h)	学生选择至少一种测试材料进行交流磁特性测量,并分析形成简单的报告
	答辩总结(4 h)	学生撰写实验报告,制作 PPT,答辩汇报,进行总结工作

8 实验报告要求

结合本实验设计的实际情况,根据科技论文格式要求,设计报告应包含以下内容:

(1)摘要;(2)绪论;(3)测试系统设计要求;(4)需求分析及系统设计方案;(5)硬件电路设计;(6)软件设计;(7)测试案例分析;(8)总结和展望;(9)成本核算;(10)参考文献。

报告中字体、图、表、参考文献等的写作规范应参照西安交通大学本科生论文写作规范(范文模板由指导老师提供)。

9 考核要求与方法

为确保学生最终能够取得良好的实验结果,本实验共进行 3 次考核,贯穿于整个实验进程之中。详细要求如下:

1)项目前期

(1)开设例会提出项目要求;

(2)学生提交项目总体设计方案,进行开题答辩;

(3)考核项目方案的可行性、合理性、硬件及软件部分的正确性。

2)项目实施中

(1)掌握进度,考核系统功能模块的完成程度,模块分调效果评价;

(2)过程分析与解决问题相结合,针对自主拓展部分内容进行单独考核。

3)项目完成后

(1)考核验收系统中各模块的功能完整度,评价案例测试效果;

(2)检查论文格式是否符合要求,内容是否充实;

(3)答辩展示是否清楚。

10 项目特色或创新

本实验教学项目具有如下特色

(1)以工程为背景:以工程上使用的软磁材料交流磁特性测试作为工程背景设计实验题目,有利于培养学生的工程思维。

(2)综合性:综合应用理论知识、工程仿真、测量技术及程序设计知识,展开了基础性和拓展性研究。

(3)系统性:本实验设计从项目的调研、论证到软硬件设计、案例测试,涉及理论知识和动手操作,培养了学生测试系统的构建和研发能力。

(4)开放性:针对本科生有不同层次的要求,提升学生分步解决问题和模块化思维过程,激发学生自主实践、自主设计和自主拓展的积极性。

(5)PBL 问题式实验教学:培养学生自我学习能力、独立工作能力及自主创新能力。

1-6　三表跨相测量三相电路的无功功率(2019)

实验案例信息表

案例提供单位	华北电力大学电工电子北京市实验教学示范中心		相关专业	电气工程及其自动化	
设计者姓名	汪　燕	电子邮箱	wangyan@ncepu.edu.cn		
设计者姓名	许　军	电子邮箱	xujun@ncepu.edu.cn		
设计者姓名	陈攀峰	电子邮箱			
相关课程名称	电路实验	学生年级	大二	学时(课内＋课外)	2＋4 学时
支撑条件	仪器设备	三相电路实验台			
	软件工具				
	主要器件				

1　实验内容与任务

1) 课前准备

(1) 学习无功功率的定义及来源。

(2) 了解无功功率测量的方法及原理。

(3) 画出用三只有功功率表跨相测量三相电路无功功率的原理接线图。

(4) 设计一种测量三相电路无功功率的方案,并说明原理。

2) 课内实验

(1) 用三只有功功率表跨相测量对称和不对称三相电路的无功功率。

(2) 用自行设计的方案去测量对称和不对称三相电路的无功功率。

3) 课后分析并撰写实验报告

(1) 验证三表跨相法测量三相电路无功功率的正确性。

(2) 比较两种不同方案测量无功功率的优缺点。

(3) 分析数据、按照学校实验报告的格式和本实验要求撰写实验报告。

2　实验过程及要求

本实验包含课前准备、课内实验、数据分析和实验报告撰写三个阶段。

学生两人一组完成实验。通过这次实验学生可收获以下知识及能力:

(1) 加深理解无功功率的定义及其来源。

(2) 查阅资料了解无功功率测量的方法及原理。

(3) 能正确地画出三表跨相法测量无功功率的原理。

(4) 利用现有的电路知识针对对称和不对称电路分别设计一种无功功率测量的方案,要求画出思维导图。

(5) 能正确搭接电路以测量三相电路的无功功率。

(6) 记录测试结果,并进行数据分析和比较。

(7) 撰写实验报告。

3 相关知识及背景

无功功率是指电路中的电感电容元件与外界交换电场或磁场能量的规模,是不做功的功率,用来在电气设备中建立和维持磁场的电功率。电力系统中的发电机、变压器、电动机等设备在正常工作的时候必须有励磁才能实现功率交换,起励磁作用的就是无功电流,这部分的功率就称为无功功率。所以"无功"并不是"无用"的电功率,只不过它的功率并不转化为机械能、热能而已。无功功率的概念比较抽象,理解起来比较困难,对于电气专业学生来说,无功是一个很重要的概念,所以设计这个实验帮助学生认识无功、测量无功。

4 教学目标与目的

(1) 加深理解无功功率的概念及其产生的原因并学会测量。

(2) 进一步熟练有功功率表的使用。

(3) 采用有功功率表跨相去测量无功功率,以拓宽学生的思路,同时把设计性实验和验证性实验结合,进一步培养学生的实践能力和创新能力。

5 教学设计与引导

教学设计与引导思维导图,如图 1-6-1 所示。

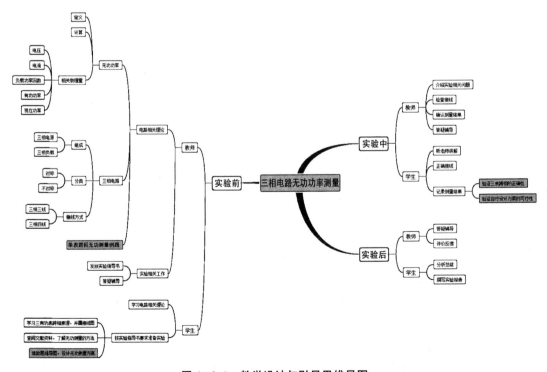

图 1-6-1 教学设计与引导思维导图

6 实验原理及方案

1) 实验原理

三功率表法跨相测量无功功率的接线图及相量图如图 1-6-2 所示,即把 3 只单相功率表都作跨相 90°接法。三相功率表的读数之和 P 为:

$$P = U_{BC}I_A\cos(90° - \varphi_A) + U_{CA}I_B\cos(90° - \varphi_B) + U_{AB}I_C\cos(90° - \varphi_C)$$
$$= U_{BC}I_A\sin\varphi_A + U_{CA}I_B\sin\varphi_B + U_{AB}I_C\sin\varphi_C$$

当三相负载不对称时,3 个线电流 I_A、I_B 和 I_C 不相等,3 个相的功率因数角 φ_A、φ_B 和 φ_C 也不相同。因此 3 只功率表的读数 P_1、P_2 和 P_3 也各不相同,它们分别是:

$$P_1 = U_{BC}I_A\sin\varphi_A = \sqrt{3}U_A I_A\sin\varphi_A$$
$$P_2 = U_{CA}I_B\sin\varphi_B = \sqrt{3}U_B I_B\sin\varphi_B$$
$$P_3 = U_{AB}I_C\sin\varphi_C = \sqrt{3}U_C I_C\sin\varphi_C$$

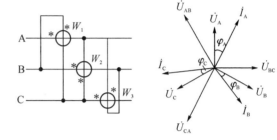

图 1-6-2 三表跨相接线图及相量图

式中由于电源电压对称,所以有 $U_{BC} = \sqrt{3}U_A$,$U_{CA} = \sqrt{3}U_B$,$U_{AB} = \sqrt{3}U_C$。三只功率表读数之和为:

$$P = P_1 + P_2 + P_3 = \sqrt{3}U_A I_A\sin\varphi_A + \sqrt{3}U_B I_B\sin\varphi_B + \sqrt{3}U_C I_C\sin\varphi_C$$
$$= \sqrt{3}(U_A I_A\sin\varphi_A + U_B I_B\sin\varphi_B + U_C I_C\sin\varphi_C) = \sqrt{3}Q_{total}$$

式中 $Q_{total} = U_A I_A\sin\varphi_A + U_B I_B\sin\varphi_B + U_C I_C\sin\varphi_C$ 为三相电路的总无功功率。

因此,上式可以写成 $Q_{total} = \dfrac{1}{\sqrt{3}}(P_1 + P_2 + P_3)$,这就是说,三相电路的无功功率等于三只功率表读数和的 $\dfrac{1}{\sqrt{3}}$。

当三相负载对称时,以上结论也都是正确的,而且三只表的读数一样,故可采用单表跨相,此时 $Q_{total} = \sqrt{3}P$,其中 P 为有功功率表的读数。

因此,三表跨相法适用于电源电压对称、负载对称或不对称的三相三电路中。此种接线测试方法广泛应用于低压测量。

2) 实验方案

采用对称的三相电源:

(1) 对称负载

三只有功功率表实验接线参考图 1-6-2(可以只接其中任意一只表),对称三相负载为三相电动机,其参数 $P=180$ W,$U_N=380$ V,$I_N=0.68$ A。(实验台所带的三相电机)

① 将调压器置于零位,将三相电动机接成 Y 形接法。将线电压加至 380 V,电动机运转稳定后,三只有功功率表的读数记入表 1-6-1,计算三相异步电动机总无功功率。

② 按自行设计的方案测量三相电动机的无功功率。

拟推荐的方案:对称三相电路可以用测有功功率的两表法测三相无功功率。

原理如下:在电源和负载都对称的三相三线电路中,还可利用测量有功功率的两表法测出三相无功功率。电路完全对称,如果采用共 C 的方式,两表的读数 P_1 和 P_2 分别为:

$$P_1 = UI\cos(30° - \varphi) \qquad P_2 = UI\cos(30° + \varphi)$$

$$P_1 - P_2 = UI\sin\varphi = \frac{1}{\sqrt{3}}Q$$

因此,得出三相无功功率为 $Q = \sqrt{3}(P_1 - P_2)$,即三相无功功率为两表读数之差的 $\sqrt{3}$ 倍。

注意:切勿触碰电动机的转动部分。记录功率后即将电压回零。

表 1-6-1　对称三相负载时无功功率的测量

P_1	P_2	P_3	$Q_{total} = \dfrac{1}{\sqrt{3}}(P_1 + P_2 + P_3)$

(2) 不对称负载

① 三表跨相不对称负载接线如图 1-6-3 所示,A 相为 2 盏白炽灯串联的纯电阻负载,B 相为 $R\text{-}C$ 串联负载,C 相为 $R\text{-}L$ 串联负载。实验仪器:实验台所带的多功能仪表 3 只,4.35 μF 电容器 1 个,30 W 日光灯镇流器 1 个,25 W 白炽灯灯泡 4 个。

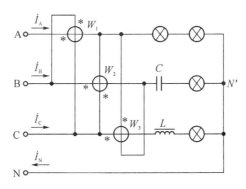

图 1-6-3　三表跨相不对称负载接线图

表 1-6-2　不对称三相负载时无功功率的测量

P_1	P_2	P_3	$Q_{total} = \dfrac{1}{\sqrt{3}}(P_1 + P_2 + P_3)$

② 用自行设计的方案测量上述不对称负载的无功功率。

拟推荐方案如下,接线图如图 1-6-4 所示:

测出每一相的电压、电流和无功功率,记入表 1-6-3。

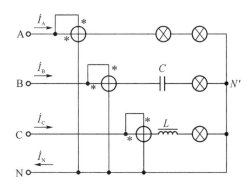

图 1-6-4　测量不对称负载无功功率接线图

表 1-6-3　V-A-P 测量三相电路无功功率数据

测量数据			计算数据		
I_A	U_A	P_A	S_A	Q_A	
I_B	U_B	P_B	S_B	Q_B	
I_C	U_C	P_C	S_C	Q_C	
$Q_{total} = Q_A + Q_B + Q_C =$					

7　教学实施进程

（1）发放实验指导书，要求学生自行查阅资料，了解三功率表跨相法测量无功功率的原理接线图。

（2）按实验指导书要求撰写预习报告并设计一种测量无功功率的方案。

（3）实验课上老师讲解实验原理及实验要求。

（4）学生自行搭接电路测量，有问题可以自行解决或者在老师的指导下解决。

（5）实验中，记录要求的各项数据。

（6）老师查阅实验数据，并确认。

（7）课后进行数据处理，验证跨相法的正确性。

（8）撰写实验报告。

8　实验报告要求

实验报告的书写是一项重要的基本技能训练，它不仅是对本次实验的总结，更重要的是它可以初步地培养和训练学生的逻辑归纳能力、综合分析能力和文字表达能力，是科技论文写作的基础。因此，参加实验的每位学生，均应及时认真地书写实验报告。要求内容实事求是，分析全面具体，文字简练通顺，誊写清楚整洁。具体内容包括以下几个方面：

（1）实验名称；（2）所属课程名称；（3）学生姓名；（4）实验时间、地点；（5）实验目的；（6）实验设备材料；（7）实验内容和步骤；（8）实验结果；（9）分析；（10）结论。

9 考核要求与方法

1) 考核要求

(1) 预习报告,要求正确地画出各种原理接线图,包括自己设计的方案。

(2) 实验中做到正确接线,得到正确完整的测量结果。

(3) 实验报告完整规范。

2) 考核方法

(1) 考核方法:以两人小组为单位考核,只需要写一份预习报告,但两人分别完成各自的实验报告。

(2) 成绩构成:总成绩＝预习报告×30％＋实验操作×40％＋实验报告×30％。

其中,预习报告中的方案设计占 15％,根据方案设计水平酌情评分。实验操作的评分取决于正确性和熟练程度,实验报告的成绩主要取决于分析总结和两种方案比较这部分内容。

10 项目特色或创新

(1) 在理论课的教学中,通过例题的方式,学习了单表跨相测无功,做到了理论课和实验课的衔接。

(2) 本实验把验证性实验和设计性实验相结合,设计性实验可以考查学生各种知识和仪器的综合运用能力,能更好地培养和锻炼学生的实践能力和创新能力。

(3) 实验设计过程中要求运用思维导图,培养了学生的应用能力、思考能力。

1-7 真假硬币识别电路的综合设计实验(2019)

参赛信息表

案例提供单位	吉林大学电工电子教学中心		相关专业	自动化,机械工程及其自动化	
设计者姓名	詹迪铌	电子邮箱	zhandn@jlu.edu.cn		
设计者姓名	王丽华	电子邮箱	lihua99@jlu.edu.cn		
设计者姓名	雷治林	电子邮箱	250551308@qq.com		
相关课程名称	电工学	学生年级	大二	学时(课内＋课外)	108
支撑条件	仪器设备	自制模块式实验装置、函数发生器、示波器、直流稳压电源、毫伏表、数字多用表			
	软件工具				
	主要器件	电阻、电容、自制电感、比较器、发光二极管、电位器			

1 实验内容与任务

本实验巧妙地将原有的验证性实验谐振电路的测试变成了集"交流电路＋模拟电子技术"于一体的综合设计性实验。

(1) 在第一学期学习电工技术部分时,完成以 RLC 串联谐振电路为基本原理的真假硬币识别电路的设计。学会用示波器、毫伏表等常用仪器对谐振曲线进行简单测定,能准确地找出谐振点;掌握真假硬币识别电路的基本原理是通过真假金属硬币放置在电感上面,使电感参数发生变化,电感在这里起到了"传感器"的作用,由于电感的改变,引起谐振频率的改变,并且得到真假硬币对应的谐振频率不一样的规律特点,从而区分真假硬币;学会设计合适的电路参数并通过数据分析筛选最佳方案。

(2) 在第二学期学习电子技术部分时,完成以集成运放比较器、半波整流滤波电路组成的真假币识别的显示判别电路的设计。在 RLC 串联谐振电路中,电阻两端的交流电压通过二极管、整流电容滤波,得到一个直流电压,通过真币和假币对应的不同输出电压值规律,送给比较器电路,最终用 LED 指示灯完成无硬币亮红色灯、真硬币亮绿色灯、假硬币灯熄灭三种状态显示。建立系统设计的概念,掌握元器件选择的知识。

2 实验过程及要求

(1) 学习了解利用示波器或毫伏表找谐振点的两种测量方法。
(2) 通过测量和计算验证谐振发生时电路中各元件上的电压。
(3) 测量谐振电路的频率特性曲线。
(4) 理解真假硬币影响改变电感参数的原理。
(5) 学会通过谐振电路识别真假硬币。
(6) 设计谐振电路的参数,达到更好的识别效果。
(7) 掌握交流变直流的最简单方法。
(8) 设计比较器电路,完成真假硬币判别显示电路。
(9) 通过两学期的实验,建立系统的概念。
(10) 掌握常用电子元器件的知识和选择标准及选择原则。
(11) 撰写设计总结报告,针对各组设计的不同参数进行讨论。

3 相关知识及背景

这是一个运用交流电路和模拟电子技术解决现实生活和工程实际问题的典型案例,需要运用 RLC 谐振原理、整流滤波和运算放大器组成的比较器等相关知识与技术方法。并使用了教学大纲要求的、学生必须掌握的 5 种测量仪器:函数发生器、示波器、直流稳压电源、毫伏表、数字多用表。本实验涉及的知识点也是电工学教学大纲要求掌握的重点内容。

4 教学目标与目的

在较为完整的工程项目实现过程中引导学生了解现代测量方法,实现电工学两门课程内容的连接;引导学生构建系统电路框图,分步骤设计电路、选择元器件,并通过测试与分析对项目做出技术评价。

5 教学设计与引导

教学设计是按照"提出问题—分析问题—系统设计—完善设计"的思路进行。在实验教

学中,应在以下几个方面加强对学生的引导:

(1)提出假硬币出现后,如何识别的问题,学生可以上网搜索常用识别方法。

(2)第一阶段,引导学生从所学的串联谐振知识入手,提出通过改变元器件参数判定谐振频率的方法区分真假硬币。

(3)了解电感线圈的制作结构,在其上面放置真假硬币时,电感值会被改变的原理。

(4)引导学生了解能使电路发生谐振的元件参数有很多,如何从中筛选出最优的组合?我们要求学生提前设计多组参数,到实验室通过实践,分析测量数据规律,得出结论。

(5)第二阶段实验,首先要让学生了解知识是贯通的,是可以联系在一起的。提出完善真假硬币识别电路的设计要求,先设计框图,再设计具体电路,由简单到复杂。

(6)设计电路每一部分的输出,要求学生提前估算电压输出范围。

(7)在比较器电路中给学生准备了各种规格的电阻和电位器,方便学生随时调整元件参数,最终完成设计要求。

6 实验原理及方案

1)系统结构框图

图 1-7-1 系统结构框图

2)实现方案

(1)第一阶段(学习课程——电工技术)

首先,学生在进入实验室前,了解真假硬币识别电路的基本原理,改变 RLC 中的电感参数,从而改变电路谐振频率。学生自行计算电阻和电容参数,可设计多组参数。如图 1-7-2 所示是电感线圈原理。

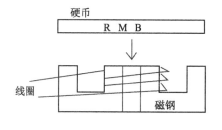

图 1-7-2 电感示意图　　　图 1-7-3 线圈和磁钢实拍图

其次,学生按照老师提供的电路和参数完成 RLC 串联电路的连接与测试,在此过程中,了解各种仪器的使用,理解 RLC 串联谐振电路的原理,学会用示波器观察谐振波形情况、找出谐振频率、测量谐振曲线、根据测量电压完成 RLC 串联电路各个参数的计算。测试电路如图 1-7-4 所示。

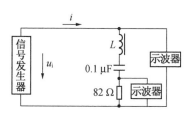

图 1-7-4 串联谐振电路的测试电路

图 1-7-5 真硬币与假硬币

接下来,以我们自制的电感线圈组成 RLC 串联电路完成真假硬币的识别。

不同年份发行的 1 元人民币硬币的谐振点都完全一致,数据结论非常稳定,说明硬币的制造材料有着严格控制。

假硬币的谐振点分散不一致,说明制造材料随意选取。

表 1-7-1 中测量的结果是电容器 $C=0.1\ \mu F$ 时的谐振频率数据。

表 1-7-1 谐振频率数据表

谐振频率	无硬币	真硬币	假硬币
f_0	9.4 kHz	6.5 kHz	10.5～13 kHz

学生再以自己设计的参数连接电路,经过实际操作测量,根据数据变化规律,判断及讨论电容的大小对于真假硬币区分的效果。至此,第一学期的实验部分结束。

（2）第二阶段(学习课程——电子技术)

在此学期,当学生学习完模拟电子部分后,首先给学生布置设计任务。一是会把上学期真假硬币电路输出的正弦波变为直流电压;二是学生根据上学期的真假硬币的数据差异规律,制定解决方案;三是利用比较器完成识别结果的显示电路。

学生进入实验室后,用我们自制的实验模块设备连接电路,当谐振电路的输入电压取值为 $u_i=3\ V$ 时,以无硬币为基准确定谐振频率,此时测得的电阻两端电压 u_R 的有效值如表 1-7-2 所示。

表 1-7-2 电阻两端电压数据表

电阻两端电压	无硬币	真硬币	假硬币
U_R	2.8 V	1 V	2.1～2.7 V

整体参考电路如图 1-7-6 所示。

测试中,完成无硬币亮红色灯、真硬币亮绿色灯、假硬币灯熄灭的功能。电阻 $R_1～R_8$ 的取值,学生根据谐振电路测得的电压数值以及电路各部分要求确定参数。电路中除使用 LM339 比较器以外,学生也可以选择其他型号的比较器。

整体测量电路及仪器如图 1-7-7 所示。

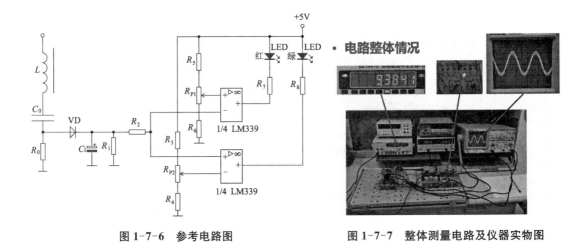

图 1-7-6　参考电路图　　　　　　　图 1-7-7　整体测量电路及仪器实物图

7　教学实施进程

第一学期,学生的知识还不够建立系统的概念。那么我们以验证性和简单的参数设计为主。测出真假硬币参数规律。通过预习自学、现场教学、现场操作、结果验收、报告批改几个环节,完成实验的前半部分。

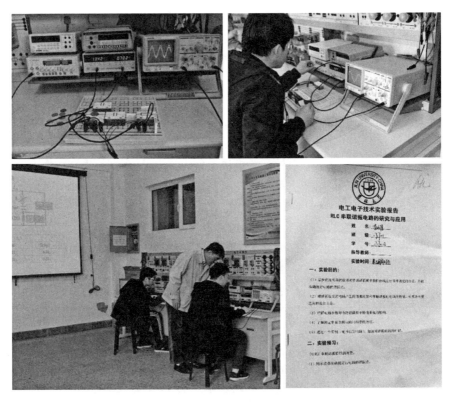

图 1-7-8　第一学期实验 *RLC* 串联谐振电路实验实拍图

第二学期,要引导学生建立系统设计的概念,会把学过的知识用系统的概念串接起来。通过设计任务布置、现场教学、现场操作、结果验收、报告批改等几个环节,完成实验的后半部分。

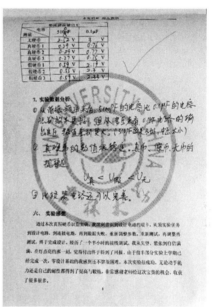

图1-7-9　第二学期实验真假硬币识别电路设计实验实拍图

第一学期的教学重点在于基本操作与基本原理,让学生了解面对一个新的题目如何着手进行研究,并且从中找到规律性的数据,第二学期重点在于系统的概念和电路设计,用最简单的方法实现目标。

8　实验报告要求

实验报告需要反映以下工作:

(1)实验原理;(2)实现方案论证;(3)理论推导计算;(4)电路设计与参数选择;(5)电路测试方法;(6)实验数据记录;(7)数据处理分析;(8)实验结果总结。

9 考核要求与方法

（1）设计验收：实验前先交设计报告。

（2）实验质量：实验中，实验仪器使用的熟练程度，电路测量点的准确性。

（3）自主创新：功能构思、电路设计的创新性，自主思考与独立实践能力。

（4）实验数据：测试数据和测量误差。

（5）数据分析：有清晰的数据分析思路，数据分析结果科学合理。

（6）实验报告：评价实验报告的规范性与完整性。

10 项目特色或创新

（1）把教学中两个学期本来不相关联的知识点自然、有机地综合成一个实验案例。实验原理科学易懂，又能建立系统设计的概念。

（2）真假硬币识别，贴近生活，容易引起学生的兴趣，前一学期的实验结果还可以保留到下学期使用，这让学生在不断学习知识的过程中，领悟设计可以不断升级和完善。

（3）使用常规的实验仪器，元件少、成本低、易实现、可靠性高、结论明显。教学效果良好，易于推广。

第二部分

模拟电子电路及高频电路

2-1 基于二极管温度特性的测温电路设计(2017)

实验案例信息表

案例提供单位	华北理工大学		相关专业	自动化、电子信息工程等电类专业
设计者姓名	王静波	电子邮箱	jingbow@163.com	
相关课程名称	模拟电子技术实验	学生年级	大二	学时(课内＋课外)	8＋16
支撑条件	仪器设备	温度计、万用表			
	软件工具	Multisim			
	主要器件	1N4148、LM358			

1 实验内容与任务

利用二极管、运算放大器等常用模拟器件,设计并实现温度测量电路。使用普通二极管作为测量元件,利用二极管灵敏的温度特性自动测量温度,并以适当的方式显示。

1) 基本部分(60分)

(1) 研究二极管的温度特性,以普通二极管为传感器,根据给定的温度测量范围30~80℃,用万用表测量输出电压值,画出二极管的温度特性曲线。(20分)

(2) 根据所测二极管的温度特性曲线,设计放大电路,要求输出电压能随温度变化而变化。温度从30℃变化到80℃时,对应放大器输出电压1~4 V,列表给出温度与电压的关系曲线。(20分)

(3) 设计温度分挡显示电路,低于30℃时为1挡,在30~80℃的范围内为2挡,高于80℃时为3挡,利用3个发光二极管显示对应温度的范围。(20分)

2) 提高部分(40分)

(1) 设计并实现以数字方式显示温度挡范围。(10分)

(2) 设计并实现温度控制电路,在30~80℃范围内指定某温度,超过该温度时风扇开始工作,低于该温度时风扇停止工作,要求温度偏差不超过±3℃。(10分)

(3) 设计并实现以数字方式显示温度,进一步提高测量精度,要求测量精度不低于±1℃,可以使用单片机进行处理,通过数码管显示。(20分)

3) 创新部分

在完成全部基本部分后,实现其他有意义的功能,可获得最多10分的附加分。

2 实验过程及要求

本实验包括设计制作、撰写报告、答辩三个环节。

(1) 设计制作环节(50%):要求用若干单元电路组成一个整体,来实现各项功能,满足实验要求和技术指标。学生以小组为单位针对设计任务,查阅有关资料,提出可行方案,进行仿真验证、制作调试等环节。

(2) 撰写报告环节(30%):要求撰写规范的技术文档。文档结构合理,层次清晰,重点突出,文字简练,绘图规范。

(3) 答辩环节(20%):制作 PPT 并汇报项目理论、方法、过程与完成情况,老师和其余同学对小组的每个同学从设计方案、结果分析和团队分工等方面提出问题,被提问同学进行答辩。

3 相关知识及背景

本实验以模拟电子技术为主要设计方法,来解决生活和工程中温度测量与控制的典型案例。本实验需要应用器件测量、信号放大、信号比较、数据显示、模数信号转换、参数设定、反馈控制等相关知识,同时需要运用电子工艺、误差分析、技术文档编写等工程技术方法,来解决温度测量的问题。

4 教学目标与目的

本实验根据学校与学生的实际情况,甄选难度适当的实验项目,针对实际问题加深学生对基本理论的理解,引导学生根据需求设计电路并构建测试环境,通过测试测量对学生项目的完成程度作出技术评价,培养学生的实验技能和工程实践能力。

5 教学设计与引导

本实验是一个完整的工程项目,学生需要经历需求分析、方案论证、系统设计、安装调试、测试测量、总结答辩等过程。在实验教学设计中,从以下几个方面来完成:

1) 题目设计

分层次提出问题,难度逐渐加深,引导学生从完成基本部分到改进提升达到提高部分目标,甚至设计创新部分。

基本部分要求学生完成:

(1) 研究二极管的温度特性,掌握测量元器件特性曲线的方法。

(2) 根据所测量二极管的温度特性和输出电压要求,选择运算放大器,设计放大电路。注意放大电路的输入阻抗和增益;在仿真电路的基础上实现温度信号采集,以及放大电路。

(3) 设计电压比较器电路,将电压值分挡,并驱动发光二极管显示。

(4) 构建简易的测试环境,以商用温度计为基准,在 30~80℃ 的范围内,测定测温电路的测量误差。

(5) 撰写设计总结报告,并通过答辩。

提高部分要求学生完成：

（1）掌握将温度信号转换为数字信号的方法，并将其以数字的形式显示出来。

（2）设计反馈控制电路、实现温度控制标定、调整系统参数。

（3）学习了解不同量程、精度要求下，测量温度的方法。

2）课前知识准备

本实验题目应在模拟电子技术理论课讲授完相关知识点后布置；学生已经完成了相应的模拟电子技术基础实验，掌握了基本实验方法。至少给学生 1 周时间做知识整理和查阅资料。

3）课堂知识讲解

教师讲解电子电路的基本设计方法和设计流程，以一个实际设计项目为例，讲解需求分析、方案论证、系统设计、调试方法、测试评价、技术文档的撰写要求。

4）题目布置

介绍本次实验的设计任务，分析功能和技术指标要求，明确评分标准和分段验收的时间节点。

5）实验指导

（1）实验过程中设定中期检查时间点，审阅设计方案，检查仿真设计结果，可提高实验的成功率，增加学生的学习兴趣和信心。

（2）为实验方案中所需元器件的购买或替换提供建议。

（3）对现场制作环节进行管理和指导，并通过网络课程平台进行答疑和指导。

6）实验考核

（1）结果验收：逐项检查测试，分项给分。

（2）总结答辩：制作 PPT，介绍实验方案设计、制作的过程，回答教师提出的问题。

（3）报告批改：根据文档规范，评阅报告。

6　实验原理及方案

1）实验的基本原理

在恒流供电条件下，PN 结的结电压与温度 T 的关系为正向压降近似随温度升高而线性下降，这就是 PN 结测温的主要原理。将二极管电压的微小变化转化为指定范围的电压，这就是小信号放大的问题。对电压进行比较分挡，又需要设计电压比较器。这些问题是模拟电子技术中的基本问题，通过这个案例将这些基本电路联系起来综合应用。

2）总体方案设计

实验的基本部分：

（1）要求测量二极管的正向压降近似随温度升高而线性下降的温度特性。

（2）要求根据所测量的二极管温度特性，设计合适的放大电路，使温度升高而电压随之升高。

（3）要求设计温度分挡的电路，在设计中就是电压比较、处理的电路。

基本部分总体结构图如图 2-1-1 所示。

图 2-1-1　温度测量电路基本部分的系统结构图

实验的提高部分:

(1) 增加了数字显示。

(2) 给定温度输入、控制执行机构启停。

(3) 利用数模转换使单片机完成提高部分的全部功能。

提高部分总体结构图如图 2-1-2 所示。

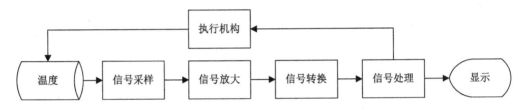

图 2-1-2　温度测量电路提高部分的系统结构图

3) 单元电路设计

每部分的单元电路都可以采用多种方案来完成,以信号放大单元的设计为例介绍。

(1) 经典的三运放仪表放大电路(图 2-1-3)

分析:此电路有较高的放大倍数,而且共模抑制比很高,常用于仪表电路中。但电路调节稍复杂。

(2) 电桥法(图 2-1-4)

分析:此电路的特点是结构简单,参数容易调节,因为电桥的用法,只放大差模信号,且容易实

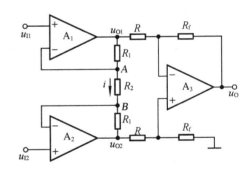

图 2-1-3　三运放仪表放大电路

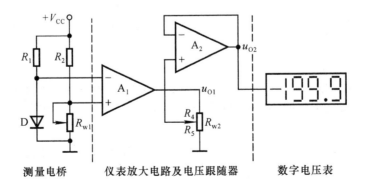

图 2-1-4　电桥法

现高倍数放大。R_1、R_2、D 和 R_{w1} 构成了电桥。电路中 A_2 作为电压跟随器,起隔离作用,同时 R_{w2} 滑动端的位置可以改变放大电路的电压放大倍数。

4）制作与测试

设计实验电路前,要搭建简易的测试环境,选一种能容易改变和保持温度的媒介,达到温度变化较慢的测试条件,以温度计为基准,在 $30\sim80℃$ 的范围内测量二极管的温度特性。这种媒介可以是空气、水。

制作过程中,需要注意对二极管做保护处理。

测量温度的二极管选用常用二极管,如 1N4148;运放采用通用运放,如 LM324、LM358。

电路规模不大,可采用万能板制作。

测试仪器为温度计和万用表。

7　教学实施过程

教学实施过程由题目设计、课程讲解、题目布置、分组研讨、中期检查、购买器件、现场操作、结果验收、总结答辩和报告批改几个部分组成,如表 2-1-1 所示。

表 2-1-1　教学实施过程分解表

	教师	学生
题目设计	甄选题目,确定相关联的知识点,设置适当难度,基础部分需先实验	学习理论课程,学完运放的应用,完成相关基础实验,掌握基本实验方法
课程讲解	教师讲解电子电路的基本设计方法和设计流程,以一个实际设计项目为例,讲解需求分析、方案论证、系统设计、调试方法、测试评价、技术文档的撰写要求	理解电子电路的基本设计方法和设计流程
题目布置	介绍本次实验的设计任务,分析功能和技术指标要求,明确评分标准和分段验收的时间节点	至少 1 周时间做知识整理和查阅资料
分组研讨	给学生提供答疑和指导	分组研讨,做需求分析、方案论证、仿真实验
中期检查	审阅设计方案,检查仿真设计结果	提交实验方案,仿真实验结果
购买器件	为实验方案中的元器件购买或替换提供建议	查阅元器件手册,选择购买元器件
现场操作	管理与指导	安装与调试
结果验收	逐项检查测试	演示实验结果
总结答辩	根据学生介绍,对项目原理、方案及项目分工等方面提问	制作 PPT,介绍实验方案设计、制作的过程,回答教师提出的问题
报告批改	根据文档规范,评阅报告	撰写完整、规范的实验报告

8 实验报告要求

实验报告需要反映以下工作：

（1）需求分析；（2）方案论证；（3）单元电路设计与元件参数选择；（4）电路测试方法；（5）实验数据记录与分析；（6）实验结果总结；（7）需要附实物照片和测试视频，作为资料保存。

9 考核要求与方法

（1）设置中期检查时间节点，主要目的是检查、督促学生更好地完成实验，不评判成绩。

（2）实物验收：功能与性能指标的完成程度，根据任务要求逐项测量，占总成绩的50%。

（3）实验报告：实验报告的规范性与完整性，占总成绩的30%。

（4）实验答辩：项目汇报与答辩情况，占总成绩的20%。

（5）自主创新：功能构思、电路设计的创新性，在验收环节予以附加分，最多10分。

10 项目特色或创新

（1）温度测量在日常生活中和工程项目中比较常见，利用普通二极管作热敏元件在电子传感器中性价比最优，本实验的成本较低。

（2）题目设置不追求高难度，以本校学生实际情况出发，使大多数学生都能完成基本部分的要求，增加学生学习的兴趣和信心。

（3）将模拟电子技术中的器件特性、基本放大电路、运算放大、电压比较等多知识点综合运用，并拓展数字电子技术、单片机技术、自动控制等内容。

（4）教学实施进程中，教学与实验一体的师资队伍使理论课与实验课紧密结合，保证实验教学实施进程顺利完成。

2-2 基于全通网络的陷波实验(2017)

实验案例信息表

案例提供单位	天津大学		相关专业	测控技术与仪器;电子科学与技术;生物医学工程;光学工程
设计者姓名	许宝忠	电子邮箱	xubz@tju.edu.cn	
设计者姓名	蒋学慧	电子邮箱	jiangxuehui82@163.com	
设计者姓名	刘鸣	电子邮箱	liuming@tju.edu.cn	
相关课程名称	电路、信号与系统	学生年级	大二	学时(课内+实验) 64(56+8)
支撑条件	仪器设备	示波器、信号发生器、直流稳压电源、电路-信号与系统实验箱		
	软件工具	Multisim12;Matlab2012		
	主要器件	运算放大器OP07、电阻、电容、连接线若干		

1　实验内容与任务

实验在"电路-信号与系统实验箱"上完成,自行设计元件参数实现对某一频率信号的陷波,理论计算＋软件仿真后实验验证电路的频率特性,分析影响陷波频率准确度的因素和陷波效果的因素并加以实验验证(考虑示波器观察方便,可以设计 500 Hz 或 1 000 Hz 的陷波电路)。

(1)了解全通滤波器(网络)幅频特性和相频特性的特点。全通滤波器在整个频带范围内具有平坦的幅频特性,不衰减输入信号的任何频率分量,但会改变输入信号的相位。设计并在实验箱上搭建两个相同的一阶全通网络,将两者串联在一起后可实现对输入正弦信号 $0°\sim360°$ 的相移。通过观测找出实现 $180°$ 相移的频率分量,并与理论计算(或软件仿真)做比较分析。

(2)陷波是指一种可以在某一个频率点迅速衰减输入信号,以达到阻碍此频率信号通过的滤波效果。从通过信号频率范围的角度讲,陷波电路属于阻带非常窄的带阻滤波器,它通常是由低通滤波器和高通滤波器并联而成的二阶(含二阶)以上的电路。本次实验采用另外一种实现方法:将全通滤波器的输出与原始信号输入一同相加法电路,实现对设计频率分量的陷波效果。

2　实验过程及要求

(1)实验前做好预习,完成实验预习报告。通过预习了解全通网络(滤波器)和陷波电路的特性及其工程应用背景。

(2)设定陷波频率,通过理论计算确定元器件(电阻、电容)的参数,并在 Multisim 和 Matlab 上完成软件仿真分析。

(3)实验要求 2 人一组,参考实验讲义中的内容自行设计实验步骤。在实验过程中可以相互讨论,详细记录实验过程中出现的异常情况和解决方法,将测得的陷波频率与理论计算和软件仿真的结果相对比,分析误差形成的原因。实验结果由指导教师验收确认。

(4)每人独立完成实验报告,报告中明确自己主要负责完成的工作任务。

3　相关知识及背景

实验基于全通滤波器构建陷波电路,针对设定的正弦信号分量实现抑制陷波。

(1)全通滤波器在整个频带范围内具有平坦的幅频特性,不衰减输入信号的任何频率分量,但它会改变输入信号的相位,理想情况是相移与频率成正比,相当于一个时间延时系统。

(2)陷波器是用于抑制或衰减某一频段的信号,而让该频段以外的所有信号通过的电路。在人体生物电等小信号检测时,经常会受到 50 Hz 的工频干扰,为了抑制干扰需采用工频陷波电路。

4　教学目标与目的

(1)掌握运算放大器在信号处理中的作用;

（2）了解全通滤波器的构成、特性、工作原理；

（3）熟悉陷波电路的类型、特性及其在生物电等小信号采集中的作用；

（4）掌握陷波电路的调试方法，熟悉陷波电路的相关技术指标；

（5）学习用 Matlab、Multisim 等软件进行设计仿真。

5 教学设计与引导

本实验应用全通网络的相移特性实现了设定频率分量的陷波，具有一定的工程应用背景。

（1）滤波器是一种选频装置，可以使信号中特定的频率成分通过，而极大地衰减其他频率成分，从信号处理的角度来看，系统本身就是一个滤波器。根据选频作用，滤波器可分为低通滤波器、高通滤波器、带通滤波器、带阻滤波器和全通滤波器。前面做过的实验中已对低通、高通、带通和带阻滤波器的特性进行了分析，而全通滤波器（习惯称之为全通网络）有平坦的幅频特性，不衰减任何频率分量，主要用来改变信号频谱的相位，理想情况是相移与频率成正比，相当于一个时间延时系统。利用这个特性，全通滤波器可以用作延时器、延迟均衡等。

（2）陷波又称带阻滤波，是用于抑制或衰减某一频段的信号，而让该频段以外的所有信号通过的电路。在进行生物电等小信号采集时常会受到 50 Hz 的工频干扰，为抑制干扰经常采用陷波电路（如图 2-2-1 所示）。如实际应用中广泛采用的有源双 T 陷波电路（图 2-2-2），是由低通滤波器和高通滤波电路并联而成，两者对某一频段均不覆盖，形成带阻频段。

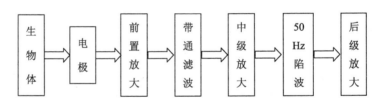

图 2-2-1　心电信号采集框图

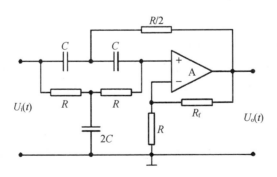

图 2-2-2　双 T 陷波电路

（3）实验中的陷波频率由同学们自行设计，但不宜过高。全通网络中使用的运算放大器型号为 OP07，OP07 是一种低噪声、低输入失调电压型运放，在很多应用场合不需要额外的调零措施,但其增益带宽积(GBP)只有 500 kHz 左右,陷波频率设定过高会影响陷波效果,甚至会失败。为了使示波器的波形观察方便,建议设计 500 Hz 或 1 000 Hz 的陷波电路。

(4) 根据设计的陷波频率,确定元件(电阻、电容)的参数,实验前用 Multisim 或其他软件完成仿真,对设计参数进行验证。

(5) 电路接好后,输入端加入正弦波信号,信号幅度 $V_{pp}=4$ V,从小到大调节频率,找到陷波点。调整示波器显示幅度,使输出达到最小(理论上陷波点频率的正弦信号被完全抑制,实际上还是可以观测到的)。

(6) 实验中观察到的频率陷波点会与理论计算值存在偏差,因此应对误差形成原因及如何减小误差进行分析。如选用高精度的阻容元件、增加电位器调节环节等。

(7) 实验完成后,同学相互间对陷波效果进行讨论并评价。有条件的同学可以在面包板上搭建其他形式的陷波电路进行对比实验,如有源文氏电桥陷波、双 T 陷波网络等等。

6 实验原理及方案

在如图 2-2-3 所示电路中,由运算放大器 A_1 和 A_2 分别构成了两个一阶全通网络,A_3 则构成一个同相加法电路。当 $\tau = R_1C_1 = R_2(R_w + C_2)$ 时,整个电路构成一种频率 $\omega = 1/\tau$ 的陷波电路。

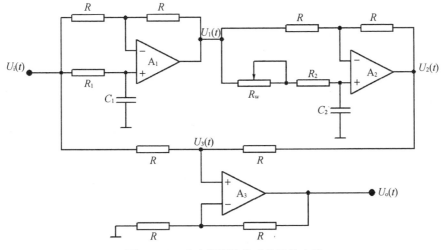

图 2-2-3 由全通网络构成的陷波电路

一阶全通网络如图 2-2-4 所示,它能提供输入信号 0°～180° 的相移。当输入信号频率为零时(直流),电容 C_1 相当于开路,运放同相端电压为输入电压,电路成为电压跟随器,此时相移为零;当信号频率很高时,C_1 几乎短路,运放同相端电压为零,电路成为反相比例放大器,此时相移为 $-180°$。

由图 2-2-4 所示电路的 S 域模型,可推导出全通网络的系统函数为:

$$H_1(s) = \frac{U_1(s)}{U_i(s)} = \frac{s - 1/\tau_1}{s + 1/\tau_1} \qquad (1)$$

其中,$\tau_1 = R_1C_1$。

系统在 S 轴左侧有一个实极点,系统稳定,因此其频率响应为:

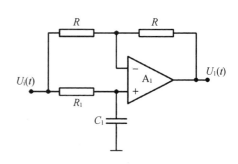

图 2-2-4　一阶全通网络(滤波器)

$$H_1(\mathrm{j}\omega) = H_1(s)\big|_{s=\mathrm{j}\omega} = \frac{\mathrm{j}\omega - 1/\tau_1}{\mathrm{j}\omega + 1/\tau_1} \qquad (2)$$

系统的幅频特性和相频特性分别为:

$$|H_1(\mathrm{j}\omega)| = \frac{\sqrt{(-1/\tau_1)^2 + \omega^2}}{\sqrt{(1/\tau_1)^2 + \omega^2}} = 1$$

$$\varphi(\omega) = \arctan \frac{\omega}{-1/\tau_1} - \arctan \frac{\omega}{1/\tau_1}$$
$$= -2\arctan \omega\tau_1 \qquad (3)$$

可见上述电路是一个一阶全通滤波电路。同理可推得图 2-2-3 中运放 A_2 构成的一阶全通网络的系统函数和频率响应分别为:

$$H_2(s)\big| = \frac{U_2(s)}{U_1(s)} = \frac{s - 1/\tau_2}{s + 1/\tau_2}$$

$$H_2(\mathrm{j}\omega) = H_2(s)\big|_{s=\mathrm{j}\omega} = \frac{\mathrm{j}\omega - 1/\tau_2}{\mathrm{j}\omega + 1/\tau_2} \qquad (4)$$

其中 $\tau_2 = (R_\mathrm{w} + R_2)C_2$。

如图 2-2-3 所示陷波电路的系统函数为:

$$H(s) = \frac{U_\mathrm{o}(s)}{U_\mathrm{i}(s)} = 2[1 + H_1(s)H_2(s)] = 2\left[1 + \frac{s - 1/\tau_1}{s + 1/\tau_1} \cdot \frac{s - 1/\tau_2}{s + 1/\tau_2}\right] \qquad (5)$$

当 $\tau_1 = \tau_2 = \tau$ 时,即 $R_1C_1 = (R_\mathrm{w} + R_2)C_2$,上式可化简为:

$$H(s) = \frac{4s^2 + \dfrac{4}{\tau^2}}{s^2 + \dfrac{2}{\tau}s + \dfrac{1}{\tau^2}} \qquad (6)$$

对照二阶带阻滤波器的标准传递函数:

$$H(s) = \frac{K_\mathrm{p}(s^2 + \omega_0^2)}{s^2 + (\omega_0/Q)s + \omega_0^2} \qquad (7)$$

得,系统增益 $K_\mathrm{p} = 4$,陷波频率 $\omega_0 = 1/\tau$,品质因数 $Q = 0.5$。本电路的特点之一就是品质因数 Q 是固定不可调的。

陷波效果与品质因数 Q 有关,应该是 Q 值越大,陷波效果越好,表现在幅频特性曲线上,在陷波频率附近的曲线很陡峭,也就是说此电路对陷波频率附近的其他频率的信号的衰减很小。在双 T 陷波等电路中,调整电阻和电容的参数可以改变品质因数 Q。从图 2-2-5(陷波点频率 $f_0 = 500\ \mathrm{Hz}$)的仿真效果来看,在 $Q = 0.5$ 时的陷波效果还是可以接受的。

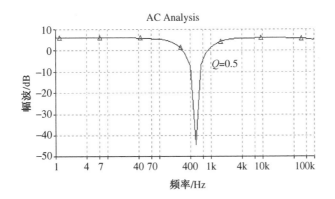

图 2-2-5　陷波线路幅频特性仿真

由式(7)得陷波电路的频率响应为：

$$H(j\omega) = H(s)\big|_{s=j\omega} = \frac{4\left(\dfrac{1}{\tau^2} - \omega^2\right)}{(j\omega + 1)^2}$$ (8)

显然，当 $\omega = 1/\tau$ 时，$|H(j\omega)| = 0$，所以全电路实现了对 $\omega = 1/\tau$ 的陷波。实验在"电路-信号与系统"实验箱上进行，如图 2-2-6 所示。

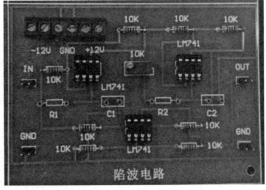

图 2-2-6　实验箱及实验电路

实验中需注意的问题：

(1) 实验中使用的运算放大器为 OP07，其增益带宽积(GBP)为 500 kHz，因此设定的陷波频率不宜太高，否则达不到陷波效果。图 2-2-7 为一阶全通网络幅频特性仿真波形。电路参数：运算放大器 OP07，$R_1 = 10$ kΩ，$C_1 = 0.01$ μF，$R = 10$ kΩ。从图中可以看出，当输入频率超过 100 kHz 后，输出信号的幅值随频率急剧下降。

(2) 由于存在误差，电阻、电容的实际值与标称值并不相等，很难做到两个一阶全通网络的时间常数 τ 相等，即 $R_1C_1 = R_2C_2$。因此，可以在实验电路装置上 R_2 电阻一端串联一个可调电阻。

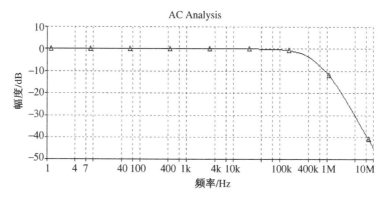

图 2-2-7　一阶全通滤波器频响特性仿真

（3）在观察陷波效果时,存在理论和实际两个陷波频率点：① 观察理论陷波点陷波效果,输入端加入正弦波信号,信号幅度 $V_{pp} = 4$ V,频率为设计的陷波频率,微调电位器,使输出最小(但仍然不为零)；②观察实际陷波点陷波效果,输入端加入正弦波信号,信号幅度 $V_{pp} = 4$ V,从小到大调节频率,当第 1 个全通网络输出相移 $90°$ 时的频率点即实际陷波点,在此频率点调节可调电阻,使第 2 个全通网络输出相移为 $180°$,观察到此时示波器显示的波形幅度达到最小。陷波实验效果如图 2-2-8 所示。

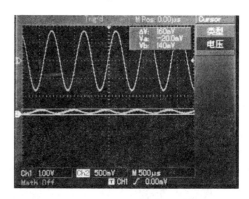

图 2-2-8　陷波实验效果

7　教学实施进程

（1）任务安排：本实验为"电路、信号与系统"一课的附属实验,课程在讲完拉普拉斯变换(包括系统函数)后进行。指导教师将实验的时间和地点提前一周在网上发布,同学们在网上完成预约选课。

（2）预习自学：实验前学生需完成预分析报告,就本次实验涉及的相关知识点查阅技术资料,给出实验步骤和电路参数设计,并且在 Multisim 和 Matlab 上完成软件仿真。

（3）现场教学：指导教师简要讲解本次实验的基本原理、实验中的注意事项,并强调同学们要严格遵守实验室的安全守则。

（4）分组讨论和现场操作：实验安排 2 人一组,将电路的搭建和调试、数据和波形记录等任务分工明确,指导教师在实验室巡视指导。

（5）结果验收和总结演讲：由指导教师对同学们搭建的电路、调试和记录结果进行现场验收,并就实验中遇到的问题进行讨论。

（6）报告批改：实验结束后要求学生及时撰写实验报告进行总结,并按时提交实验报告。结合实物验收评分,指导教师给出本次实验的最终成绩。

8　实验报告要求

实验报告要求每人独立完成,2人合作完成的实验要写出合作者姓名,并注明本人在实验中负责完成的工作。

实验报告中应包括以下内容:实验名称、实验目的、实验设备和器件、实验原理、公式推导过程、电路设计与参数选择、软件仿真结果、实验步骤、记录的数据(波形)、与理论计算和软件仿真的对比、分析误差产生的原因、电路调试过程中出现的问题及解决办法、实验总结,等等。

9　考核要求与方法

实验规定在2个学时内完成,未完成的同学可在实验室开放时间内预约完成。成绩评定包括以下几部分:

(1) 实物验收,包括元器件、测试仪器连接的整洁性,电路调试过程的合理性和陷波效果等;

(2) 实验报告部分,包含预分析报告、实验电路的软件仿真、实验结果记录、误差分析及实验报告的规范性和完整性等;

(3) 对于实验过程中有创新思想设计的同学给予适当加分。

10　项目特色或创新

实验设计以全通滤波器的相移特性实现了设定频率的陷波:

(1) 加深了对系统(滤波器)频率响应的理解,系统的幅频特性和相频特性不能分割;

(2) 了解了陷波电路的工程应用背景,在人体生物电等小信号的采集过程中,50 Hz的工频干扰是最主要的电磁场干扰,且生物电信号又远远小于50 Hz,因此,采用50 Hz的陷波电路是不可或缺的一个重要环节。

2-3　宽带BPF语音放大器的设计与实现(2017)

实验案例信息表

案例提供单位		岭南师范学院		相关专业	电子信息工程	
设计者姓名		梁启文	电子邮箱	zjlqw09@126.com		
设计者姓名		龙世瑜	电子邮箱	861355362@qq.com		
设计者姓名		林　汉	电子邮箱	Linh2001@163.com		
相关课程名称		模拟电子技术	学生年级	大二	学时(课内+课外)	8+16
支撑条件	仪器设备	信号发生器、示波器、万用表				
	软件工具	Multisim、Proteus				
	主要器件	电源变压器、三端稳压集成、运算放大器、三极管、二极管及电阻电容等				

1　实验内容与任务

利用模拟电子技术知识设计并制作一个宽带 BPF 语音放大器,可实现对指定频率范围的语音信号进行放大。该放大器至少包含信号源、前置放大、BPF 滤波器和功率放大器等单元电路,并能用扬声器将处理后的语音信号播放出来,且达到以下性能指标:

(1) 输入信号源:可采用信号发生器输出的信号进行调试,作品调试完成后可输入语音信号作为信号源。

(2) 前置放大器:输入信号 $u_i \leqslant 10$ mV。

输入阻抗:$R_i \geqslant 100$ kΩ。

共模抑制比:$K_{CMR1} \geqslant 60$ dB。

(3) BPF 带通频率范围:300 Hz~3 kHz,放大倍数 $A_u = 1$。

(4) 功率放大器:当电源供电电压为 ±12 V,负载阻抗 $R_L = 8$ Ω 时,功率放大器最大不失真功率:$P_{om} \geqslant 5$ W,并能驱动扬声器正常发声。

(5) 输出功率连续可调:直流输出电压:$U_O \leqslant 50$ mV(输入短路时)。

静态电源电流:$I_O \leqslant 100$ mA(输入短路时)。

(6) 合理调整电路参数,尽量提高功放的效率。

2　实验过程及要求

(1) 根据实验内容和任务,查阅相关的技术资料,论证前置放大器、BPF 滤波电路和功率放大电路的设计方案,最后选取最佳的设计方案,计算和选取单元电路的元件参数,完成整体电路的设计并运用 Multisim 或 Proteus 仿真软件进行仿真。

(2) 选用满足设计指标要求的前置放大器并完成组装和调试,设计实验数据记录表格,测试前置放大器的共模抑制比 K_{CMR1}、放大倍数 A_{u1}、输入电阻 R_i 等各项指标。

(3) 分析 BPF 滤波电路的实现方案和元器件参数值的选择依据,完成该单元电路的组装和调试,设计实验数据记录表格,测量 BPF 滤波电路的带宽 BW_1 并与设计要求比较。

(4) 采用分立元件设计 OCL 互补对称功率放大电路,完成电路的组装与调试,设计实验数据记录表格,测量功率放大电路的最大不失真输出功率 P_{om}、电源供给功率 P_V、输出效率 η、直流输出电压、静态电源电流等技术指标并与设计要求比较。

(5) 逐级级联各单元电路,构建测试环境,并输入语音信号进行试听。

(6) 撰写设计总结报告,总结并通过答辩的形式分享电路的设计方案、设计经验和调试技巧。

3　相关知识及背景

这是一个综合运用模拟电子技术解决现实生活和工程实际问题的典型案例之一。实验内容涉及前置放大、BPF 滤波电路和功率放大等单元电路的设计,元器件的选择及运用、参数的计算与设定、电路的调试和性能指标的测试等知识。通过本实验可培养学生查阅资料、创新、团队协作、发现问题和解决实际问题的能力,提高学生的工程实践素养。

4 教学目标与目的

通过项目式实验教学设计,使学生明确电路的设计任务和要求,并据此进行系统方案的单元电路的比较、选择,然后对各部分单元电路进行设计、参数计算和元器件的选择,再利用仿真软件对电路进行仿真,最后将各单元电路进行连接和调试,完成一个完整的项目设计。通过本次实验可使学生掌握工程设计的方法,提高学生理论联系实际的工程实践能力。

5 教学设计与引导

本实验是一个比较完整的工程实践项目,主要包含文献资料的查阅、设计方案的分析与设计、参数的计算、元器件的选择、系统的调试以及报告的撰写等内容。在实验教学中,应在以下几个方面加强对学生的引导:

(1) 实验前以一个简单的电子系统设计项目为例,向学生详细讲解项目设计的方法和过程,让学生对系统设计有初步的了解。

(2) 在课堂上布置本次实验的设计任务和要求,明确实验的考核要求和评分标准。

(3) 要求学生实验前利用课余时间预习,查找资料进行归纳总结,对各单元电路的设计方案进行论证,明确参数的计算方法和元器件的选择,再利用仿真软件对单元电路进行仿真,看看能否满足要求。

(4) 各单元电路的设计方案确定后,再设计实际电路并进行安装和调试。

(5) 各单元电路调试完成后,用标准仪器对电路进行数据测试,通过数据整理和分析,判断各单元电路是否满足设计要求。

(6) 在确定单元电路满足要求的情况下,再将各单元电路连接起来进行统调,完成系统功能测试。

(7) 学生需要查找相关集成块的资料时,可上网查找(如:http://www.ic-on-line.net/),查看厂家的数据手册。

(8) 撰写实验报告应包含:设计的任务和要求分析、设计方案的论证及选择、制作及调试过程、性能指标的测试及实验总结等几方面的内容。

6 实验原理及方案

1) 系统结构(图 2-3-1)

2) 实现方案

(1) 前置放大电路:在测量用的放大电路中,一般传感器送来的直流或低频信号,经放大后多用单端方式传输。一般来说,信号的最大幅度有

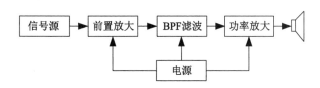

图 2-3-1 系统结构方框图

10 mV 左右,共模噪声可能高达几伏。放大器输入漂移和噪声等因素对于总的精度至关重要,因此前置放大电路应该是一个高输入阻抗、高共模抑制比、低漂移的小信号放大电路。

(2) BPF 滤波电路:BPF 的电路形式较多,可以采用文氏桥式 BPF,也可采用宽带BPF。在满足 LPF 的通带截止频率高于 HPF 的通带截止频率的条件下,把 LPF 和 HPF 串

接起来可以实现 Butteworth 通带响应,参考电路如图 2-3-2 所示。用该方法构成的 BPF 通带较宽,可满足滤波抑制低于 300 Hz 和高于 3 kHz 的信号,电路的低通和高通参数类似,可根据通带增益、截止频率和品质因数的公式求得:

$$A_{up} = 1 + \frac{R_f}{R_1} \quad 通带增益$$

$$f_O = \frac{1}{2\pi RC} \quad 截止频率$$

$$Q = \frac{1}{3 - A_{up}} \quad 品质因数$$

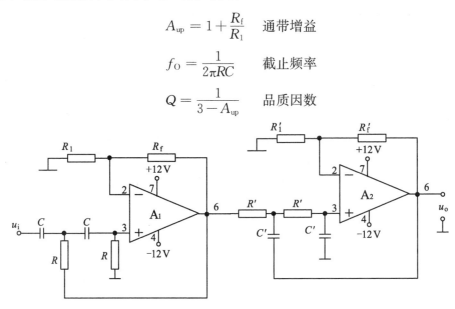

图 2-3-2 宽带 BPF 滤波电路

（3）功率放大电路:功率放大的主要作用是向负载提供功率,要求输出功率尽可能大,转换功率尽可能高,非线性失真尽可能小。按题目要求,采用分立元件设计 OCL 互补对称功放电路,采用集成运放驱动的 OCL 功放电路,参考电路如图 2-3-3 所示。

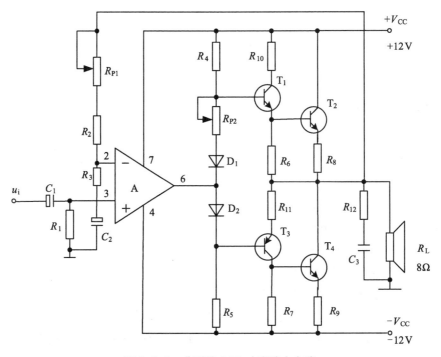

图 2-3-3 典型的 OCL 功率放大电路

（4）电源电路：可以采用工频变压器、整流桥堆、滤波电容和三端稳压集成块组成。变压器把 220 V，50 Hz 的交流电变换成双 12 V 的交流电，然后经过整流桥堆、滤波电容、三端稳压集成 LM7812 和 LM7912 后，得到±12 V 的电压。

7 教学实施进程

为使整个实验教学顺利进行，制定了详细的教学计划，教学实施进程见表 2-3-1。

表 2-3-1 教学实施进程表

岭南师范学院信息工程学院项目教学实施进度表

项目名称：宽带 BPF 语音放大器的设计与实现

序号	实施环节	课内	课外	分工	备注
1	案例分析和讲解、布置任务	2	2	教师上课	集中
2	查找资料、确定设计方案并完成预习报告		4	学生自学	分散
3	现场制作并完成安装调试、性能指标测试	4	6	教师、学生	集中（教师指导 4 课时）
4	项目验收及答辩	2	2	教师、学生	集中
5	撰写实验报告		2	学生	分散
6	实验报告的批改和成绩评定			老师	分散
合计		8	16		

8 实验报告要求

实验报告的撰写可以培养和锻炼学生以书面的形式进行数据处理和分析的能力，教师可从批改实验报告的过程中看出学生的实验数据是否真实，实验结论是否符合要求，从而反映出学生对实验的掌握情况。报告主要包含以下内容：

（1）设计的任务和要求分析

（2）设计方案的论证及选择

①各单元电路的参数计算；②元器件的选择；③具体电路的设计。

（3）制作及调试过程

①焊接调试流程；②调试时发现的问题及解决办法。

（4）性能指标的测试

①测试仪器；②测试的数据；③数据分析及讨论。

（5）实验总结

①实验的心得及体会；②对本课程的建议。

（6）参考文献

9 考核要求与方法

1）考核方式

课前预习报告＋实物测试＋实验答辩＋实验报告

(1) 课前预习报告——满分为 100 分,占总成绩评定的 20%。

(2) 实物测试——满分为 100 分,占总成绩评定的 50%。

(3) 实验答辩——满分为 100 分,占总成绩评定的 10%。

(4) 实验报告——满分为 100 分,占总成绩评定的 20%。

2) 评分表(见表 2-3-2 和表 2-3-3)

10 项目特色或创新

项目的特色在于:

(1) 基础性:以项目作为牵引,将项目分成几个单元模块,是项目研究的基础。

(2) 综合性和设计性:各模块单独完成后,再级联成一个整体的系统,实现指定的功能,培养学生掌握系统设计方法。

(3) 实验内容以工程项目为背景进行设计,更能培养学生的工程实践能力和创新能力。

(4) 实验过程循序渐进、不断提高、分层培养、注重创新。

表 2-3-2 实物部分项目评分表

岭南师范学院电工电子实验教学中心项目作品评分表(实物部分)

项目名称:**宽带 BPF 语音放大器的设计与实现**

任课教师:_____ 验收时间:____年____月____日 作品成绩:_____

组员 1:姓名:_____ 学号:_____ 专业:_____ 班别:_____

组员 2:姓名:_____ 学号:_____ 专业:_____ 班别:_____

序号	测试内容	评分标准	测试结果	得分
1	前置放大器(共 30 分)	① 输入信号 $u_i \leq 10$ mV ② 输入阻抗:$R_i \geq 100$ kΩ ③ 共模抑制比:$K_{CMR1} \geq 60$ dB 达到基本要求给 20 分,超出基本要求 10% 的给 30 分,其他基于基本要求的,酌情加减分	① 输入信号:_____ ② 输入阻抗:_____ ③ 共模抑制比:_____	
2	BPF 滤波器(共 20 分)	① 带通频率范围:300 Hz~3 kHz 达到基本要求给 20 分,其他基于基本要求的,酌情加减分	① 带通频率范围:_____	
3	功率放大器(共 30 分)	① 最大不失真功率 $P_{om} \geq 5$ W ② 电源提供的直流功率 $P_V \geq 6.5$ W ③ 效率大于 60% ④ 直流输出电压:$U_o \leq 50$ mV(输入短路时) ⑤ 静态电源电流:$I_o \leq 100$ mA(输入短路时) 达到基本要求给 20 分,超出基本要求 10% 的给 30 分,其他基于基本要求的,酌情加减分	① 最大不失真功率 _____ ② 电源提供的直流功率_____ ③ 效率_____ ④ 直流输出电压_____ ⑤ 静态电源电流_____	

序号	测试内容	评分标准	测试结果	得分
4	电源 （共 5 分）	① 电源整流滤波输出：+12 V ② 电源整流滤波输出：-12 V 达到基本要求给 5 分，其他基于基本要求的，酌情加减分	① 电源整流滤波输出_____ ② 电源整流滤波输出_____	
5	正确使用仪器（共 5 分）	正确使用信号发生器、示波器和万用表等仪器设备给 5 分，不规范使用仪器的，酌情扣分		
6	布局和焊接（共 5 分）	电路布局合理，条理清楚，焊接工艺良好的给 5 分；其他情况，酌情扣分		
7	试听（共 5 分）	声音清晰，效果好的给 5 分，其他情况，酌情扣分		

表 2-3-3 报告和答辩部分评分表

岭南师范学院电工电子实验教学中心项目作品评分表（报告和答辩）

项目名称：宽带 BPF 语音放大器的设计与实现

任课教师：_____ 验收时间：_____年_____月_____日 作品成绩：_____

学生 1：姓名：_____ 学号：_____ 专业：_____ 班别：_____

学生 2：姓名：_____ 学号：_____ 专业：_____ 班别：_____

实验预习报告评分		预习成绩（满分 100 分）：_____分
预习报告内容	评分	备注
1. 前置放大电路原理图及仿真（15 分）		
2. BPF 滤波电路原理图及仿真（25 分）		
3. 功率放大电路原理图及仿真（30 分）		
4. 电源电路原理图（10 分）		
5. 各单元电路级联后总电路及仿真结果（20 分）		
实验答辩评分		答辩成绩（满分 100 分）：_____分
答辩主要内容	评分	备注
1. 系统电路的设计思路及工作原理（30 分）		
2. 电路参数的计算（20 分）		
3. 元器件的选择（10 分）		
4. 电路的安装与调试时遇到的问题及解决办法（30 分）		
5. 性能指标的测试（10 分）		

(续表)

实验设计报告评分		实验报告成绩(满分 100 分):＿＿分	
报告内容	评分	备注	
1. 设计的任务和要求分析(5 分)			
2. 设计方案的论证及选择(30 分)			
① 各单元电路的参数计算(10 分)			
② 元器件的选择(10 分)			
③ 具体电路的设计(10 分)			
3. 制作及调试过程(20 分)			
① 焊接调试过程(5 分)			
② 调试时发现的问题及解决办法(15 分)			
4. 性能指标的测试(25 分)			
① 测试仪器(5 分)			
② 测试的数据(10 分)			
③ 数据分析及讨论(10 分)			
5. 实验总结(15 分)			
① 实验的心得及体会(10 分)			
② 对本课程的建议(5 分)			
6. 参考文献(5 分)			

2-4 人体心电信号测量电路的设计(2018)

参赛选手信息表

案例提供单位		渤海大学工学院	相关专业	电子信息工程	
设计者姓名		张爱华	电子邮箱	Jsxinxi_zah@163.com	
设计者姓名		张志强	电子邮箱	Jsxinxi_zzq@163.com	
设计者姓名		吕承聪	电子邮箱	1300277676@163.com	
相关课程名称		"模拟电子技术基础"理论课＋实验课	学生年级	大二	学时(课内＋课外)	68＋32
支撑条件	仪器设备	万用表			
	软件工具	PC 示波器、PC 信号源			
	主要器件	心电电极、集成运放 INA128、TL074、LM741、OPA633、发光二极管、系列电阻、电容、50 kΩ 电位器、100 Ω 电位器、±5 V 直流电源、±5 V 直流电源盒、导线若干、面包板、音频接口连接线、鳄鱼夹线等			

1　实验内容与任务

设计一个人体心电信号监测电路。可实现人体心电信号通过示波器实时监测,同时可通过发光二极管观察人体心跳的规律性。

所设计人体心电信号测量电路需满足的指标包括:

(1) 输入阻抗 $\geqslant 10$ MΩ;

(2) 共模抑制比 $\geqslant 80$ dB;

(3) 电压增益 $\geqslant 800$ 倍;

(4) 频带宽度为 $0.5 \sim 100$ Hz;

(5) 放大器的等效输入噪声(包括 50 Hz 交流干扰) $\leqslant 200$ μV。

2　实验过程及要求

实验过程中,请查阅相应资料,利用模拟电子技术相关知识确定人体心电信号测量电路的设计方案,并通过仿真验证所提方案的可行性。可行性设计方案确定后,在实际电路的构建过程中,请关注每一级电路的插接、调试过程,掌握分块功能测试及故障检测的方法,并针对整体电路实际构成的数据测试结果进行相应的数据分析。

3　相关知识及背景

本实验项目为"模拟电子技术实验"课程的综合性设计项目,其功能目标来源于现实生活。项目设计需运用心电电极、集成运算放大器构成的差分放大器、带通滤波器、放大器以及电压跟随器及 PC 示波器。该实验项目的完成,需要学生掌握相关电路的工作原理、性能及其相关性,并掌握实际电路构建过程中所涉及的技术方法。通过此综合性设计项目的完成,使学生掌握集成运放与分立元件(如三极管)作为放大核心器件的区别。同时,使学生掌握在实际电路的设计过程中,集成运放的类型及对应型号的选择方法。

4　教学目标

1) 知识与技能目标

(1) 理解并掌握集成运算放大器构成的差分放大器、带通滤波器、基本运算放大器、电压跟随器等电路的结构、特点;

(2) 掌握各类测量设备的使用方法及利用其完成电路的故障诊断的方法。

2) 过程与方法目标

(1) 培养学生的观察、分析和归纳能力,使学生借助实际经验,领悟原理,能够使用所学知识解释生活中涉及的电路实例;

(2) 培养学生理论联系实际的能力,使学生学会利用运算电路解决电子电路设计中所遇到的疑难问题,提升学生的创造性思维能力。

3) 情感态度与价值观目标

(1) 注意激发学生的学习兴趣和求知欲,指导学生掌握正确的学习方法,克服入门难的心理障碍;

(2) 培养学生严谨认真的科学态度、实事求是的工作作风、不怕困难勇于探索创新的科学精神;

(3) 引导学生树立创新创业的价值观。

5 教学设计与引导

1) 人体心电信号归属于生物医学信号,其特点包括

(1) 心电信号具有近场检测的特点,离开人体表面微小的距离,就基本上检测不到信号;

(2) 心电信号通常比较微弱,最多为毫伏量级;

(3) 心电信号属低频信号,且频率主要在几百赫兹以下;

(4) 心电信号的测量过程中包含强烈干扰。干扰既有来自生物体内的,如肌电干扰、呼吸干扰等,也有来自人体外的,如工频干扰、信号拾取时因不良接地等引入的其他外来干扰等;

(5) 干扰信号与心电信号本身频带重叠,如工频干扰信号等。

2) 心电信号测量电路的设计要求包括

(1) 信号放大是必备环节,而且应将信号提升至后续 A/D 输入口幅度要求,至少为几伏级别;

(2) 应尽量削弱工频干扰的影响;

(3) 应考虑因呼吸等引起的基线漂移问题;

(4) 信号频率不高,通频带通常是满足要求的,但应考虑输入阻抗、线性、低噪声等因素。

6 实验原理及方案

1) 项目设计总体结构

考虑心电信号的特点及心电信号测量电路的设计要求,项目设计总体结构如图 2-4-1 所示。

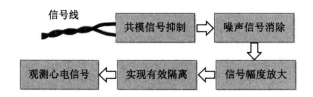

图 2-4-1 心电信号测量电路总体结构

2) 项目设计实施方案

基于图 2-4-1 所示项目设计总体结构,完成项目设计具体实施方案,详见图 2-4-2 所示。

(1) 第一级放大器:差分放大器的设计分析

电路的设计需考虑人体心电信号的特点(3~5 mV,0.04~150 Hz),同时考虑心电信号监测过程中参杂噪声较为强烈,且采集信号时心电电极与皮肤间的阻抗大且变化范围也较大,这就对第一级放大器提出了较高的要求,即要求第一级放大器应具有:输入阻抗高、共模抑制比强、低噪声、低漂移、非线性度小等特点,且具有合适的频带和动态范围。

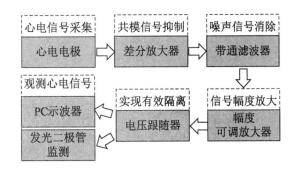

图 2-4-2　项目设计具体实施方案框图

在器件的选择上考虑第一级放大器应具有的特点,可选用仪表专用三差分集成运放（如：INA128、AD521、AD620、AD524）。此类集成运放具有较高的共模抑制比(KCMRR),温度稳定性好,放大频带宽,噪声系数小且具有调节方便的特点,是人体心电信号放大电路设计中较为理想的集成运放选择。根据小信号放大器的设计原则,前级的增益不能设置太高,因为前级增益过高会将前级输入的直流成分过度放大,易导致后续滤波器和幅度可调放大器饱和。

（2）第二级放大器：带通滤波器(消除基线漂移)的设计分析

在电路部分加上带通滤波环节,对隔断 0.04~150 Hz 频带以外的信号和消除基线漂移将会起到事半功倍的效果。在本次设计中,考虑采用一个一阶高通滤波器与一个一阶低通滤波器串联构成一个二阶带通滤波器。带通滤波器中集成运放可采用型号为 TL074 的集成运放。

（3）第三级放大器：可调放大器的设计分析

经滤波后,所测得的心电信号已经是比较纯净的有用信号,但是幅度仍然很小,不满足可有效观测的幅度。因此,需要一个增益较高的放大器来实现最终的幅度放大。在第三级放大器的设计中,考虑信号幅度观测的方便性,增加了增益可调功能。可调放大器中集成运放可采用型号为 LM741 的集成运放。

（4）第四级放大器：隔离电路设计

在心电信号的监测过程中,一般需在监测输出端增加例如发光二极管等装置,以保证在心电信号监测过程中可通过发光二极管的闪烁显示人体心跳状态。为保证所测得的心电信号能完整地打印在心电图纸上,以供医生诊断使用,同时发光二极管闪烁可表示人体心跳状态,则在电路的设计中需在第三级可调放大器之后增加第四级:隔离电路,即电压跟随器。否则,若将第三级直接连接发光二极管并打印心电信号,则会出现非常严重的错误监测结果。主要原因在于,当心电信号电压高于发光二极管正向电压时,发光二极管因导通而发光。此时,即使心电信号幅度继续增加也只会增加发光二极管的亮度,而打印在心电图纸上的心电信号将维持在发光二极管的正向电压上不变,而这样所打印出来的心电信号,即使是有规律变化的心电信号,也会让医生误诊断为该被监测心电信号的人患上了严重的心脏疾病。

隔离电路即电压跟随器中的集成运放可采用 LM310、OPA633 等专业的跟随器集成运放。

（5）人体心电信号测量整体电路设计

基于上述分析过程,给出人体心电信号测量整体电路设计,如图 2-4-3 所示。

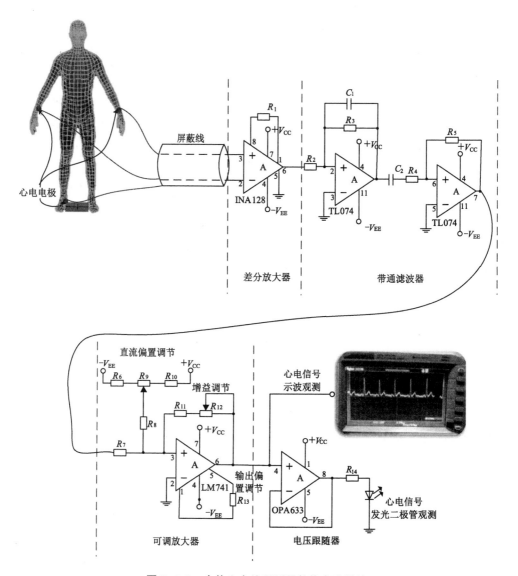

图 2-4-3   人体心电信号测量整体电路设计

① 外围电路中相应电阻、电容参数,直流电源取值如下:

$R_1 = 5.6\ \mathrm{k\Omega}$、$R_2 = R_3 = 2.2\ \mathrm{k\Omega}$、$R_4 = R_5 = 4\ \mathrm{M\Omega}$、$R_6 = R_{10} = R_{13} = 10\ \mathrm{k\Omega}$、$R_7 = R_8 = 1\ \mathrm{k\Omega}$、$R_9 = 100\ \mathrm{\Omega}$、$R_{11} = 100\ \mathrm{k\Omega}$、$R_{12} = 50\ \mathrm{k\Omega}$、$R_{14} = 100\ \mathrm{\Omega}$、$C_1 = 470\ \mathrm{nF}$、$C_2 = 1\ \mathrm{\mu F}$,$V_{CC} = +5\ \mathrm{V}$、$V_{EE} = -5\ \mathrm{V}$。

② 电路设计相关指标要求分析:

人体心电信号测量电路需满足指标:输入阻抗≥10 MΩ;共模抑制比≥80 dB;放大器的等效输入噪声(包括 50 Hz 交流干扰)≤200 μV 等三个指标均由第一级差分放大器决定。第一级差分放大器所采用的集成运放为 INA128,该集成运放的性能指标中:低偏置电压最大为 50 μV,低温度漂移最大为 0.5 μV/℃;高共模抑制最小值为 120 dB;当其增益大于等于 100 时,其在 0.1~10 Hz 范围内低频噪声大约为 0.2 μV,由此,上述 3 个指标可以满足。

人体心电信号测量电路需满足指标:电压增益≥800 倍,电路增益分析过程如下:

第一级差分放大器增益:$A_{u1} = \dfrac{50 \text{ k}\Omega}{R_1} = \dfrac{50 \text{ k}\Omega}{5.6 \text{ k}\Omega} \approx 8.93$

第二级带通滤波器增益:$A_{u2} = 1$

第三级可调放大器增益:$A_{u3} = 1 + \dfrac{R_{11} + R_{12}}{R_7}$

第四级:隔离电路电压跟随器增益:$A_{u4} = 1$

总增益:$A_u = A_{u1} A_{u2} A_{u3} A_{u4}$,即 $A_{umin} = A_{u1} A_{u2} A_{u3} A_{u4} = 8.93 \times 151 \approx 1\ 348$

实际增益由于带通滤波及其他损耗的存在,要比理论估算值略小,但已满足放大输出性能指标要求。

人体心电信号测量电路需满足指标:频带宽度为 0.5~100 Hz,保证此指标满足要求的分析过程如下:

由人体心电信号频率确定该一阶低通滤波器截止频率为 150 Hz,若电路中电容取值为 470 nF,则可确定一阶低通滤波器中 R_3 参数为:

$$R_3 = \frac{1}{2\pi f_c C_1} = \frac{1}{2\pi \times 150 \text{ Hz} \times 470 \text{ nF}} \approx 2.2 \text{ k}\Omega$$

同样,由人体心电信号频率确定该一阶高通滤波器截止频率为 0.04 Hz,若电路中电容取值为 1 μF,则可确定一阶低通滤波器中 R_4 参数为

$$R_4 = \frac{1}{2\pi f_c C_2} = \frac{1}{2\pi \times 0.04 \text{ Hz} \times 1 \text{ μF}} = 4 \text{ M}\Omega$$

经过带通滤波后,可以大大削弱 0.04~150 Hz 以外因呼吸等引起的基线漂移程度,心电信号低频端也就相应地取该频率。由此,该性能指标要求也可得到保证。

7 实验报告要求

本案例为模拟电子技术综合设计性实验,实验报告的撰写需包括:

(1)人体心电信号测量问题分析;

(2)人体心电信号测量实现方案分析与论证;

(3)人体心电信号测量电路的设计与参数选择;

(4)人体心电信号测量电路输入阻抗≥10 MΩ、共模抑制比≥80 dB、电压增益≥800 倍、频带宽度为 0.5~100 Hz、放大器的等效输入噪声(包括 50 Hz 交流干扰)≤200 μV 等五大性能指标的保证分析;

(5)人体心电信号测量的相关实验数据记录;

(6)人体心电信号测量的相关数据处理与误差分析;

(7)人体心电信号测量的实验结果及方案改进探讨。

8 考核要求与方法

本案例为综合性项目可选案例之一,综合性项目设定总分为 25 分。考核时间定于本学

期第 15 周,考核要求与方法包括:

(1) 综合性项目考核采取小组汇报考核制,每组人数不得多于 3 人。

(2) 完成实际案例的构建(器件插接建议采用面包板),并在答辩现场对小组成果所涉及电路的设计原理进行讲解,同时现场展示对某位同学的心电信号的监测功能。

(3) 成绩给定包括:项目设计报告撰写(5 分)、仿真演示(5 分)、实物展示(5 分)、答辩(5 分),其中答辩 5 分由学生打分(2 分)+专家打分(3 分)构成。

9 项目特色或创新

人体心电信号测量电路的案例设计特色在于,其设计思想依托于"模拟电子技术基础"课程的学习。由最初的通过小信号单级放大电路实现对心电微弱信号的放大,到由二级差分放大电路解决噪声问题,再到集成运放知识点传授的过程中,让学生针对此项目案例不断地改进方案,提出由集成运放构成的差分式放大器,实现对共模信号的抑制,利用带通滤波器实现对非心率频率内的信号进行抑制处理,利用可调集成放大器实现对微弱信号的有效观测,利用电压跟随器实现隔离作用,提高电路的驱动能力。通过实验使模拟电子技术前后所学知识点融会贯通,加深了学生对于理论知识的理解,提高了学生的实际应用能力。

课程教学践行知行合一,凸显以学生为中心的理念,使学生成为课内与课外实践教学的主角,打破了"以知识传递为目标、以教师为主体、以教材为中心、以课堂为阵地"的传统教学范式,彰显现代课程教学的三大理论,即学术性、民主性、协作性,同时注重综合性、创新性和实践性。课程中项目案例的设计,有效促进了创新创业教育与专业教育一体化的深度融合。

2-5 变容二极管直接调频电路实验(2018)

参赛选手信息表

案例提供单位	南京大学电子学院		相关专业	电子信息、通信工程、微电子与光电子学
设计者姓名	姜乃卓	电子邮箱	nju_jiang@163.com	
设计者姓名	司俊峰	电子邮箱	sijunfeng@163.com	
设计者姓名	庄建军	电子邮箱	jjzhuang@nju.edu.cn	
相关课程名称	高频电路实验	学生年级	大三	学时(课内+课外)	共 48 学时
支撑条件	仪器设备	100 MHz 带宽的数字存储示波器(采样频率 1 GHz,存储深度最高 1 MHz)、直流稳压电源、3 GHz 频谱分析仪、30 MHz 低频信号发生器、5 位半数字万用表			
	软件工具	Multisim 12.0 电路仿真软件、Matlab 7.0 科学计算软件			
	主要器件	三极管 9018、变容二极管 BB910、SMA 插座同轴线			

1 实验内容与任务

(1) 制作一个变容二极管直接调频电路,要求变容二极管的直流反偏电压可调,调频信号中心频率为 10.7 MHz,且尽量稳定,输出的最大频偏可达 100 kHz 以上,输出幅度可达 300 mV 以上。

（2）将直流反偏电压调整为 6 V,调节振荡器中的可变电容,使振荡频率为 10.7 MHz。加入频率为 2.5 kHz,幅度为 1 V 的正弦调制和锯齿波调制信号,用示波器和频谱仪分别观察调频信号的时域波形和频谱。

（3）直流反偏电压分别取 2 V、6 V、10 V 时,正弦和锯齿波调制信号的频率同上,逐步增加调制信号的幅度,用频谱仪观察产生的调频信号最大频偏的变化,定性观察调频信号的失真度。

（4）条件同上,逐步增加调制信号的幅度,用示波器采集调频信号的时域波形,将数据导入 Matlab 中画出调频信号的频谱,使用均值滤波和希尔伯特变换算法,计算调频信号的瞬时频率,画出瞬时频率随时间的变化曲线。测量调频信号的中心频率和最大频偏,并将瞬时频率变化曲线和标准调制信号波形进行对比,观察产生的调频信号的调频线性度,并将实验测量数据填入表 2-5-2 和 2-5-3 中。

（5）测量变容二极管的结电容与反偏电压的关系特性曲线,并画图。

（6）用谐振频率 10.7 MHz 的石英晶体代替振荡器中的电感,构成石英晶体的变容二极管直接调频电路,测试条件同实验内容（4）,画出调频信号瞬时频率变化曲线图。记录中心频率和最大频偏,观察调频的线性度。将实验测量数据填入表格中,实验数据表格参考表 2-5-3 自行设计。

2　实验过程及要求

（1）复习调频的基本理论;掌握变容二极管直接调频电路的基本原理,查阅资料了解直接调频的常用实现方法及相关电路。

（2）简述希尔伯特变换测量信号瞬时频率的方法,用 Matlab 实现正弦和线性调频信号的构建,并进行瞬时频率测量的仿真。

（3）查阅常见的变容二极管型号,注意电容变化范围、电容变化曲线的线性区域等关键参数,选取一款合适的用于本实验电路。

（4）根据电路原理图,使用 Multisim 软件进行电路设计和仿真优化,确定元器件及参数,焊接制作本实验电路。

（5）根据实验内容与任务中的第（6）点,使用频谱仪和示波器观察电路输出的调频信号的时域波形和频谱,将采集的调频信号波形数据导入 Matlab 中进行信号处理,画出瞬时频率测量曲线,完成本实验要求的所有数据测量。

（6）根据测量的数据结果分析变容二极管的反偏电压取值,调制信号幅度对调频信号的中心频率、最大频偏和调频线性度的影响。

（7）撰写实验设计和测量总结报告,并进行分组探讨和交流。

3　相关知识及背景

这是高频电路实验中的一个典型的调制电路实验,需要学生具备高频电路课程相关的基础知识,实验过程中运用到元器件参数计算、电路软件仿真、焊接调试等知识。测量环节中涉及频谱仪的使用、示波器的数据存储及导入计算机、用 Matlab 进行信号处理、瞬时频率曲线画图等。并涉及仪器测量精度分析、软件算法误差分析等工程概念与方法。

4　教学目标与目的

通过一个经典的调频实验引导学生掌握调频电路原理,电路重要参数指标性能及其测量和评价方法;引导学生根据需要设计电路原理图、仿真、选择元器件,焊接调试电路,构建测试环境,用示波器数据采集实现信号处理,并根据测量数据分析总结规律。

5　教学设计与引导

本实验是一个单元电路的设计制作和性能指标测量实验,需要相关课程内容的复习、与实验相关电路的资料查阅、电路原理图设计、电路的 EDA 软件仿真、用 Matlab 实现瞬时频率测量算法仿真、电路焊接制作,电路调试、电路性能指标测试、用示波器实现调频信号的波形数据采集,导入 Matlab 中实现瞬时频率测量及画图、调频电路的性能指标数据测量记录、实验测量数据分析、实验结果规律总结等过程。在实验教学中,应在以下几个方面加强对学生的引导:

(1)了解调频是模拟通信中十分重要的一种调制方式,相对于调幅信号,调频信号的抗干扰能力更强。模拟调频的方法主要可以分为两类:①直接调频;②间接调频。直接调频的优点是电路简单,频偏较大;缺点是中心频率不稳定,调频线性度较差。间接调频的优点是中心频率稳定,调频线性度较好;缺点是电路复杂,频偏较小。

(2)掌握调频信号的一些重要性能指标,比如调频信号的最大频偏,中心频率的稳定度,调频的线性度等。调频信号的最大频偏越大,抗干扰能力就越强,同时可以提高接收机的灵敏度和信噪比。调频的中心频率稳定是发射机和接收机同步的关键,调频信号的中心频率不稳定,就会增加接收机的解调难度,使接收机的解调电路复杂度相应提高,同时数字解调时,误码率也会大大提高。调频信号的调频线性度变差,模拟解调时波形的失真就会变大,严重影响模拟信号的解调音质。

(3)检查学生对调频的基本理论和调频指数,最大频偏等一些重要概念的掌握情况;检查学生对变容二极管直接调频电路基本原理的理解。电路中主要元件参数的作用和选择依据,简单的理论计算等。

(4)简略介绍用希尔伯特变换算法测量信号瞬时频率的原理,在 Matlab 中如何编程产生正弦调频和线性调频的待测信号,并进行瞬时频率测量的仿真,画出调频信号的瞬时频率随时间变化的曲线。

(5)对本实验制作的变容二极管直接调频电路的性能指标进行测量。可以用频谱仪观察调频信号的频谱,但是受限于频谱仪的分辨率和调频信号频谱宽度的定义,对调频信号的最大频偏,中心频率的测量误差较大;另外仅仅观察频谱,对于判断调频信号的调频线性度比较困难。因此本实验使用示波器采集调频信号的时域波形,将数据导入计算机中,在 Matlab 中使用希尔伯特变换算法进行信号处理,计算出调频信号的瞬时频率,并画出瞬时频率随时间的变化曲线。

(6)先直接对示波器采集的信号时域波形数据进行希尔伯特变换计算瞬时频率,发现瞬时频率变化曲线抖动非常大,看不到瞬时频偏随调制信号幅度变化的规律,让学生思考原因。学生判断瞬时频率的计算误差较大,分析原因:由于示波器的 A/D 采样是 8 bit 精度,因此带来很大的量化噪声,造成 Matlab 中进行数学运算时的有限字长效应,造成较大的计算误差,因此直接对示波器的采样波形数据进行信号处理测频,获取瞬时频率的方法不可行。

考虑到量化噪声的分布符合均匀分布的规律,因此可以通过简单的均值滤波来提高采样的调频信号时域波形的信噪比,大大改善采样波形数据的量化误差带来的计算精度下降。由学生自行编程完成均值滤波预处理,然后再进行希尔伯特变换,计算调频信号的瞬时频率。结果发现计算出的瞬时频率随时间变化的曲线形状和调制信号波形基本一致,证实了该测频算法的可行性,并且具有较高的测量精度。

(7) 变容二极管的直流反偏电压分别取 2 V、6 V、10 V,中心频率为 10.7 MHz 保持不变,正弦和锯齿波调制信号的频率为 2.5 kHz,逐步增加调制信号的幅度,用该方法计算调频信号的瞬时频率,画出瞬时频率随时间的变化曲线。测量调频信号的中心频率和最大频偏,并将瞬时频率变化曲线和标准调制信号波形进行对比,观察调频信号的调频线性度,按照实验要求将实验测量计算的数据填入表 2-5-2 和 2-5-3 中。

(8) 测量变容二极管的结电容与反偏电压的关系特性曲线。

(9) 用谐振频率为 10.7 MHz 的石英晶体代替电容三端式振荡器中的电感,构成石英晶体的变容二极管直接调频电路,用同样方法计算调频信号瞬时频率变化曲线,中心频率和最大频偏,观察调频信号的调频线性度。按照实验要求将实验测量计算的数据填入表格中,实验数据参考表 2-5-3 自行设计。

(10) 在实验完成后,学生根据测量和计算的实验数据进行分析,根据在不同的反偏电压、不同的调制信号幅度下测量的调频信号瞬时频率变化曲线,分析对比并总结反偏电压选择、调制信号幅度对产生的调频信号最大频偏、中心频率、调频信号的调频线性度等性能指标的影响。

(11) 学生之间可以对 Matlab 信号处理测频算法的编程、测量的电路性能指标数据和计算的实验数据曲线、实验结果分析、总结的相关规律等进行交流探讨。

在实验中,要求学生注意电路设计步骤的规范性,高频电路制作的布局布线工艺,电路的稳定性;在调试中,要注意直流电源的去耦,电路工作的稳定性与可靠性;在测试分析中,要注意频谱仪、示波器等仪器参数设置及使用的正确性;对测量的调频信号瞬时频率、中心频率等数据指标要分析误差来源,鼓励学生改进测频算法,进一步提高测量的精度。

对于调频信号的调频线性度分析,要选择理想的正弦或锯齿波调制信号波形进行对比,提高分析判定的科学性。

6　实验原理及方案

1) 典型电路和原理

晶体管 T_1 构成电容三端式振荡电路,其中电容 C_6、C_7 是正反馈电容,反馈系数 $F = \dfrac{C_6}{C_6 + C_7}$,晶体管 T_1 构成共基极组态的放大电路。其中电阻 R_{w2},R_3,R_4,R_5 是基极和集

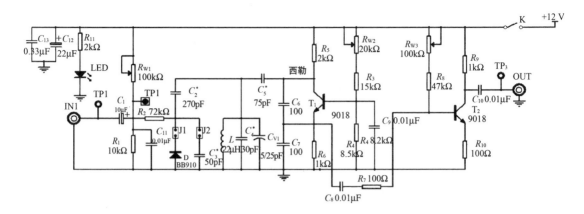

图 2-5-1　变容二极管调频实验电路原理图

电极的直流偏置电阻,电阻 R_6 决定晶体管的射极静态电流 I_e。通常 I_e 越大,晶体管放大电路的放大倍数越大,振荡幅度相应增大,但同时谐波失真也会相应的增大。I_e 过小,放大倍数不够,不满足 $A\cdot F>1$ 的起振条件,电路无法起振。I_e 过大,放大倍数过大,电路工作在饱和区,也无法正常振荡,因此通常选取 I_e 在 $1\sim4$ mA 之间。

　　电容取值满足 C_6,$C_7\gg C_5$,可变电容 C_{V1} 和电感 L 并联,调节可变电容 C_{V1} 可以改变振荡频率。当跳线 J_1 连接后,变容二极管 D 接入振荡电路,滑动变阻器 R_{W1} 和电阻 R_1 构成分压电路,为变容二极管 D 提供直流反偏电压,改变 R_{W1} 抽头位置可以改变变容二极管的直流反偏电压。电阻 R_2 是隔离电阻,通常取一个大电阻,实验中可以取 100 kΩ 以上。电容 C_3 是已知电容值的固定电容,用来测量变容二极管的结电容。调制信号从 I_{N1} 端输入,电容 C_1 是输入隔直电容。电容 C_{11} 是小电容,对高频振荡信号相当于短路,对低频调制信号相当于开路,保证低频调制信号可以加在变容二极管两端,而振荡回路中的高频信号不会反射到低频调制信号输入端。

　　振荡信号从晶体管 T_1 的发射极引出,后一级晶体管 T_2 构成共射极电压放大电路,起到隔离和缓冲的作用。示波器探头应该接在 TP3 处测量振荡信号频率,这样比较准确。如果直接在第一级晶体管 T_1 的输出端测量振荡信号频率,示波器输入探头有输入电容,会影响振荡电路的振荡频率。示波器探头应选择乘 10 挡,减少探头输入电容的影响。

　　2) 实验流程

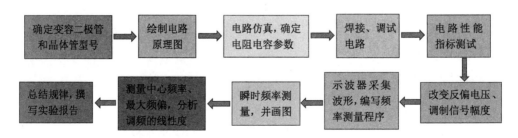

图 2-5-2　实验实施流程

3) 电路中主要器件的选择

首先确定振荡电路所用晶体管的型号,振荡器的中心频率为 10.7 MHz,需要考虑晶体管的特征频率 f_T 这个重要参数,根据 $f_T \approx f \cdot \beta$ 的关系,f 是当前的工作频率,β 是在此工作频率下的电流放大倍数。要保证晶体管放大电路有足够的增益使电路振荡,晶体管的电流放大倍数 β 至少要大于 20,因此晶体管的特征频率至少应该在 200 MHz 以上。选取特征频率更高的晶体管可以提高电路的性能,在本实验中选择常用的晶体管 9018,根据器件手册,其特征频率大于 700 MHz,完全满足本实验电路的要求。

变容二极管的选取要考虑电容变化范围和相应的反偏电压取值范围,一般反偏电压在 0～12 V 之间变化,不宜过高,否则直流电源的获取会增加困难。电容变化范围越大,可以获得的调频信号最大频偏也越大;但同时要考虑电容变化曲线的线性度和线性区域,这个直接决定了所加调制信号的幅度范围和产生的调频信号的调频线性度。电容变化曲线的线性度不好,必然会导致调频的线性度变差,产生调频失真。电容变化曲线的线性区域太小,输入调制信号的幅度就受限,产生的调频信号的最大频偏变小,导致调频信号的抗干扰能力变差,解调的灵敏度下降,信噪比降低。本实验推荐使用变容二极管 BB910,其电容变化范围在 2～40 pF,根据器件手册提供的电容变化曲线,其反偏电压在 2～8 V 的一段曲线的线性度较好。

4) 电路布局布线和工艺

本实验制作的电路属于高频电路,为减少分布电容和引线电感等分布参数的影响,电路中所用的电阻、电容等元器件都使用贴片元件。直流电源用 LC 元件构成的 Ⅱ 形去耦网络进行高频的滤波去耦。电路走线尽量符合高频布局布线的原则,信号线尽量粗短,元件之间的位置间隔尽量紧凑,信号的输出端口可采用标准的 SMA 接口实现 50 Ω 阻抗匹配。同时保证大面积的接地,所有接地点实现就近接地和一点接地,保证所有接地点和地平面等电位。

5) 瞬时频率测量的原理

频率测量算法是基于希尔伯特变换来实现的,下面简述希尔伯特变换的测频原理。

$$\widetilde{x(t)} = \frac{1}{\pi t} * x(t) = \frac{1}{\pi} \int_{-\infty}^{+\infty} \frac{x(\tau)}{t - \tau} \mathrm{d}\tau \tag{1}$$

$\widetilde{x(t)}$ 称为 $x(t)$ 的希尔伯特变换。由上式可知,对一个信号进行一次希尔伯特变换相当于做一次滤波,滤波因子 $h(t)$ 为 $\frac{1}{\pi t}$。$h(t)$ 和它对应的频谱 $H(f)$ 有如下关系:

$$\begin{cases} 希尔伯特滤波因子\ h(t) = \dfrac{1}{\pi t} \\ 希尔伯特滤波频谱\ H(f) = \begin{cases} -\mathrm{j} & f > 0 \\ \mathrm{j} & f < 0 \end{cases} \\ H(f) = \mathrm{e}^{\mathrm{j}\varphi(f)}, 其中\ \varphi(f) = \begin{cases} -\dfrac{\pi}{2} & f > 0 \\ \dfrac{\pi}{2} & f < 0 \end{cases} \end{cases} \tag{2}$$

一个信号经过希尔伯特变换后,相位谱做 90°相移。

信号 $\cos 2\pi f_0 t$ 的希尔伯特变换为 $\sin 2\pi f_0 t$,信号 $\sin 2\pi f_0 t$ 的希尔伯特变换为 $-\cos 2\pi f_0 t$。

同样,信号 $a(t)\cos[2\pi f_0 t + \varphi(t)]$ 的希尔伯特变换为 $a(t)\sin[2\pi f_0 t + \varphi(t)]$。

一个实信号 $x(t)$ 经过希尔伯特变换后得到 $\widetilde{x(t)}$,可以构成一个复解析信号

$$q(t) = x(t) + \mathrm{j}\,\widetilde{x(t)},$$

如果信号 $x(t) = a(t)\cos[2\pi f_0 t + \varphi(t)]$,其希尔伯特变换为 $\widetilde{x(t)} = a(t)\sin[2\pi f_0 t + \varphi(t)]$

因此可以计算得到幅度包络 $|a(t)|$:

$$|a(t)| = \sqrt{x^2(t) + \widetilde{x^2(t)}} \tag{3}$$

瞬时相位 $|\theta(t)|$:

$$|\theta(t)| = \arctan \frac{\widetilde{x(t)}}{x(t)} = 2\pi f_0 t + \varphi(t) \tag{4}$$

瞬时频率:

$$u(t) = \frac{\mathrm{d}\theta(t)}{\mathrm{d}t} = 2\pi f_0 + \frac{\mathrm{d}\varphi(t)}{\mathrm{d}t} \tag{5}$$

因此一个时域上连续的信号,其瞬时频率是可以通过希尔伯特变换和简单的三角函数运算关系求出的。

6) 瞬时频率测量的算法流程(见图 2-5-3)

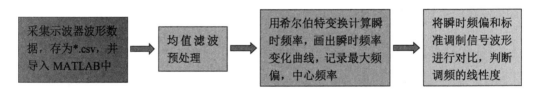

图 2-5-3 瞬时频率测量的算法流程图

7) 变容二极管的 C_j-V_D (结电容与反偏电压)特性曲线的测量

测量 C_j-V_D 曲线的方法如下:

首先将跳线 J_1 断开,不接入变容二极管,将跳线 J_2 断开,不接入电容 C_3,用示波器或者高频计数器测量此时的振荡频率,记为 f_N。此时有:

$$f_N = \frac{1}{2\pi\sqrt{LC_N}}$$

电容 C_N 表示此时振荡回路的总电容。然后接上跳线 J_2,把电容 C_3 和振荡回路相连,用示波器或者高频计数器测量此时的振荡频率,记为 f_K,有:

$$f_K = \frac{1}{2\pi\sqrt{L(C_N + C_2//C_3)}}$$

于是有：
$$C_2 /\!/ C_3 = C_N\left(\frac{f_N^2}{f_K^2} - 1\right).$$

其中电容 C_2 和 C_3 的数值是已知的,根据上面的式子,可以计算出电容 C_N 的大小。由于晶体管的板间存在分布电容,和振荡回路的参数电容数值加在一起,我们通过这种方法间接测量振荡回路的总电容可以降低测量误差。

接下来把跳线 J_1 连上,把跳线 J_2 断开,调节滑动变阻器 R_{W1},给变容二极管提供不同的直流反偏电压,让直流反偏电压从 1 V 开始增加到 11 V,每次增加 0.5 V,用示波器测量此时的振荡频率,记为 f_X,则有：

$$f_X = \frac{1}{2\pi\sqrt{L(C_N + C_2 /\!/ C_{jX})}}$$

其中 C_{jX} 表示变容二极管在不同的直流反偏电压下的静态电容。可以计算得到：

$$C_2 /\!/ C_{jX} = C_N\left(\frac{f_N^2}{f_X^2} - 1\right)$$

最后计算出一组在不同的直流反偏电压 V_D 下的 C_{jX}。将对应的一组 V_D 和 C_{jX} 绘制成 C_j-V_D 曲线。

实验需要的数据测量表格如表 2-5-1 所示。

表 2-5-1　变容二极管调频静态调制特性测量

反偏电压 V_D /V	1	2	3	4	5	6	7	8	9	10	11
振荡频率 f/MHz											

电路为变容二极管的直接调频电路。变容二极管的反偏电压分别为 2 V、6 V、10 V。电路的振荡频率为 10.7 MHz 不变。随后加入正弦波调制信号,频率为 2.5 kHz,逐步增加调制信号的幅度。实验数据表格如表 2-5-2 所示。

表 2-5-2　变容二极管调频电路产生正弦调频信号的主要指标数据测量

正弦调制信号幅度 （反偏电压为 2 V）	调频信号的最大频偏	中心频率	瞬时频偏的线性度 （和标准的正弦调制 信号进行比较）
200 mV			
400 mV			
800 mV			
1 600 mV			

电路为变容二极管的直接调频电路。变容二极管的反偏电压分别为 2 V、6 V、10 V。电路的振荡频率为 10.7 MHz 不变。随后加入锯齿波调制信号,频率为 2.5 kHz,逐步增加调制信号的幅度。实验数据表格如表 2-5-3 所示。

表 2-5-3　变容二极管调频电路产生线性调频信号的主要指标数据测量

锯齿波调制信号幅度（反偏电压为 2 V）	调频信号的最大频偏	中心频率	瞬时频偏的线性度（和标准的锯齿波调制信号进行比较）
200 mV			
400 mV			
800 mV			
1 600 mV			

电路为石英晶体加变容二极管的直接调频电路。变容二极管的反偏电压分别为 2 V、6 V、10 V。电路的振荡频率为 10.7 MHz 不变。随后加入锯齿波调制信号,频率为 2.5 kHz,逐步增加调制信号的幅度。实验数据表格同表 2-5-3 所示。

7　教学实施进程

(1) 学生预习自学:了解调频在模拟通信中的地位和作用,了解调频通信的优缺点。熟悉模拟调频的主要方法。掌握调频信号的一些重要性能指标参数,比如调频的最大频偏,中心频率的稳定度,频偏的线性度等。掌握调频的基本理论和变容二极管调频的基本原理。

(2) 教师现场教学:讲解模拟调频的主要方法:(1)直接调频;(2)间接调频。直接调频的优点是电路简单,频偏较大;缺点是中心频率不稳定,频偏线性度较差。间接调频的优点是中心频率稳定,频偏线性度较好;缺点是电路复杂,频偏较小。

讲解调频信号的一些重要性能指标的意义。调频的最大频偏越大,抗干扰能力就越强,同时可以提高接收机的灵敏度和信噪比。调频的中心频率稳定是发射机和接收机同步的关键,调频信号的中心频率不稳定,就会增加接收机的解调难度,接收机的解调电路复杂度相应提高,同时数字解调时,误码率就会大大提高。调频信号的调频线性度变差,模拟解调时波形的失真就会变大,严重影响模拟信号的解调音质。

介绍一个典型的变容二极管直接调频电路,简单介绍元件参数选择和电路原理。

(3) 实验内容安排:详见"1　实验内容与任务"。

(4) 学生现场操作:学生查阅常用的变容二极管和晶体管的器件手册,根据器件的电容变化范围、电容变化曲线图、电路工作频率、晶体管的特征频率等关键参数,选取用于本实验电路的晶体管和变容二极管型号。绘制电路原理图,使用 Multisim 软件进行电路设计和仿真优化,确定所需的元器件及参数,在实验室中选取元器件,进行电路焊接和调试。

(5) 教师讲解电路性能指标测试的要点:介绍用希尔伯特变换计算瞬时频率的原理;分析示波器采样 A/D 位数有限会引入较大的量化误差,造成算法计算精度严重下降,提示学生可能采用的解决方法;瞬时频率测量算法的误差来源分析;改进算法,提高频率测量精度的一些思路。

(6) 学生根据模板第一部分的实验内容完成相应的电路性能指标测试和数据测量;根

据希尔伯特变换频率测量算法原理,在 Matlab 中编写代码完成对各自制作的电路产生的调频信号的瞬时频率测量,画出调频信号的瞬时频率随时间变化的曲线。

（7）学生根据各自测量和记录的电路性能指标数据和实验数据,分组讨论,总结直流反偏电压选择,调制信号幅度对制作的变容二极管直接调频电路产生的调频信号的中心频率、最大频偏及调频线性度的影响。

（8）学生相互交流电路设计和制作时的元器件选择、参数设置、频率测量算法的编写、测量误差分析,为进一步提高频率测量精度而进行的算法改进等方面的心得。

8　实验报告要求

实验报告需要反映以下工作:
（1）实验相关背景介绍。
（2）实验内容相关理论的知识预习。
（3）电路原理图,电路工作原理,主要元器件选型。
（4）电路参数的推导计算。
（5）电路仿真和电路元器件参数优化。
（6）电路主要性能指标的测试方法。
（7）瞬时频率测量算法的流程图和核心代码框架。
（8）电路性能指标的测量数据记录。
（9）实验数据处理分析,误差来源分析,实验数据相关图表的绘制。
（10）实验结果讨论,规律总结。

9　考核要求与方法

（1）实物验收:电路功能的实现程度与性能指标的完成程度、完成时间。

（2）实验质量:电路布局布线设计的合理性,元器件焊接工艺,电路的高频性能,实验要求观察的现象和各项实验数据测量的完整性等。

（3）自主创新:电路设计的创新性,程序编写的改进和创新性,对实验过程中观察到的现象的自主思考与分析能力。

（4）实验成本:是否充分利用实验室已有条件,材料与元器件选择的合理性,成本核算与损耗。

（5）实验数据:实验测量数据的准确性和测量误差分析、讨论。

（6）实验报告:实验报告的规范性与完整性。

10　项目特色或创新

传统实验中,只能借助频谱仪定性观测调频信号的频谱,学生无法对调频信号的调频线性度进行准确判断。而本实验借助数字示波器的数据存储功能,可以实现对电路产生的调频信号的瞬时频率测量,并以此为基础对调频信号的中心频率、最大频偏、调频线性度等重要指标进行高精度的定量测量,这是高校实验室中的传统仪器无法实现的。

2-6 短波发射接收机设计实验(2019)

实验案例信息表

案例提供单位	武汉大学电子信息学院		相关专业	"卓工"计划,通信工程	
设计者姓名	金伟正	电子邮箱	jwz@whu.edu.cn		
设计者姓名	王晓艳	电子邮箱	wxysth@163.com		
设计者姓名	杨光义	电子邮箱	ygy@whu.edu.cn		
相关课程名称	高频电子线路、高频电子线路实验	学生年级	大二	学时(课内+课外)	32 + 16
支撑条件	仪器设备	DG4162 信号源、Agilent DSOX2024A 示波器、Agilent E5061B 网络分析仪、Agilent N9320B 频谱分析仪			
	软件工具	ADS			
	主要器件	高频小功率、中功率三极管、变容二极管、集成乘法器、集成中频放大器、高频耦合线圈等			

1 实验内容与任务

1) 设计短波发射接收机,基本要求

(1) 电源:交直流 9.0 V~13.8 V/1 A(使用电池或线性稳压电源),不区分正负极;

(2) 接收静态电流 60 mA,发射最大电流 600 mA,发射最大功率 5 W;

(3) 发射中心频率为 7.023 MHz,接收机本振频率为 7.023~7.026 MHz;

(4) 调制工作模式 CW 或 SSB;

(5) 接收机灵敏度≥5 μV,音频输出功率≥50 mW。

2) 构建

采用高频(通信)电子线路中的基础电路进行单元电路设计和系统构建。

3) 发射接收信号类型

莫尔斯码、二进制码、语音 PCM 编码信号。

4) 配置方式

手机 App 通过 Wi-Fi 通信配置发射信息、显示接收信息。

5) 改进电路及天线

使发射与接收间距离大于 50 km。

2 实验过程及要求

(1) 学习通信系统基础知识,掌握短波发射机、接收机原理及常用基础电路;

(2) 弄清评价短波发射和接收机性能的主要指标;

(3) 尽可能多地查阅元件、器件及集成电路资料;

(4) 设计满足实验内容与任务要求的方案,并使用相关仪器(信号源、示波器、网络分析仪、频谱分析仪)测试设备的性能指标;

(5) 实测莫尔斯码、二进制码及语音 PCM 编码的发射与接收;

(6) 设计 Wi-Fi 模块,手机 App 配置发射信息、显示接收信息,实现互联网+短波发射接收机;

(7) 改进电路(天线)使发射接收距离大于 50 km;

(8) 撰写设计报告,并通过分组演讲,交流不同解决方案的特点。

3 相关知识及背景

短波发射接收机涵盖高频(通信)电子线路课程的所有重点、难点。通过实验,学生可以完整掌握短波发射接收机的原理及设计过程,克服实验中遇到的困难,如电路元件之间的相互干扰,噪声等问题,抓住主要矛盾,找到相应的解决方法。

本实验旨在提升学生对本门课程的兴趣以及实践动手能力,同时理解互联网+的应用,为通信电子电路设计打下良好的基础。

4 教学目的

从短波发射接收机的设计项目实现过程中,引导学生掌握发射机和接收机的原理、类型、设计、安装与调试方法;引导学生根据项目性能要求去优选电路、选择元器件,构建测试环境与条件,并通过外场测试、原始数据分析对短波发射接收机性能指标做出定量的技术评价。

5 实验教学与指导

具有移动网络控制的短波发射接收机设计创新实验,发射接收机采用 7.023 MHz 短波波段,可以在数十千米范围内进行设备间的通信。要求采用高频(通信)电子线路中的基础电路进行单元电路设计和系统构建,同时加入移动互联控制模块电路,有利于提升实验教学的效果。在实验教学中,应在以下几个方面加强对学生的引导:

(1) 首先根据"实验内容与要求",全面弄清本实验的技术指标,要实现的整体功能;

(2) 学习通信系统基础知识,掌握短波发射接收机原理及常用基础电路,包括 CW、SSB、ASK 调制电路、直放(DC)接收机、超外差接收机电路及发射接收机主要指标的含义;

(3) 尽可能多地查找发射接收机中要使用的元器件及集成电路;

(4) 设计满足实验内容与任务要求的短波发射接收机方案,并使用相关仪器(信号源、示波器、网络分析仪、频谱分析仪)测试接收的性能指标;

(5) 实测发射及接收莫尔斯码、二进制码、语音 PCM 编码等信号;

(6) 设计 Wi-Fi 模块,手机 App 使用 Wi-Fi 与设备通信,配置发射信息、显示接收信息,实现互联网+短波发射接收机;

(7) 改进电路及天线,使发射接收距离大于 50 km;

(8) 撰写设计总结报告,实验报告应给出实测数据、实测波形,并对数据的合理性给出分析；

（9）在实验完成后,可以组织学生以项目演讲、答辩、评讲的形式进行交流,使学生了解不同解决方案及其特点,拓宽知识面。

6 实验原理及方案

1) 实验系统总体结构(图 2-6-1)

本实验设计一种使用 9.0 V～13.8 V/1 A 的交直流电源供电,具有移动互联网络控制的短波发射接收机,使用 7.023 MHz 短波波段(波长约 40 m),可以在数十千米范围内进行设备间的相互通信。设备具有移动网络互联控制的功能,采用具有智能网络互联的片上系统(SOC)芯片 ESP8266 与直接变换(DC)发射接收机相结合,在性能和实用性方面有了很大的改善。在功能上,支持 Wi-Fi 模块,与手机 App 连接,配置发送速率、发送数据、显示发射和接收数据,脱离了电脑,方便进行野外实验教学,图 2-6-1 为短波发射接收机框图。

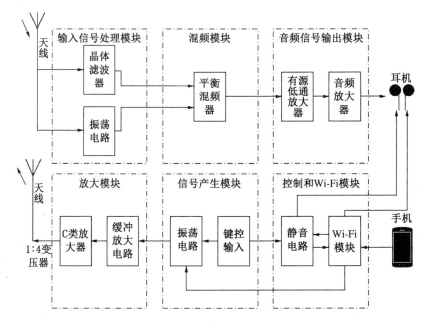

图 2-6-1 短波发射接收机框图

2) 单元电路参考设计方案

由图 2-6-1 可知系统分为接收模块、发射模块、手机 Wi-Fi 模块。核心电路应包含本振电路、振幅调制及丙类功率放大电路、混频电路、低频放大电路、滤波匹配网络和 Wi-Fi 模块电路。

第一部分是接收模块,接收模块的核心是 U_2(NE602)芯片,见图 2-6-2 混频电路。它内部包括一个平衡混频器,天线进来的信号经过两个晶体滤波器后,进入混频器,由晶体管 Q_1(9018)构成的振荡电路同时送出本振信号,见图 2-6-3 本振电路。两个信号经过混频,就直接把 SSB/CW 信号变频为基带信号,U_2 输出的基带信号的差分信号再送给 U_3

(NE5532)芯片做有源低通滤波和基带信号放大,这样就完成了整个接收过程,图 2-6-4 为低频放大电路,其采用的是直接将射频信号混频变为基带信号的接收机方案,称为"DC 接收机"。该模块中还包括静音模块,用于在发射的时候关闭接收,同时由 Wi-Fi 模块内部定时器构成的本地振荡器产生侧音,输出给耳机,使耳机跟随节拍发出"滴滴答答"的基带信号。图 2-6-5 为 Wi-Fi 模块电路。

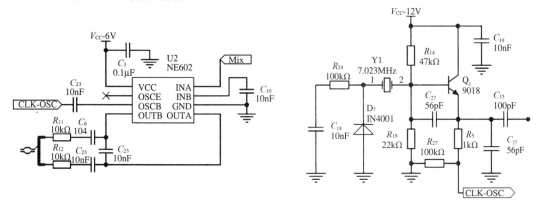

图 2-6-2　混频电路　　　　　　　　　　　　　图 2-6-3　本振电路

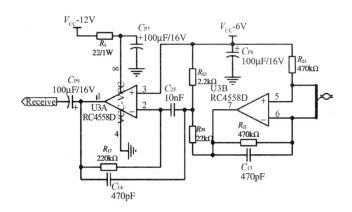

图 2-6-4　低频放大电路

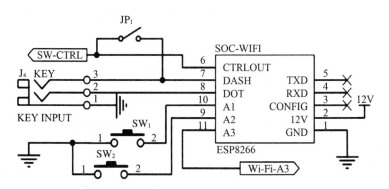

图 2-6-5　Wi-Fi 模块电路

第二部分是发射模块,发射部分利用晶体管 Q_1 做振荡电路,然后以 Q_4(8050)做缓冲放大和发射键控,控制收发电路和信号的切换,末级是由 Q_3(D882)构成的丙类放大器,见图 2-6-6 振幅调制及丙类功率放大电路。信号经放大后由 1:4 输出变压器做匹配,再经过 LPF 滤波后接天线。图 2-6-7 为滤波匹配网络,其作用是使天线阻抗与前级阻抗进行匹配,同时也具有接收选频功能。

第三部分是手机 Wi-Fi 模块,该模块对于发报机来说是可选模块,如果不使用该模块就需要短接 JP_1,成为一款只支持手动的普通电台。如果使用该模块就需要断开 JP_1,则可以通过 Wi-Fi 与手机 App 通信,配置电台参数,支持自动发射,显示发射信号序列时序。

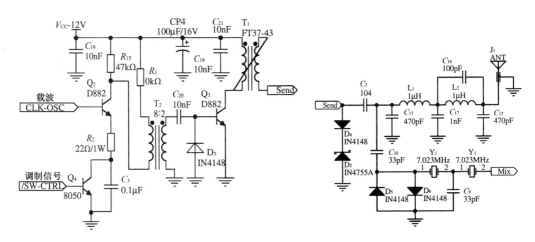

图 2-6-6　振幅调制及丙类功率放大电路　　　　图 2-6-7　滤波匹配网络

3) 实验内容及测试结果

实验内容主要包括本振和振幅调制电路、缓冲放大电路、低频放大电路、滤波匹配网络、混频电路、功率放大电路、静音电路及 Wi-Fi 模块电路的设计、焊接与调试等;发射模块振荡器和各级放大器输出的静态信号,以及在自动发送信号状态下的动态输出;观察示波器显示波形,混频失真度,分析各级放大器的增益等部分。由于篇幅的限制,这里仅给出部分核心电路的详细调试过程和重要数据的测试方法,包括图 2-6-2 混频电路、图 2-6-3 本振电路、图 2-6-4 低频放大电路、图 2-6-6 振幅调制及丙类功率放大电路,并给出实测的波形及定性分析。

图 2-6-8 为该短波发射接收机 PCBA 的顶层和底层图。

(1) 本振和振幅调制电路测试

如图 2-6-3 所示,系统的高频振荡电路为电容三点式晶体振荡电路,C_{27} 分别为 be 级与 ce 级之间的回路电容,晶体振荡器 Y_1 作为回路电感使用,经分压后输出频率为 7.023 MHz 的振荡信号 CLK-OSC,二极管 D_7 限制信号始终为正值,降低功耗。此处的输出振荡信号分压系数很低,振幅很小,是为了在后面的振幅调制电路中保证此级输出的振荡信号工作在线性时变状态。振幅调制及丙类功率放大电路见图 2-6-6,由本振电路产生的载波信号从 Q_2 基极接入,调制信号从 Q_4 基极接入,从 Q_2 集电极输出已调信号,再

 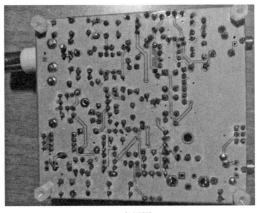

(a) 顶层图   (b) 底层图

图 2-6-8 短波发射接收机的 PCBA

经过由变压器 T_1、晶体管 Q_3 和变压器 T_2 构成的丙类功率放大电路,放大后的信号经 T_1 的 Send 端输出。

在实验过程中,先测试本振电路 Q_1 发射极的输出波形,实验结果如图 2-6-9 所示,振荡信号频率为 7.023 MHz,幅度为 12.8 V。再测试 CLK-OSC 端的输出波形,实验如图2-6-10 所示,此时输出信号幅度变为 440 mV,这是由于输出振荡信号经电阻 R_5 和 R_{27} 分压的缘故,使输出幅度降低。

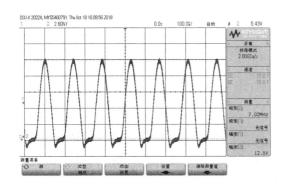 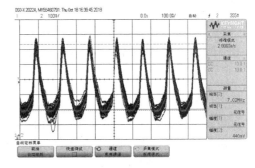

图 2-6-9 Q_1 发射极的输出波形   图 2-6-10 CLK-OSC 端的输出波形

测试振幅调制及丙类功率放大电路时,使电路处于发送模式,手动发射,测试 Send 端的输出波形,图 2-6-11(a)、(b)分别为手动模式下两个不同时刻所记录的波形图。

(2)混频器及低频放大电路测试

图 2-6-2 和图 2-6-4 分别为混频电路和低频放大电路,混频模块采用含 U_2(NE602)芯片的平衡混频器,用于将滤波后的天线信号和 Q_1 构成的振荡电路送出的本振信号进行混频,输出 0~3 kHz 的基带信号。

在实验过程中,对混频器的 Mix 端进行测试,得到混频器 INA 管脚的输入信号,如图

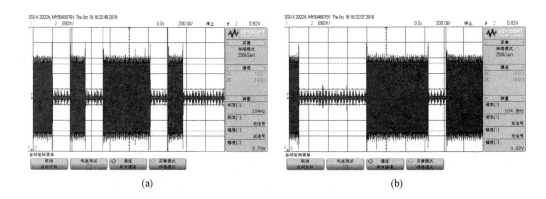

(a)   (b)

图 2-6-11　Send 端输出波形

2-6-12所示。再对混频器的输出信号进行测试,该信号为差分输出信号,不易测量,改为测量经过低频放大电路后的信号,即对 Receive 端进行测试,实验结果如图 2-6-13 所示。

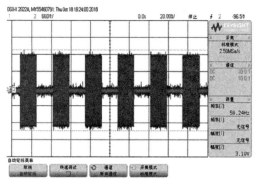

图 2-6-12　混频器 INA 端输入信号

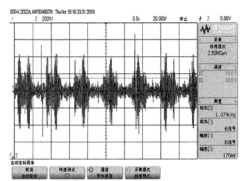

图 2-6-13　低频放大电路 Receive 端的输出信号

（3）Wi-Fi 模块测试

图 2-6-5 为 Wi-Fi 模块电路,是本机的可选模块,如果不使用该模块就需要短接 JP₁,则成为一款只支持手动的普通电台。如果使用该模块就需要断开 JP₁,则可以通过 Wi-Fi 与手机 App 通信,配置电台参数,支持自动发射,显示发送信号序列。

在实验测试中,取下跳线帽JP₁,点击 Wi-Fi 模块开关,按下电键可以观察到相应 LED 发光,说明信号成功发射,在相应的 App 上也可观察到相应的发送信号以及解码后的信号,显示界面如图 2-6-14(a)信号接收和解码界面(手动发射模式)。按下自动发射开关,在未按下电键的情况下信号也在不断地向外发射,在相应的 App 上也能观察到相应的发射信号以及解码后的信号,显示界面如图 2-6-14(b)信号接收和解码界面(自动发送模式)。结果显示,Wi-Fi 模块一切工作正常。注意设备在接收状态下不要开启 Wi-Fi。

（4）收发测试

在上面的测试中,为防止意外发射造成设备烧毁,必须在J₁ ANT 处接上 51 Ω 电阻作为假负载。上电后观查是否有焊错引起的烧毁冒烟现像,如果有,应及时断电诊断。上电几十

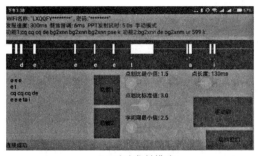
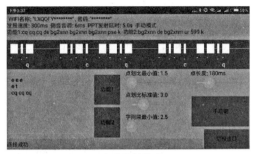

(a) 手动发射模式　　　　　　　　(b) 自动发射模式

图 2-6-14　信号接收和解码界面

秒后,用手摸假负载,如果发热说明有焊错引起的意外发射,应及时断电诊断。连接 8 Ω 普通耳机,上电后会听到哗哗的底噪声,说明声音放大部分工作正常。接收测试,在之前工作全部正常的情况下,开始测试接收电路,取下假负载,上电听底噪声,再接上天线,听底噪声,如果两者声音有很大区别(接天线底噪声大很多),则说明基本正常。发射测试,接假负载,在未接 Wi-Fi 模块的情况下,JP$_1$ 插上跳线帽(短路),接入手动电键,上电。此时点击电键就会进入发射状态,未发射状态的电流会在 50 mA 左右,发射状态的电流会在 400 mA 左右,发射一段时间后假负载明显发热为正常。注意不可以长时间连续发射。

图 2-6-15　空中距离约 20 km

天线是短波发射接收机的关键,要求使用频率在 7 MHz、阻抗 50 Ω、驻波比在 1.5 以下的天线,实际用的是水平架设的 GP 天线。

我们在相距 20 km(如图 2-6-15)的武汉大学电子信息学院实验中心和武汉工程大学电气信息学院实验中心之间成功进行通信,取得了非常好的效果。表2-6-1给出了测试不同信号的效果。

表 2-6-1　测试效果

信号类型	码率	效果
莫尔斯码	随机发射接收	很好
二进制	4K	良好
BCD 码	4K	良好
语言编码信号	8K	清晰

7　实验报告要求

(1) 根据案例要求完成短波发射接收机的原理设计的分析。

（2）电路设计与参数选择：通过软件仿真论证参数的可行性，并对参数进行微调。

（3）完成电路静态和动态测试，包括：

① 本振和振幅调制电路、缓冲放大电路、低频放大电路、滤波匹配网络；

② 混频电路、功率放大电路；

③ 前置滤波网络电路和小信号放大的测试；

④ 静音电路及 Wi-Fi 模块电路的测试；

⑤ 统调。

（4）实验数据记录：包括数据表格和示波器得到的波形图，发射接收信号的波形。

（5）数据处理分析。

（6）实验结果总结。

8 考核要求与方法

（1）基本要求及提高要求：基本要求实现图 2-6-1 短波发射接收机的功能，使用实验室仪器测试发射接收机的静态电流、发射最大电流、发射最大功率、中心频率及接收机灵敏度等；

（2）实物验收：完成"实验内容与任务"与性能指标的程度、进度，处理故障的能力；

（3）实验质量：电路方案的合理性、焊接质量、组装工艺；

（4）自主创新：自主思考与独立实践能力，电路设计的创新性；

（5）实验数据：测试数据、测量波形、对故障的分析及失真的分析；

（6）实验报告：实验报告的规范性与完整性。

表 2-6-2 实验结果考核表

要求	内容	得分
基本要求	设计发射机部分	20
	设计接收机部分	30
	达到指标要求	10
提高要求	Wi-Fi 模块控制发射接收	10
	完成 20 km 的莫尔斯码、二进制码、语音 PCM 编码信号	10
实验报告	实验报告	20

9 项目特色或创新

（1）采用高频(通信)电子线路的基础电路进行单元电路设计和系统构建，易于低年级学生理解；

（2）实现方法多样，具有很强的工程背景，深受学生喜爱；

（3）手机 App 连接，具有移动互联网络控制功能，引入互联网＋短波发射接收机的应用，放弃了电脑，且方便进行野外教学实验及远程教学；

（4）方案获得实用新型专利授权：一种具有网络控制的微功耗等幅电报收发机，专利号 ZL201721020714.4。

2-7　FIR 滤波器的设计及实践(2019)

实验案例信息表

案例提供单位	长沙理工大学电气与信息工程学院		相关专业	电子信息工程	
设计者姓名	文 卉	电子邮箱	1069478930@qq.com		
设计者姓名	贺科学	电子邮箱	hekexue@126.com		
相关课程名称	数字信号处理	学生年级	大三	学时(课内＋课外)	2+4
支撑条件	仪器设备	电脑及相关设备			
	软件工具	Matlab,CCS			
	主要器件	电脑配套麦克风,耳机等			

1　实验内容与任务

以 Matlab 为平台,含高频噪声的声音信号为实验对象,设计一个能够有效滤除噪声的 FIR 滤波器(通带内最大衰减不大于 1 dB,阻带最小衰减不小于 40 dB),还原声音信号。

1) 基本任务

(1) 分析带噪声音信号的频谱,选择合适的滤波器(低通、高通、带通、带阻),确定通带边界频率,阻带截止频率,选用合适的窗函数进行设计;

(2) 绘制所设计滤波器的频率响应曲线,增加滤波器阶数,观察频率响应和滤波效果的变化。

2) 拓展任务

(1) 保持阶数不变,采用满足设计要求的其他窗函数进行设计,观察频率响应和滤波效果的变化,分析以上不同现象产生的原因;

(2) 利用 C 语言编写相关滤波器参数移植的底层文件,在 DSP 上实现滤波器滤波前后信号的对比。

2　实验过程及要求

(1) 了解声音信号文件的编码和采样频率,用 Matlab 编程播放。

(2) 掌握窗函数设计的方法,了解窗函数设计的原理,了解不同窗函数的特点。

(3) 用 Matlab 绘制带噪声音信号的频响曲线,分析并确定滤波器的类型(低通、高通、带通、带阻);根据阻带衰减指标,选用合适的窗函数;在满足过渡带指标的基础上,设计符合第一类线性相位的滤波器,并确定其阶数。

(4) 对带噪声音信号滤波,绘制滤波后声音信号的频谱,并播放。

(5) 增加滤波器阶数,绘制滤波器频响曲线,观察通带及阻带衰减和过渡带宽度的变化;播放滤波后的声音信号,观察波形的变化;保持阶数不变,换用不同的窗函数进行设计,绘制滤波器频响曲线;播放滤波后的声音信号,观察波形的变化。

(6)根据实验现象分析不同实验结果产生的原因。

(7)撰写设计总结报告,并通过分组演讲,分享对 FIR 滤波器设计的认识,以及对实验现象的解释。

3 相关知识及背景

FIR 滤波器具有非递归性,且稳定性好、精度高,更重要的是,FIR 滤波器在满足幅频响应要求的同时,可以获得严格的线性相位特征。因此,它在高保真的信号处理,如数字音频、图像处理、数据传输等领域得到广泛应用。

本实验利用设计的 FIR 滤波器对含噪音的语音信号进行去噪处理,是用数字信号处理技术解决生活实际问题的典型案例,要求学生掌握线性相位 FIR 数字滤波器的条件和特点,理解用窗函数法设计 FIR 数字滤波器,以及窗函数类型选择,频率响应函数构造等具体概念与方法,同时熟练掌握用 Matlab 编写相关程序,进行实验仿真。

4 教学目标与目的

通过对带噪声音信号的处理,掌握 FIR 滤波器的设计流程,培养学生用 Matlab 辅助工程设计的思维。引导学生将理论知识运用到实际工程中,解决实际问题。通过对实践过程所遇到问题的分析,进一步深化对理论知识的理解。

5 教学设计与引导

本实验的过程是一个理论性很强的实践工程,需要经历理论学习、问题分析、系统设计、实际调试、结果分析、设计总结等过程。在实验教学中,应在以下几个方面加强对学生的引导:

(1)学生应在实验课之前预习 Matlab 软件的使用,学习用 Matlab 进行数字信号分析的基本方法,熟悉 Matlab 语言,会编写基本的 Matlab 程序。

(2)不同格式的声音信号文件的编码及采样方式都存在一定的差异,根据不同采样频率确定频谱分析的范围及频谱分辨率,声音信号文件的采样频率值和频带宽度信息由教师提供。

(3)实验针对解决一段声音信号的高频噪声的具体问题,结合“数字信号处理”课程的滤波器设计理论,学会采用窗函数法设计符合要求的 FIR 数字滤波器。一方面旨在教授学生从理论到实践的方法。另一方面通过改变滤波器阶数的实验现象,引导学生深入思考吉布斯效应;换用不同窗函数,分析滤波器性质的变化,引导学生从窗函数性质上分析实验现象,教授学生如何从实践再回到理论,加深学生对课堂理论知识的理解。

(4)实验的重点落在滤波器设计过程的教学和滤波器原理的再巩固上,声音信号的选取和载入的程序可由教师提供。

(5)实验完成后,对滤波器频响曲线和声音信号播放质量进行检查,组织学生以项目演讲、答辩、评讲的形式进行交流,引导学生从理论到实践,将课堂上学到的数字信号处理的知识,运用到实际的数字信号处理工程中;提升学生处理工程实践问题的能力。

6　实验原理及方案

1）实验原理

用窗函数法设计滤波器是先给出理想频率响应 $H_d(e^{j\omega})$，用 N 点 FIR 滤波器的 $H(e^{j\omega})$ 去逼近 $H_d(e^{j\omega})$。FIR 滤波器的设计任务是选择有限长度的 $h(n)$，使传输函数 $H(e^{j\omega})$ 满足技术要求。即

$$H(e^{j\omega}) = \sum_{n=0}^{N-1} h(n)\,e^{j\omega_n} \tag{1}$$

理想频率响应 $h_d(n)$ 通过傅里叶反变换获得，一般来说，理想频率响应 $H_d(e^{j\omega})$ 是分段常数型的，在边界频率处有突变点，所以，这样得到的理想单位脉冲响应 $h_d(n)$ 一定是无限长序列，而且是非因果的，而能实现的 $h(n)$ 只能是因果的、有限长序列，所以要对 $h_d(n)$ 进行截断。

$$h_d(n) = \frac{1}{2\pi}\int_{-\omega_c}^{\omega_c} H_d(e^{j\omega})\,e^{j\omega_n}\,d\omega \tag{2}$$

怎样用一个有限长序列 $h(n)$ 来逼近无限长的 $h_d(n)$ 呢？

最简单的办法是直接截取一段 $h_d(n)$ 代替 $h(n)$。这种截取可以形象地想象为 $h(n)$ 是通过一个"窗口"看到一段 $h_d(n)$。因此，$h(n)$ 也可表示为 $h_d(n)$ 和一个"窗函数" $\omega(n)$ 的乘积，即：

$$h(n) = h_d(n) \cdot \omega(n) \tag{3}$$

窗函数设计法是从单位脉冲响应着手，使 $h(n)$ 逼近理想的单位脉冲响应序列 $h_d(n)$，$\omega(n)$ 是引起时域误差和频域误差的根本原因，因此，窗函数 $\omega(n)$ 序列的形状和长度是非常关键的选择。

下面以一个截止频率为 ω_c 的线性相位理想低通滤波器为例，讨论 FIR 的设计问题。给定的理想低通滤波器为

$$H(e^{j\omega}) = \begin{cases} e^{-j\alpha\omega}, & |\omega| < \omega_c \\ 0, & |\omega| \geqslant \omega_c \end{cases} \tag{4}$$

式中，α 为滤波器的群延迟时间（平均延迟时间），ω_c 为低通滤波器的通带截止频率。

2）实验步骤

第一步，根据离散时间傅里叶反变换计算 $h_d(n)$

$$\begin{aligned} h_d(n) &= \frac{1}{2\pi}\int_{-\pi}^{\pi} H_d(e^{j\omega})\,e^{j\omega_n}\,d\omega \\ &= \frac{1}{2\pi}\int_{-\omega_c}^{\omega_c} e^{-j\alpha\omega}\,e^{j\omega_n}\,d\omega \\ &= \frac{\sin[\omega_c(n-\alpha)]}{\pi(n-\alpha)},\ \alpha = \frac{N-1}{2} \end{aligned} \tag{5}$$

第二步,用 $\omega_R(n)$ 截取 $h_d(n)$,$h(n) = \omega_R(n) \cdot h_d(n)$。

第三步,检验 $h(n)$ 的频率特性,由于 $h(n) = \omega_R(n) \cdot h_d(n)$,所以,$H(e^{j\omega}) = \frac{1}{2\pi} \omega_R(e^{j\omega}) \cdot H_d(e^{j\omega})$,其中 $\omega_R(e^{j\omega})$ 是矩形窗函数的频率特性。检验滤波器指标,如指标不满足要求,增加滤波器阶数或换用其他窗函数。

3) 实现方案

见图 2-7-1。

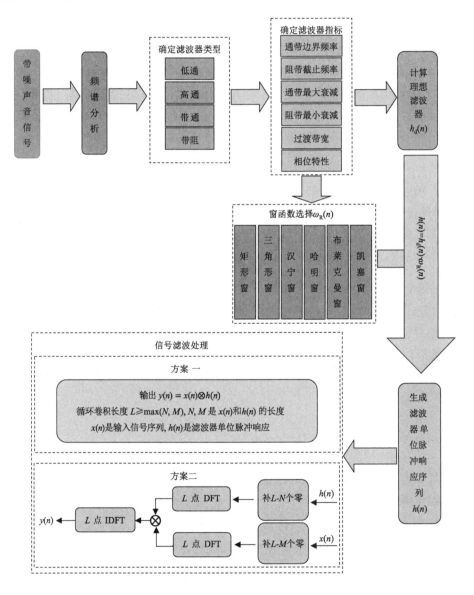

图 2-7-1　实现方案

首先,要将带噪声音信号载入 Matlab,用 FFT 算法对声音信号进行离散傅里叶变换,分析频谱,确定噪声的频带范围,以及所需的滤波器类型。然后,再根据纯净声音信号和噪声的频带范围,确定滤波器的通带边界频率,阻带截止频率,过渡带宽,通带最大衰减(已给出)

和阻带最小衰减(已给出),使得纯净声音信号能完整还原。

接着,根据阻带最小衰减,选择窗函数的类型,所选窗函数阻带最小衰减的绝对值应大于目标阻带最小衰减的绝对值。然后,根据目标过渡带宽确定滤波器的阶数,所选窗函数的过度带宽应小于目标带宽。再确定所需滤波器的理想频率特性方程,对此方程进行傅里叶反变换,得到理想滤波器单位脉冲响应 $h_d(n)$,再给 $h_d(n)$ 加窗函数得到 $h(n)$。

最后,由 $h(n)$ 对声音信号实现滤波处理。第一种方案是用 N 点的 $h(n)$ 与 M 点的输入声音信号序列 $x(n)$ 进行循环卷积计算,卷积长度不小于 $L = \max(M, N)$ 即可,卷积和即为滤波输出结果。第二种方案是先将 $x(n)$ 和 $h(n)$ 分别补 $L-M$ 个零和 $L-N$ 个零,再进行 L 点的 DFT,求得 $X(k)$ 和 $H(k)$,再将 $Y(k) = X(k) \cdot H(k)$ 进行 L 点 IDFT 即可求得滤波后的声音序列 $y(n)$,使用 DFT 求循环卷积将大大提高运算速度。

实验的拓展部分,将改变滤波器阶数 N 并换用不同的窗函数,设计过程仍按照以上流程,观察实验现象,尤其注意滤波器频率响应曲线的过渡带带宽,阻带和通带尖峰的变化情况。

我们可以利用 C 语言编写相关滤波器参数移植的底层文件,在 DSP 上实现滤波器滤波前后信号的对比。

7 教学实施进程

1) 任务安排

以 Matlab 为平台,含有高频噪声的声音信号为实验对象,设计一个能够有效滤除噪声的 FIR 滤波器(通带最大衰减不大于 1 dB,阻带最小衰减不小于 40 dB),还原声音信号。

2) 预习自学

熟悉 Matlab 编程环境,预习用窗函数法设计 FIR 滤波器的原理与步骤。

3) 分组研讨

针对带噪声音信号处理的问题,结合所学的数字信号处理的理论知识,交流解决方案。

4) 现场教学

将 Matlab 与 FIR 滤波器的设计相结合,通过现场讲解 FIR 滤波器设计步骤,观察仿真结果和滤波结果,从而加深对 FIR 滤波器设计的原理理解。

5) 现场操作

由老师提供 FIR 滤波器的部分指标及声音信号的载入程序,学生根据对 FIR 滤波器理论理解,计算出合理的 FIR 滤波器参数,编写 Matlab 程序。重点要求能够正确绘制加噪声音信号和滤波后声音信号的时域波形和频谱;改变滤波器阶数 N 及换用不同的窗函数,对比滤波器频响曲线通带及阻带尖峰和过渡带带宽的变化。

6) 结果验收

播放经过 FIR 滤波器处理后的语音信号,与原声音信号进行对比分析;能结合所学理论知识对不同的实验结果进行分析。

7) 总结演讲

通过学生分组演讲,老师点评,分享 FIR 滤波器设计的心得体会。

8) 报告批改

按照实验要求完成相关的实验任务,并得出相关的实验结果(包括图形结果);总结本次实验结果,按照实验报告格式要求,书写实验报告。

8 实验报告要求

实验报告需要反映以下工作:

1) 实验方案论证

体现 Matlab 辅助工程设计的思想,通过 Matlab 分析信号频谱,确定解决方案。

2) 理论推导计算

分析声音信号频谱,确定所需滤波器的理想函数模型,通过离散时间傅里叶反变换确定 $h_d(n)$,乘以合适的窗函数得到 $h(n)$,再对 $h(n)$ 进行离散时间傅里叶变换得到最终滤波器的频率响应函数 $H(e^{j\omega})$,与所需滤波器模型 $H_d(e^{j\omega})$ 进行比较。

3) 实验数据记录

记录加噪信号和滤波后信号的时域和频域图形,以及改变阶数 N 和换用不同窗函数时滤波器的频响曲线。

4) 数据处理分析

观察带噪声音信号中,信号和噪声所处的频带范围,选择合适的滤波器。观察滤波前后的信号频谱,分析噪声是否被滤除。观察改变阶数 N 和换用不同窗函数时滤波器的频响曲线,了解吉布斯效应和不同窗函数的特点。

5) 实验结果总结

总结 FIR 滤波器设计的一般步骤,分析实验过程所遇的问题,简述对理论知识新的理解。

9 考核要求与方法

1) 实验考核要求

(1) 要求学生在规定的两学时内完成实验任务;

(2) 要求所设计的滤波器能够有效地滤除噪声,还原声音信号;

(3) 能够准确地绘制滤波器前后声音信号的时域和频域曲线,以及滤波器的频率响应曲线;准确地绘制改变阶数 N 和换用不同窗函数时滤波器的频响曲线;能够结合所学理论知识解释实验现象。

2) 实验考核方法

(1) 现场操作:50%;(2) 分组答辩:20%;(3) 实验报告:30%。

10 项目特色或创新

项目的特色在于:项目背景的工程性,知识应用的综合性,实现方法的多样性。

本实验项目的理论与实践紧密结合,反复转化。不同于一般数字信号实验课,单纯地讲授滤波器设计过程,本项目利用实验现象直观地展示滤波效果,使学生参与滤波器设计的每一个细节,将原理讲述贯彻实验课的始终,引导学生知其然也知其所以然。

第三部分

数字电路及数字系统

3-1 虚实结合的计数器应用实验(2017)

实验案例信息表

案例提供单位	大连理工大学		相关专业	电子科学与技术	
设计者姓名	王开宇	电子邮箱	wkaiyu@dlut.edu.cn		
设计者姓名	赵权科	电子邮箱	qkzhao@dlut.edu.cn		
设计者姓名	周晓丹	电子邮箱	xdzhou@dlut.edu.cn		
相关课程名称	数字电路与系统实验	学生年级	大二	学时(课内＋课外)	12(9＋3)
支撑条件	仪器设备	大连理工大学远程实体操控数字电路实验箱			
	软件工具	大连理工大学远程实体操控数字电路实验箱远程操作系统 大连理工大学虚实结合实验教学考核系统 大连理工大学国家级虚拟仿真实验教学中心实验教学管理系统 大连理工大学国家级虚拟仿真实验教学中心实验室安全考核系统			
	主要器件	计数器、FPGA 芯片、显示数码管、显示译码器、开关、导线			

1 实验内容与任务

(1)网上预约远程虚实结合虚拟实验位置,并在预约的时间内开始做该实验;

(2)系统随机分发给不同账号学生带有故障的不同进制的计数器虚拟实验 3 个;

(3)学生在预约时间内找到故障计数器的原因,并在学生客户端连线,通过网络实现远程真实实验箱连线测试,远程观看真实实验箱各端口返回的真实波形;

(4)学生一键点对点避免舞弊地提交虚拟实验,如有错误,系统会记录并立即打回给学生重做;

(5)系统会自动判定预习实验的最终成绩并提交给教师;

(6)经过系统随机设计的故障多进制计数器的虚拟实验训练,让学生掌握计数器的多进制同步、异步的不同用法;

(7)学生网上继续预约现场计数器应用实验,随机得到一个不同要求的彩灯控制电路设计题目,可以远程另行预约操作自己的题目;

(8)进入远程实验室安全学习和考核系统,根据正确的实验室安全学习录像,找出错误

学习录像的具体错误位置,并答题,系统自动判定成绩,成绩合格后才可以进入下一步现场实验预约;

(9)在约定时间内,学生到实验室现场做实验,依据现场提供的标准计数器芯片,设计所需进制的计数器,并现场根据教师给出的多路彩灯的不同灯闪变换要求,立即更改电路使其生效,以达到实验教师的要求;

(10)按照计数器标准芯片分组讨论,交流自己实验中遇到的问题和解决的方法,递交实验报告。

2 实验过程及要求

(1)根据故障计数器的电路,进行资料查询,学习计数器、时序逻辑电路的分析方法和设计方法;

(2)通过远程虚拟实验进行自学预习,并找出故障计数器的位置,通过思考和线下与同学讨论,研究不同方法的结果,从而进行正确的设计规划。

(3)通过远程逻辑分析仪观看远程实验的波形,构建正确的实验平台,进行逻辑门器件选择。

(4)完成预习实验报告的数据填入,通过观察波形窗口测试数据,学生账号对教师账号,一键防作弊地提交预习实验报告。

(5)进行实验室安全远程考核,系统测试通过后方可预约现场实验。

(6)预约现场实验,得到不同要求的彩灯控制电路设计题目。

(7)现场连线设计所得题目。

(8)现场根据教师给出的多路彩灯的不同灯闪变换要求,立即更改电路使其生效,以达到实验教师的要求。

(9)分组讨论,交流心得并递交实验报告。

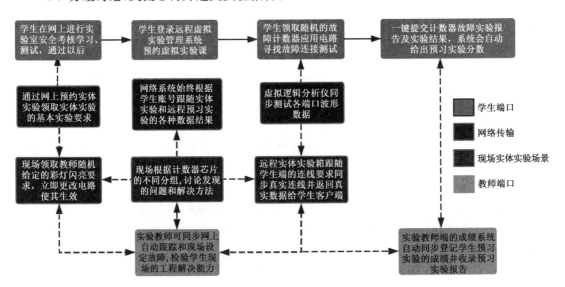

图 3-1-1 实验过程及要求

3 相关知识及背景

这是一个运用远程虚拟实验结合实体实验箱,虚中有实,实中有虚,虚实交互的计数器应用实验。需要运用触发器、计数器和分频器,时序逻辑电路等相关知识与设计方法。锻炼学生灵活应用计数器的实践技能。通过彩灯的不同闪亮变换,随机设置远程虚实结合故障实验和现场实体实验,是采用现代"互联网+"实验的典型工程案例。

4 教学目标与目的

利用较为完整的工程项目,使学生根据随机的故障测试环境与条件,活学活用时序电路的分析和设计方法;培养学生理论联系实际的作风,提高学生解决实际工程故障的能力,增强学生应变能力和综合实践素质。

5 教学设计与引导

本实验是一个比较完整的工程实践过程,需要经历学习研究、故障解决、方案论证、系统设计、实现调试、设计总结等过程。在实验教学中,应在以下几个方面加强对学生的引导:

(1)远程虚实结合的预习是本实验案例的特色。通过带有随时故障的计数器预习实验,解决了学生从理论课堂的原理图过渡到实际芯片应用图的适应盲端,通过自判定与实验成绩的检查,使其重视预习实验的过程。

(2)通过一键点对点的递交预习实验报告,解决了线下学生预习舞弊的现象。虽然无法确定学生独立实验的过程,但通过他们学习讨论预习的过程,也是解决预习舞弊的一种途径。

(3)计数器实验的虚实结合的预习,使线上线下的时间得到有效的利用。通过问题的随机设置,达到引导学生解除计数器各种故障的目的。

(4)通过远程虚实结合实验箱对真实数据的来回传送,可使学生体验实验现场操作的真实性。

(5)通过远程虚实结合的预习实验,使学生能够在远端体验真实实验过程,并严肃认真地履行预习实验的过程,保证预习实验的真实性和正确性,也能扎实、灵活地学习时序逻辑电路的基本概念,了解各种触发器的特性以及分析方法,掌握时序逻辑电路的设计方法,尤其是同步时序逻辑电路的设计方法。更能灵活掌握计数器的各种应用、解除计数器的各种故障,掌握分频器与计数器的关系。了解各种计数器标准芯片的功能和差别,掌握计数器的使用方法,尤其是同步和异步控制的引脚作用。

(6)课堂计数器知识的讲解和方法的引导,在预习实验中可以使学生在线下得到有效的、独立的思考空间。更深一步地去理解理论知识点,从而在工程背景的应用环境下,达到锻炼学生实际工程问题应用能力。

(7)教师现场随机设定彩灯的闪亮效果的过程要求,学生在电路设计、搭试、调试完成后,完成各种实验现象的测试,对照远程操控的逻辑分析仪,掌握用逻辑分析仪测量各种物理量的方法。

(8)在实验完成后,组织学生以项目故障的发现和解除为主题进行讨论评讲,了解不同解除方案及其特点,拓宽知识面。对实验中出现的各种现象进行分析,对不同的故障进行点评。教师根据学生预习成绩、现场应变能力和效果、讨论中的思维变化及反应能力等综合因素给予最终成绩评定并现场公布实验成绩。

6 实验原理及方案

1)系统结构

如图 3-1-2 所示。

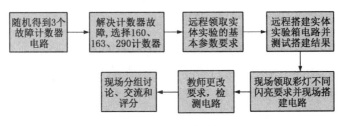

图 3-1-2 系统结构

2)实现方案

时序逻辑电路是指任意时刻系统的输出可能不仅和系统当前的输入有关,还与系统过去的状态有关。由于要记住过去的状态,时序逻辑电路中不仅包含记忆存储器件,并且包含进行逻辑运算的组合逻辑电路。时序逻辑电路的基本结构如图 3-1-3 所示。

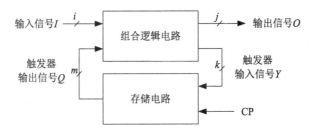

图 3-1-3 时序逻辑电路的基本结构

同步时序逻辑电路的设计步骤为:

(1)从实际问题中进行逻辑抽象,首先确定输入量、输出量以及电路的状态数 M,一般不把时钟信号作为系统的输入量考虑;然后对输入和输出的逻辑状态进行定义,并为电路的每一个状态进行编号,可以先用字符标记;列出电路的状态转换表或者画出电路的状态转换图。

(2)将等价的状态合并,进行状态化简。

(3)对每一个状态指定一个特定的二进制编码,也就是状态编码。首先,要确定状态编码的位数 n,n 与 M 满足下式

$$2^{n-1} < M < 2^n \tag{1}$$

然后要从 2^n 个状态中选择 M 个组合,进行状态编码。编码要考虑电路实现的可靠性以及稳定性。

(4)选定触发器类型,一般选择 D 触发器或者 JK 触发器。触发器数目与状态编码的位

数 n 相同。

（5）根据状态转换图或者状态表，用卡诺图或者其他方式对逻辑函数进行化简，求出电路的驱动方程和输出方程。这两个方程决定了同步时序电路的组合电路部分。

（6）列出逻辑图，并检查设计的电路能否自启动。

下面以八路彩灯控制器为例，说明同步电路的设计流程。八路彩灯控制器的设计要求为：设计一个有八个 LED 输出的彩灯控制器，每隔一段时间，这八个彩灯的输出状态依次按照全亮、全灭、左起偶数个亮、左起奇数个亮、左边四个亮右边四个灭、左边四个灭右边四个亮的次序周而复始地变化。

首先，对要设计的问题进行分析，确定系统有八个输出量 $L_7 \sim L_0$，用"1"表示输出亮，用"0"表示灭，系统有六个状态，分别用 A、B、C、D、E 和 F 表示。原始状态转换图为

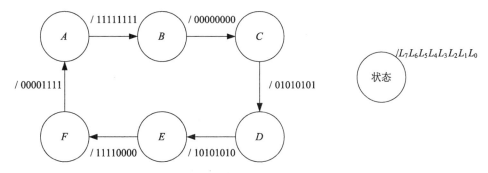

图 3-1-4　八路彩灯控制器原始状态转换图

此电路不需要进行状态化简。根据式（1）可知，$M = 6$，则 $n = 3$，六个状态需要三位的状态编码，将这六个状态采用基本的二进制编码，状态转换表如表 3-1-1 所示。

表 3-1-1　八路彩灯控制器状态转换表

时钟 CP 的次序	现态			次态			输出							
	Q_2^n	Q_1^n	Q_0^n	Q_2^{n+1}	Q_1^{n+1}	Q_0^{n+1}	L_7	L_6	L_5	L_4	L_3	L_2	L_1	L_0
0	0	0	0	0	0	1	1	1	1	1	1	1	1	1
1	0	0	1	0	1	0	0	0	0	0	0	0	0	0
2	0	1	0	0	1	1	0	1	0	1	0	1	0	1
3	0	1	1	1	0	0	1	0	1	0	1	0	1	0
4	1	0	0	1	0	1	1	1	1	1	0	0	0	0
5	1	0	1	0	0	0	0	0	0	0	1	1	1	1

选择 D 触发器，共需要三个触发器。根据表 3-1-1 绘制出电路的次态卡诺图，如图 3-1-5 所示，由图可以得出各个触发器的次态表达式，即 Q_i^{n+1} 表示成 Q_i^n 和 $\overline{Q_i^n}$ 的组合（$i=0$，1，2）。由于 D 触发器的状态方程比较简单，增加一项，改写为式（2）～式（4）。实际上，式（2）～式（4）左边的等号两边为 D 触发器状态方程，右边等号两边为驱动方程。

$$Q_2^{n+1} = D_2 = Q_1^n Q_0^n + Q_2^n \overline{Q_0^n} \tag{2}$$

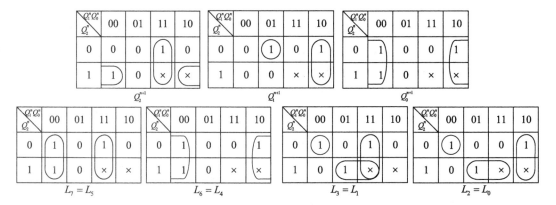

图 3-1-5 八路彩灯控制器次态和输出的卡诺图

$$Q_1^{n+1} = D_1 = \overline{Q_2^n}\,\overline{Q_1^n}Q_0^n + Q_1^n\,\overline{Q_0^n} \tag{3}$$

$$Q_0^{n+1} = D_0 = \overline{Q_0^n} \tag{4}$$

同样的道理,可以得到输出方程,

$$L_7 = L_5 = Q_1^n Q_0^n + \overline{Q_1^n}\,\overline{Q_0^n} \tag{5}$$

$$L_6 = L_4 = \overline{Q_0^n} \tag{6}$$

$$L_3 = L_1 = Q_1^n Q_0^n + \overline{Q_2^n}\,\overline{Q_1^n}\,\overline{Q_0^n} + Q_2^n Q_0^n \tag{7}$$

$$L_2 = L_0 = Q_1^n\,\overline{Q_0^n} + \overline{Q_2^n}\,\overline{Q_1^n}\,\overline{Q_0^n} + Q_2^n Q_0^n \tag{8}$$

电路的时序仿真图如图 3-1-6 所示。

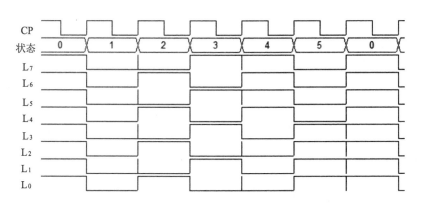

图 3-1-6 八路彩灯控制器时序仿真图

当然本题目也可以采用 JK 触发器实现。总之,如图 3-1-7 可以看到系统中需要的器件比较多。由于状态编码时就是连续的二进制编码,也可看作计数器的计数值,可以考虑由计数器完成状态方程和驱动方程的实现。同时,考虑到输出方程都是三个变量的逻辑表达式,可以考虑用 3-8 译码器取代门电路实现最小项的非,再用与非门实现输出的逻辑表达式,如图 3-1-8 所示。

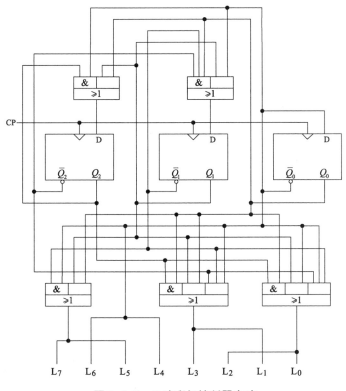

图 3-1-7 八路彩灯控制器电路

图 3-1-8 是用仿真软件构成的八路彩灯控制器的实现电路图。

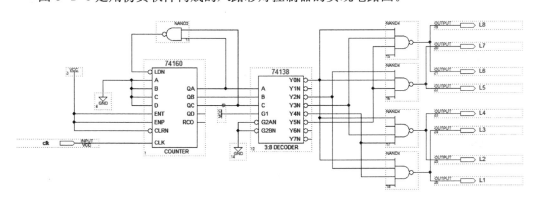

图 3-1-8 八路彩灯控制器的仿真实现电路

7 教学实施进程

（1）通过课前网上虚拟实验选课、网上虚拟实验预习,为该实验的理论课和实验课的衔接工作做准备,方便学生对该实验项目中涉及的概念、方法和技巧进行预习和自学。

（2）通过网络虚拟实验预习,可以现场操作基于真实实验场景的虚拟实验,既可以远程操作虚拟实验,也可以到现场做该实验的验证。

```
┌──────────┐   ┌──────┐   ┌──────────┐   ┌──────────────┐   ┌──────────┐   ┌──────────┐   ┌──────────┐
│ 学习时序 │   │      │   │          │   │ 观察虚拟实验 │   │ 实验室安 │   │ 现场实验 │   │ 组织实验 │
│ 逻辑电路 │→ │ 选件 │→ │ 做虚拟   │→ │ 波形         │→ │ 全远程考 │→ │ 核对实验 │→ │ 讲评和交 │
│ 设计方法 │   │      │   │ 实验预习 │   │ 递交数据报告 │   │ 核测试   │   │ 数据     │   │ 流       │
│          │   │      │   │          │   │ 自动判定成绩 │   │          │   │ 递交实验 │   │          │
│          │   │      │   │          │   │              │   │          │   │ 报告     │   │          │
└──────────┘   └──────┘   └──────────┘   └──────────────┘   └──────────┘   └──────────┘   └──────────┘
```

图 3-1-9　教学实施进程

图 3-1-10　任课老师分配课程、编辑课程资料界面

图 3-1-11　任课教师设定选课时间段

图 3-1-12　任课教师修改选课学期

图 3-1-13　任课教师、学生信息、成绩导入界面

图 3-1-14　数字电路虚拟实验选课预约系统　　图 3-1-15　大连理工大学研制的虚实结合实验箱

　　如图 3-1-15 所示,该实验箱模块是可拆卸的,芯片是 FPGA 下载定制的数电、单片机通用实验箱。

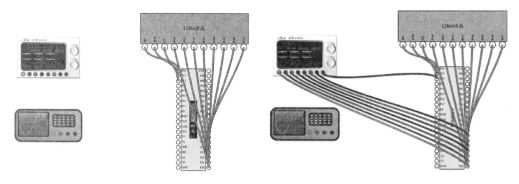

图 3-1-16　教师在做实验前可以定制相应的　　　图 3-1-17　远程操作的计数器虚拟实验，
　　　　　　芯片，下载并设置成所需的芯片　　　　　　　　　学生可观看操作的界面

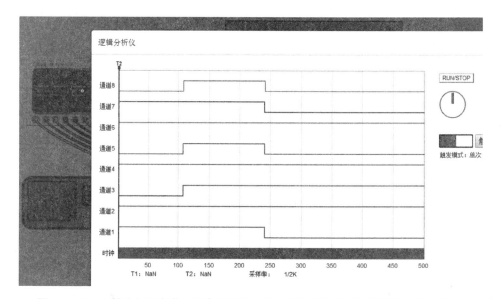

图 3-1-18　逻辑分析仪在学生客户端可显示来自实验室真实实验箱测量的数据结果

（3）为了更加逼近真实实验场景,大连理工大学虚拟实验室还为数字电路实验设置了 3D 虚拟实验,让学生更接近实际地去做实验,可 360°观看实验。

图 3-1-19　3D 数字电路计数器虚拟实验

图 3-1-20　3D 计数器虚拟实验显示界面

（4）客户端学生做完虚拟实验以后，所得的成绩会自动上传到大连理工大学国家级虚拟仿真实验教学中心服务器，无法作弊，并能在教师界面直接看到学生虚拟实验、预习实验的结果和成绩。

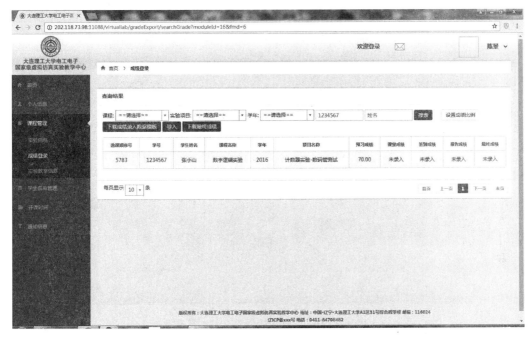

图 3-1-21　教师端看到的学生数字电路计数器虚拟实验自动上传的成绩

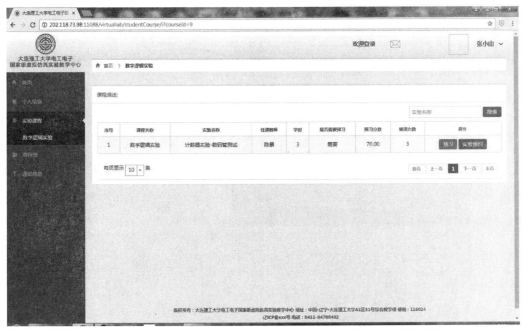

图 3-1-22　客户端学生做完数字电路计数器虚拟实验自动生成的成绩
（后台已经同时上传到中心服务器）

（5）学生在该计数器实验中遇到的问题,既线上请助教答疑,也可以带到实验课堂,在实验交流环节提出,与大家讨论,对实验方案进行进一步的完善和比较。

（6）在学生进入实验现场进行真实操作之前,要在网上进行该实验的实验室安全学习和考试,考试采取场景鼠标或触屏停止安全录像,按对了,录像才停,同时答对安全试题以后才能得到正确的分数,达到80分以上才可以允许选择实体实验的权利。

图 3-1-23　远程实验室安全考核系统

（7）在现场操作时,教师对出现的现象进行提问。有故障的进行故障原理的提问,对于没有故障的,可以设置故障,让学生在规定的时间内完成改正。

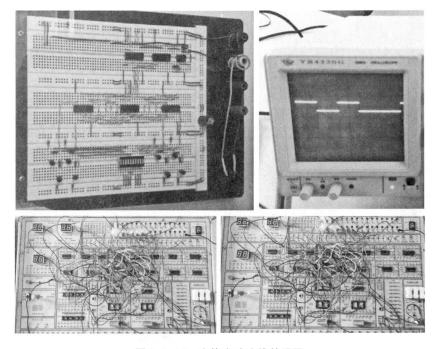

图 3-1-24　实体实验连线效果图

（8）总结实验现象中遇到的问题和解决的方法,分析原理和实际问题的区别。

8 实验报告要求

需要学生在实验报告中反映的工作一般有:实验需求分析、实现方案论证、理论推导计算、设计仿真分析、电路参数选择、实验过程设计、数据测量记录、数据处理分析、实验结果总结等。本实验报告需要反映以下工作:

1) 实验原理论述

主要考查学生对时序逻辑电路设计原理的理解。应该首先确定设计电路是同步时序逻辑电路还是异步时序逻辑电路,因为这两种电路的设计思路和步骤不同,概念和电路的特点也不同,需要阐明道理。同步时序逻辑电路就是所有触发器共用一个触发信号源 CP,优点是所有触发器的状态同时刷新,信号延迟时间短,缺点是结构复杂。异步时序逻辑电路就是所有触发器没有共用一个 CP 源,优点是结构简单,缺点是触发器状态刷新不同步,信号延迟可能会累积从而出现状态异常。

2) 实现方案论证

要考虑设计方案的正确性、稳定性、实现的难易程度以及成本等因素。设计方案要言之成理,思路清晰。

3) 理论推导计算

理论推导要严谨、有步骤,要注意推导方法的准确性。

4) 原理电路设计

电路设计要考虑实现的难易程度,以及工程实践中的各种问题,包括可靠性、稳定性以及抗干扰和自启动等问题。

5) 电路测试方法

掌握电路的测试方法,示波器的正确使用方法和记录方法。

6) 实验数据记录

记录数据要注明数量和单位以及具体时间,并考虑测量误差问题。

7) 数据处理分析

处理实验数据时要注意处理方法的正确性和数据的准确度,需要绘制图表的得选取合适的坐标,标明变量和函数名称、曲线名称,原始数据要足够多,并在曲线中标出。

8) 实验结果总结

对于实验现象要科学记录,分析现象的成因,对于有疑问的现象要深入思考,查阅资料,争取给出合理的解释。实验报告要纸质版和电子版两种,纸质版要求记录好实验的原理、实验过程和结论。电子版主要记录远程虚拟实验的波形图和现场实验的仪器波形图,作为实验依据。

9 考核要求与方法

（1）课前预习回答基本问题,按照 10% 评价。

（2）预习报告占总成绩的 10%,主要考查设计方案的完整性、正确性和规范性。

（3）实验操作占 60%,主要考查学生对实验设备操作的熟练程度,是否能正确处理实验中的故障,以及对实验现象的正确解读。

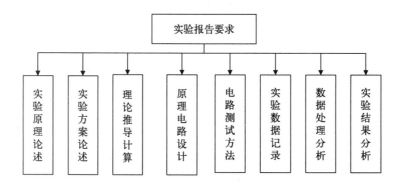

图 3-1-25　实验报告要求框图

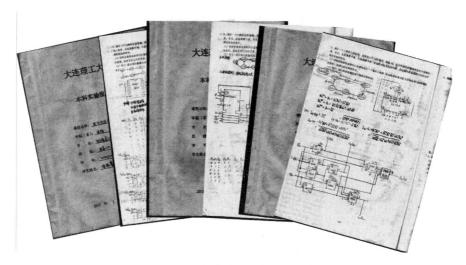

图 3-1-26　实验报告有纸质版和电子版的两种

（4）设计创新占 20%。

10　项目特色或创新

项目的特色在于：项目背景的工程性,知识应用的综合性,实现方法的多样性。

将虚拟实验和真实实验相结合,把时序逻辑电路中重点的概念和方法融会贯通,将基本电路的构成、综合电路的设计和分析放到一个案例中,从知识的综合性、工程的实践性方面看,都是一个经典的课程案例。

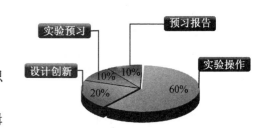

图 3-1-27　考核要求与方法

3-2　LED 点阵的旋转显示设计(2017)

实验案例信息表

案例提供单位	华中科技大学		相关专业	电信、通信、电子	
设计者姓名	吴建新	电子邮箱	wujx@hust.edu.cn		
设计者姓名	汪小燕	电子邮箱	wangxy@hust.edu.cn		
相关课程名称	电子线路设计·实验·测试	学生年级	大三上	学时(课内+课外)	16+16
支撑条件	仪器设备	示波器、信号源、电源、计算机、电工工具			
	软件工具	Protel、ISE、Verilog 语言、串口助手、手机 App			
	主要器件	贴片 LED、贴片电阻、PCB 板、蓝牙模块、电机、FPGA 开发板			

1　实验内容与任务

根据所学的电工与电子技术知识,采用电机驱动 LED 平面点阵屏旋转,用 Xilinx 公司的 FPGA 开发板作为主控模块,实现二维 LED 平面点阵屏显示 3D 图形。

1) 基本要求

(1) 应用 Protel 软件,设计硬件平台所需的 PCB 板。

(2) 搭建实验硬件平台,包括底座、电机、转盘、LED 点阵,FPGA 开发板、电源等。

(3) 在 ISE 软件中调试 Verilog 代码程序,对图形进行仿真与分析。

(4) 采用 FPGA 开发板作为主控模块,下载、测试与实现一种动态 3D 显示,要求每一个图形结果显示不一样。

2) 扩展要求

(1) 通过编程改变所显示的图形,在 LED 平面上动态显示两种不同光立方图形。

(2) 设计实现与平面旋转的 2D 图形相比,除有平面旋转的 2D 图形功能外还有像光立方一样的两种不同立体图形。

(3) 与立体旋转的 LED 列相比,除有立体旋转的 LED 列功能外还具有像光立方一样的两种不同的 3D 显示效果。

3) 提高要求

(1) 通过无线串口通信,用上位机控制 LED 平面点阵屏上的 3D 显示图形。

(2) 应用手机 App 控制 3D 图形显示。

4) 创新要求

自主选择实现方法,自主发挥创新,3D 显示的实验结果图形可以多样性。

2 实验过程及要求

（1）根据实验教学内容，在实验课前预习和查询相关资料及背景，对实验的理论知识有一个初步的了解。

（2）按照在实验课中所讲知识，掌握 ISE 的使用过程及 Verilog 语言的编程技巧。熟悉用 Protel 进行 PCB 板的制作，设计符合实验系统方案的 LED 点阵电路图。

（3）在实验课外，分析实验工作原理，选择合理的方案，设计实验系统框架结构图。

（4）搭建硬件平台时，要求电机转速与 LED 屏的扫描频率相匹配；底座的稳定性高；转盘的平衡性好。

（5）编写程序采用层次化的设计方法。首先设计子功能模块，然后将各子功能模块组成系统进行仿真与分析。

（6）使用串口调试助手软件，用 AT 指令集对蓝牙模块进行参数设置，保证发送和接收数据信息正确。

（7）实验验收要求有作品、工程文件、设计总结报告、视频、PPT、答辩等。

3 相关知识及背景

本实验是利用电工和电子技术解决现实生活和工程实际问题的典型案例。机场、车站、商场等二维 LED 屏信息显示有一定的局限性，一般需要正面观看，如果超过一定的角度，屏幕显示的效果就会大大减弱，甚至看不到屏幕显示的内容，同时这些二维平面的显示系统也由于丢失了第三维深度使得信息看起来缺乏立体感，本实验正是为改进这些缺陷而进行设计的。

4 教学目标与目的

推动实验课程在 FPGA 新技术方面的教学活动开展，为学生提供实践工程平台和实训机会，培养电类专业学生在电子系统与 FPGA 新器件上运用多门课程知识的综合设计能力、自主创新能力以及就业竞争能力。

5 教学设计与引导

本实验是一个多层次、逐步提升的综合性实验，涉及的知识点比较多。首先，根据实验内容在课前分析需求、收集信息、查阅文献，学习和实验有关的基本原理，自主设计初步的实施方案；其次，在方案论证时，需要考虑系统的抗干扰、功率功耗、成本及性价比；最后，写出预习报告。在实验教学设计中，可以从以下几方面加强对学生的讲解和引导。

1）硬件方面

（1）介绍设计加工底座的一般方法。设计时，底座要平，和桌面接触要多；底座要重，否则转盘旋转可能引起系统振动。

（2）讲解电机的工作原理，引导学生选用电机时要考虑功率、功耗、性价比等问题。

（3）关于转盘的选择，引导学生选用材质轻的，可以减小电机功耗，但又要有硬度的转盘，因为转盘承载着开发板、电源、LED 点阵屏。在转盘上安放它们时，要保持重量平衡，紧贴转盘。

(4) 讲解常用的几种二极管的优缺点。引导学生选择贴片二极管时,要注意其尺寸大小及功耗。焊接贴片二极管时,要注意每个贴片 LED 的正负极方向,正反两面焊盘间的孔连通问题。

(5) 在硬件平台设计、搭建完成后,需要用标准仪器设备进行实际测量,调试相关参数,讨论验证硬件设计方案的合理性。

2) 软件方面

(1) 讲解 Protel 软件,其中布局是一个重要的环节,布局合理或好坏直接影响布线的效果。讲解设计双面 PCB 板的好处。

(2) 介绍 ISE 的使用和编程技巧。根据预习报告提出的软件设计方案,仔细分析、相互讨论每个方案的可行性和优缺点,选取最优方案。引导学生编程时采用分层次电路设计,将系统分解成若干个子模块,分别对每个子模块建模,明确每个子模块的功能,然后整合子模块组成一个总模块,完成系统功能。

(3) 在进行图形编写设计时,若是二维的图形,可以在代码和仿真中直接看到图形效果,若是三维图形,最好先画一份图纸,然后根据图纸进行编写,学会从仿真结果中分析问题,否则容易出错。另外图形设计时,还要根据实际的管脚分配和行列控制情况来编写,否则就会和最初设计的图形差别很大。

(4) 由于电机加上负载之后的转速并不是电机厂商所给的转速,一般要通过上电测试,测出一个可以稳定显示的图形,然后根据该稳定图形的频率得到加负载后电机的转速,最后根据该转速确定其他频率的图形所需的数据。

(5) 学习蓝牙串口调试助手,引导设置自动配对两个蓝牙模块,其中注意配对密码、波特率、校验位、停止位等参数。

3) 验收方面

(1) 根据所做的实验内容,现场演示完成的实验作品。

(2) 打开工程文件,讲解随机抽查所编写的代码。

(3) 检查设计性总结报告。

(4) 制作视频、PPT,参加校园杯比赛。

6 实验原理及方案

根据视觉暂留的原理,通过传输多边形描述符并旋转电子装置,以不同的角度显示多个截面图像可以得到三维图像。人眼的视觉暂留时间在 $0.05 \sim 0.2$ s 的范围内,如果用电机带动 LED 点阵屏高速旋转,转动一圈的时间只要小于 0.2 s,从视觉效果上就会形成视觉暂留,如图 3-2-1 所示。

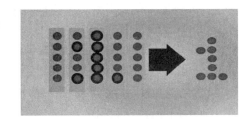

通过图 3-2-1 可以看出,在足够短的时间内,点亮所需显示图形各部分所对应位置的 LED,最终就可以看到完整的图形。该示意图展示的是一

图 3-2-1 视觉暂留原理示意图

列 LED 可以带来的效果,如果使用多列排成一面的 LED 点阵,再加上高速旋转形成一个圆柱形的扫描体,就可以显示三维立体的图形。

本实验的方案设计框图如图 3-2-2 所示。在系统底座支架上安装电机,用直流电源给电机供电。转盘固定在电机上,它上面有 LED 面板、PFGA 开发板、充电电源、蓝牙接收模块。电脑上有蓝牙发送模块。

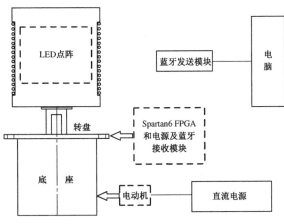

图 3-2-2　系统方案设计框图

在设计的方案中,比较重要的模块有:UART 接收发送模块、图形控制模块、频率控制模块等。

UART 接收发送模块:UART 是异步收发传输模块,它将要传输的数据在串行通信与并行通信之间加以转换,没有传输同步时钟。为了能保证数据传输的正确性,采样模块利用 16 倍数据波特率的时钟进行采样。当并行数据准备好后,如果得到发送指令,则将数据按 UART 协议输出,先输出一个低电平的起始位,然后从低到高输出 8 个数据位,接着是可选的奇偶校验位,最后是高电平的停止位。

图形控制模块:图形是由开发板通过控制 32 个输出管脚的高低电平来控制的,其中 16 个管脚连接到 LED 点阵的正极,剩下的 16 个连接到 LED 点阵的负极,这样就可以控制每个 LED 的亮灭。例如在编写二维字符 HELLO 的代码时,LED0 的低 16 位控制 LED 点阵的正极,高 16 位控制 LED 点阵的负极。二维字符的显示只需要 LED 点阵最外侧一列的扫描,且可以从代码中看出字符的形状。同时可以看到第一个字符 H 的中间一横并不连续,而是间隔的,这是为了减小字符行与列之间的亮度差。

频率控制模块:为了实现视觉暂留,LED 点阵必须以高于 24 Hz 的频率进行扫描,同时不同的图形需要不同的效果,所以每个图形和电机转速的匹配频率不一定相同,本实验中有七个不同的图形,有六个不同的分频模块,有两个图形共用一个频率,其他图形的频率都不相同。

7　教学实施进程

(1)课前阶段。预习自学视觉暂留原理、ISE 开发软件、电机的工作原理、UART 通信协议、PCB 板的制作。

(2)教学阶段。采取互动式教学模式。首先讲解实验内容的基本原理、设计方法、注意事项、重点难点;其次开展互动式讨论;最后形成实施方案。

(3)实验阶段。编写 3D 图形模块,仿真、分析、下载;调试 UART 串口通信;指导和纠正出现的问题;联调和测试系统。

(4)课外阶段。制作 PCB 板、搭建硬件平台、交流编程技巧。

(5)验收阶段。通过 Xilinx 公司资助的华中科技大学 Xilinx 校园杯 FPGA 电子设计大赛进行验收。首先演示实验作品,然后答辩评比。

(6)总结报告。设计性实验报告除规范化外,还要体现自己的特色。

8 实验报告要求

实验报告需要反映以下工作:

(1)实验需求分析;(2)实现方案论证;(3)理论推导计算;(4)电路设计与参数选择;(5)电路测试方法;(6)实验数据记录;(7)数据处理分析;(8)经验与收获;(9)未来展望。

9 考核要求与方法

(1)实物验收:功能与性能指标的完成程度,完成时间。

(2)实验质量:电路方案的合理性,焊接质量、组装工艺。

(3)自主创新:功能构思、电路设计的创新性,自主思考与独立实践能力。

(4)实验成本:材料与元器件选择、成本核算、损耗是否合理。

(5)实验数据:测试数据和测量误差。

(6)实验报告:实验报告的规范性与完整性。

(7)答辩比赛:讲解是否有条理、回答问题是否准确。

10 项目特色或创新

该项目来源于生活,其在视觉效果上能够让人深感耳目一新,能够让作品在众多的平板显示屏之中脱颖而出,为广告设计、媒体宣传界注入了新颖且颇具创意的宣传方式。

(1)可以 360°全视角地显示 3D 图形。

(2)融合了目前流行的三种 LED 产品特点:光立方、平面旋转列、立体旋转列。

(3)让更多不具有专业技能的用户方便地使用。

(4)实现方法及结果具有多样性。

(5)采取课赛结合的方式。

(6)该系统后续还具有很大的开发应用空间和价值,体现在颜色、深度、速度等方面。

3-3 智力抢答器的设计(2017)

实验案例信息表

案例提供单位		山东科技大学		相关专业		电气信息	
设计者姓名		李滢潞	电子邮箱	yinglul@163.com			
相关课程名称		数字逻辑电路	学生年级	大二		学时(课内+课外)	16+20
支撑条件	仪器设备	示波器、万用表、电烙铁、偏口钳、尖嘴钳					
	软件工具	Multisim 13					
	主要器件	面包板、万能电路板、电子元器件					

1 实验内容与任务

设计一个可供选手比赛抢答的 8 路智力抢答器,主要包括基本功能和扩展功能两部分,如表 3-3-1 为抢答器基本功能和扩展功能的具体设计要求。

表 3-3-1 实验功能及要求

	功能名称	设计要求
基本功能	选手按键功能	可供 8 名选手抢答,所有选手分别对应 0 到 7 号编号,当抢答开始后,选手即可以按下对应按钮,从而完成抢答操作
	选手编号锁存和显示功能	某选手抢答成功后,先将其编号锁存,再在数码管上显示其选手编号
	主持人控制功能	选手结束回答,主持人控制电路清零,包括锁存器清零和数码管灭零显示。新一轮抢答开始
扩展功能	倒计时功能	每轮抢答时间可以提前设定(如 30 s)。当主持人按下"开始"按钮,30 s 倒计时立即开始,并实时显示倒计时时间,在 30 s 结束后,蜂鸣器报警提示抢答结束
	主持人控制功能	若抢答时间内无选手抢答,主持人控制倒计时显示区重置 30 s,控制系统复位,开始新一轮抢答

2 实验过程及要求

本实验采用项目驱动实验教学方法,即将项目引导模型融入实验中,把实验当作工程项目处理,按照项目构思、项目设计、项目实施和项目运行等环节完成实验。

1)项目构思

教师讲解整体项目功能并组织学生针对整体项目划分和各子项目实现方法分组讨论,包括任务讨论和方案可行性分析,教师点评实现方案并确定最终方案。

2)项目设计

要求学生完成各子项目电路设计和参数估算以及实现各子项目级联,完成整体项目设计,并通过 Multisim 13 仿真软件测试。

3)项目实施

先在面包板上实现子项目电路的连接及测试,再在万能电路板上完成整体项目的电路焊接和调试。

4)项目运行

学生采用全英文或双语完成报告撰写、项目展示和答辩。

3 相关知识及背景

1)理论知识背景

主要涉及理论知识包括逻辑电路基础、组合逻辑电路分析设计方法、触发器构建锁存电路方法、时序逻辑电路分析和设计方法以及秒脉冲电路设计方法等内容。

2）相关实验电路调试知识背景

Multisim 13 仿真软件工具的使用方法、在面包板上连接和调试电路方法、万能电路板的焊接与调试方法。

4　教学目的

培养学生工程项目构思设计能力；夯实学生理论知识，完成学生理论知识模型的构建；提高学生仿真软件使用能力和硬件电路连接、调试能力；提高学生报告撰写能力和表达能力，同时也提高了学生的英语水平。

5　实验教学与指导

实验项目教学与指导过程遵从项目构思、项目设计、项目实施和项目运行四个教学活动环节来完成。此外，由于我校是国内外合作办学的教学模式，精通英语已经成为学生未来发展的重要素质，学生的科研工作、获取信息、出国深造都离不开高超的英语水平。双语的教学目的旨在外语教学课程之外，尝试外语工具的实践应用，消除借助第二语言进行交流学习的陌生感。因此，在本实验项目中教师引导、学生讨论、学生实验报告撰写、成果展示、答辩等阶段均采用双语完成，最终达到项目驱动式实验双语教学目标。

1）项目构思

智力抢答器功能包括基本功能和扩展功能两部分。基本功能要求：可同时供 8 名选手或 8 个代表队参加比赛，当某选手或代表队按键后，在显示器上显示其编号。此外，给节目主持人设置一个控制开关，用来控制系统的清零，当系统清零后，开始新一轮抢答；扩展功能要求：抢答器具有定时抢答的功能，且一次抢答的时间可以由主持人设定（如 30 s）。当节目主持人按下"开始"按钮后，要求定时器立即倒计时，并在显示器上显示。参赛选手在设定的时间内抢答，抢答有效，扬声器发出短暂的声响，定时器停止工作，显示器上显示选手的编号和抢答时刻，并保持到主持人将系统清零为止。如果定时抢答的时间已到，却没有选手抢答，则本次抢答无效，系统短暂报警，并封锁输入电路，禁止选手超时后抢答。

通过教师双语启发、引导的方式，让学生构思该项目设计方案。经过学生主动思考、归纳得出智力抢答器实验项目划分方法。例如整体项目可以划分为抢答按键子项目、编码锁存子项目、译码显示子项目、定时电路子项目、报警电路子项目和控制电路子项目等，从而完成整体项目功能性划分。此外，教师还应引导学生确立各个子项目的具体功能。

2）项目设计

依据项目构思阶段确立的项目划分方案以及各子项目的具体功能，教师采用双语引导学生逐一完成各子项目电路设计，提示学生部分子项目电路的多种设计方法。在此，以定时子项目中的秒脉冲产生电路的多种设计方案为例加以说明。秒脉冲产生电路设计方案一：可将 555 定时器芯片集成连接成多谐振荡器电路，产生周期为 1 s 的脉冲波形，如图 3-3-1（a）所示，3 管脚为秒脉冲输出端；方案二：利用 CD4060 组成两部分电路。一部分是 14 级分频器，另一部分是由外接电子表用石英晶体、电阻及电容构成的振荡频率为 32 768 Hz 的振荡器。该振荡器输出经 14 级分频后在输出端 Q14 上得到 1/2 秒脉冲并送入由 1/2 CD4518 构成的二分频器，二次分频后在输出端 Q1 上得到基准秒脉冲，如图 3-3-1（b）所示。学生可以通过硬件实际条件和设计要求选择合适的电路设计方案。例如,学生在秒脉冲设计电路过程中可以选择上述方案一作为最终的秒脉冲产生电路。

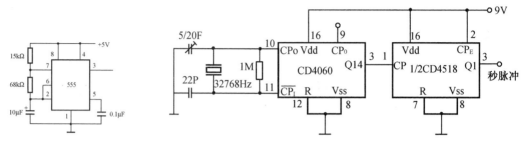

(a) 基于 555 定时器设计秒脉冲电路　　　　　　(b) 基于 CD4060 设计秒脉冲电路

图 3-3-1　两种秒脉冲产生电路

完成上述各子项目电路设计后,引导学生利用 Multisim 13 仿真软件对各子项目设计电路逐一仿真。当各个独立子项目仿真成功后,完成子项目到整体项目整合,并用 Multisim 13 软件对整体项目进行电路仿真。学生对整体项目电路仿真如图 3-3-2 所示,图中显示在倒计时为 12 s 时,5 号选手抢答成功。Multisim 13 是美国国家仪器有限公司推出的以 Windows 为基础的仿真工具,学生可以使用 Multisim 13 交互式地搭建电路原理图,并对电路进行仿真。此外,Multisim 13 提炼了 SPICE 仿真的复杂内容,这样学生可以很快地进行

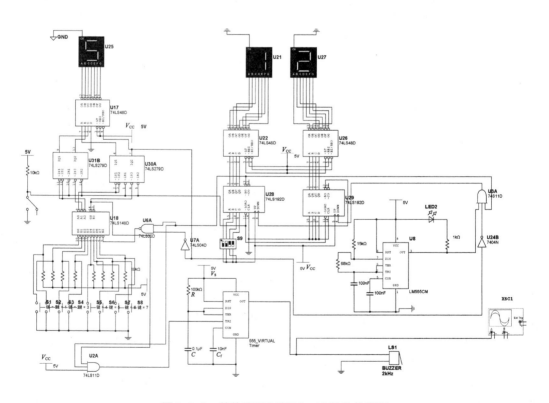

图 3-3-2　整体项目 Multisim 13 软件仿真图

捕获、仿真和分析新的设计。如图 3-3-3 所示为学生利用 Multisim 13 中的虚拟示波器分析报警电路的输出波形,图中较粗的竖直线表示报警电路输出从低电平跳变到高电平,在此上升沿瞬间驱动蜂鸣器报警,从而完成报警电路的报警功能。

可见,Multisim 13 的使用可使学生更好地理解子项目和整体项目的层次化。电路设计思想,更好地找到电路设计中存在的问题。

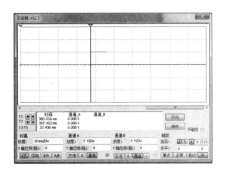

图 3-3-3 报警电路 Multisim 13
示波器输出波形图

3) 项目实施

在项目实施阶段,需要学生完成智力抢答器硬件实物设计。在此阶段若采用传统直接焊接整体硬件电路的方法,由于元器件数目、线路众多,即使学生完成了总体电路的焊接工作,也常常会出现电路不稳、抗干扰能力差、电路故障诊断与调试困难等问题。

 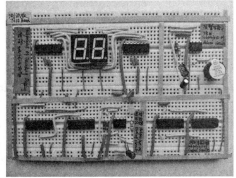

图 3-3-4 学生在面包板上连接的各个子项目电路

由于面包板插拔导线、元器件简单,使用灵活。因此,在本次实验中,首先采用面包板将上述子项目电路逐一连接与测试。面包板变身成为子项目电路测试板,如图 3-3-4 所示,学生在面包板上将抢答按键子项目、编码锁存子项目、译码显示子项目、定时电路子项目、报警电路子项目以及控制电路子项目连接并通过测试。再利用万能电路板进行整体项目电路的焊接与调试,如图 3-3-5 所示。对比学生在面包板上连接的各个子项目电路(图 3-3-4)和用万能电路板焊接的整体项目电路(图 3-3-5),可见,子项目电路单独调试比整体项目电路焊接、调试更加容易。采用先用面包板实现子项目电路的方式提高了电路的可靠性,使学生更好地理解子项目电路功能及设计方法,学生的实验成功率提高,提升了学生的自信心和实验热情。通过前期在面包板上的电路连接、测试,学生具备了整体项目电路设计能力,在此基础上,在万能板上焊接整体项目电路自然水到渠成。同时,通过面包板、万能电路板的二次电路连接与测试,提高了学生的电路硬件连接、焊接和调试能力。

4) 项目运行

在项目运行阶段,学生首先采用双语完成项目报告撰写,报告包括项目分析、方案构思论证、电路设计、电路原理比对分析、Multisim 13 软件仿真结果分析以及报告总结几部分内

图 3-3-5　学生在万能电路板上完成的整体项目焊接电路

容。然后进入学生项目答辩阶段,学生使用英语完成项目描述以及项目电路仿真功能展示,教师用英语向学生提出问题,学生用英语回答教师提问,智力抢答器项目运行完成。

6　实验原理及方案

1) 实验原理

(1) 用分立元器件设计组合逻辑电路

根据给定事件的因果关系列出真值表;由真值表写出函数式;对函数式进行化简或变换;画出逻辑图,并测试逻辑功能。

(2) 计数器的级联使用

一个十进制计数器只能表示 0~9 十个数,为了扩大计数器范围,常用多个十进制计数器级联使用。同步计数器往往设有进位(或借位)输出端,故可选用其进位(或借位)输出信号驱动下一级计数器。

(3) 数字编码原理

将 0~7 数字输入信号转换成一组二进制代码(范围从 000 到 111)。

(4) 二进制代码译码显示

➢ 七段发光二极管(LED 数码管)

LED 数码管是目前最常用的数字显示器,分为共阴管和共阳管两种电路。数码管每段都是由发光二极管构成,当点亮不同组合的二极管时就可点亮不同数字字形。

➢ BCD 码七段译码驱动器

二进制编码通过 BCD 码七段译码驱动器驱动点亮 LED 数码管。

(5) 秒脉冲产生原理

555 定时器是一种中规模集成电路,外形为双列直插 8 脚结构,体积很小,使用起来方便。只要在外部配上几个适当的阻容元件,即可连接成多谐振荡器电路。多谐振荡器又称自激振荡器,可以对外产生连续脉冲信号。先计算好要选用的电阻、电容参数,然后按照将555定时器芯片连接成多谐振荡器的方法连接电路,即可输出所需的周期为1 s的脉冲信号。

2) 实验方案

如图3-3-6所示为项目主体框架及各子项目划分图,包括抢答按键子项目、编码锁存子项目、译码显示子项目、定时电路子项目、报警电路子项目、控制电路子项目等。

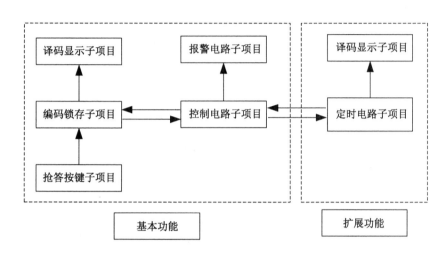

图3-3-6　项目主体框架及子项目划分图

抢答按键子项目:抢答开始后,完成选手按键抢答。

编码锁存子项目:某选手抢答成功后,选手编号通过八线－三点线编码器编码,编码结果由锁存器锁存。

译码显示子项目:七段数码显示器上显示选手编号。

定时电路子项目:选手抢答时间为30 s,选手抢答开始后,30 s倒计时开始,当30 s时间结束后,显示时间为00。

报警电路子项目:扬声器发声报警,提示本轮抢答结束。

控制电路子项目:无论抢答时间30 s已到或者某选手抢答并回答问题结束后,主持人都要将系统信息清除与重置,包括选手编码清除、锁存器内容清除以及30 s时间重置等,等待下一轮抢答。

完成由各子项目组成的整体项目电路设计后,完成下列仿真及设计:

(1) 利用Multisim 13仿真软件对各子项目分别仿真分析并将子项目连接为整体项目后进行整体项目系统仿真;

(2) 在面包板上实现子项目电路硬件连接调试;

(3) 在万能电路板上实现整体项目的电路焊接、调试。

元器件清单:如表3-3-2所示。

表 3-3-2   元器件清单表

元器件	数量	元器件	数量	元器件	数量
74LS148	2 片	74LS279	2 片	74LS48	4 片
74LS192	2 片	NE555	2 片	74LS00	1 片
发光二极管	2 只	共阴极显示器	4 台	74LS121	4 片

7   实验报告要求

实验报告应包括以下内容:

1) 任务分析

详细描述抢答器基本功能和扩展功能,明确抢答器实现的目标要求以及确定抢答器电路设计任务内容。

2) 方案论证分析

描述抢答器整体项目划分为若干子项目的划分方式,解释该种划分方式的原因、依据和优势。逐一论述各个子项目的多种设计方法、对每种方法进行可行性分析,并确立子项目的最终设计方案。

3) 主体项目和子项目电路设计

包括各子项目的设计思路和方法,子项目电路设计结构分析描述。并详细描述子项目级联为整体项目的设计思想以及整体项目的电路结构。

4) 主要参数估算

估算电路中出现的电阻、电容等器件参数并陈述其原因。

5) Multisim 13 软件仿真及结果分析

逐一描述各子项目独立软件仿真结果以及结果产生的原因,描述错误电路的修改方法。将独立仿真的各子项目连接为整体项目进行整体仿真,描述并解释结果产生原因。

6) 硬件电路连接调试及结果分析

首先描述子项目在测试面包板上逐一搭建的情况以及其测试的结果,总结某个子项目测试出错的原因以及修改的思路和修改后的结果。接着依据已通过面包板上测试的子项目在万能电路板上焊接整体项目电路,写出电路焊接方法、电路调试方法和电路测试结果。

7) 实验总结

总结本次实验学习到哪些知识,包括理论知识和实际动手技能。总结仿真电路、面包板测试电路和万能电路板电路连接、调试等情况。找出本次设计中的不足和对未来学习、工作的展望。

为了提高学生英文的表达和组织能力,鼓励学生实验报告撰写可以用全英文或双语完成。

8   考核要求与方法

考核方式采用多维度考核机制,实验成绩将从子项目评价、整体项目评价、报告撰写评价以及答辩评价四个方面设定,各部分所占实验成绩比例如表 3-3-3 所示。

表 3-3-3　项目考核评分表

子项目部分					整体项目部分	报告撰写	答辩
编码锁存子项目	显示译码子项目	定时电路子项目	抢答按键和控制电路子项目	报警电路子项目	30%	30%	10%
5%	5%	10%	5%	5%			

子项目主要衡量实验预习、软件仿真结果以及硬件调试等方面的内容;整体项目考查包括整体硬件电路设计图纸绘制、整体软件仿真结果以及硬件电路连接,实物成品完成情况等方面;报告撰写应包括任务分析、方案论证分析、主要电路设计、主要参数估算、软件仿真分析、硬件电路调试结果分析以及报告总结等部分;答辩环节考查学生表达的准确性、对整体项目原理的理解程度、对整体项目的划分能力以及对各子项目的设计原理的理解程度等内容,并查看学生的硬件实物演示。

9　项目特色或创新

(1)采用项目模型驱动实验教学方法,培养学生用工程项目思想解决实验问题的能力;

(2)通过先在面包板上测试各子项目电路,再利用万能电路板焊接整体项目的实验方式,降低了电路复杂度,提高了学生的硬件电路调试能力和实验成功率;

(3)教师教学环节、学生报告撰写和项目答辩期间都采用双语完成,提高学生的英语能力。

3-4　VGA 显示控制器电路逻辑设计(2017)

实验案例信息表

案例提供单位		中国传媒大学		相关专业	信号与信息处理	
设计者姓名		杜伟韬	电子邮箱	duweitao@cuc.edu.cn		
设计者姓名		陈　超	电子邮箱	chenchao@cuc.edu.cn		
相关课程名称		数字电路综合课程设计	学生年级	大三	学时(课内+课外)	24
支撑条件	仪器设备	带 VGA 接口的 FPGA 开发板,VGA 显示器,PC 机				
	软件工具	Matlab、Quartus				
	主要器件	Altera FPGA EP3C16 (Terasic DE0 board)				

1　实验内容与任务

（1）设计一个基于 FPGA 开发板和 3 通道电阻式 DAC 的 VGA 接口显示器控制器,用于在显示器上绘制信号采样波形以及图像点阵。

（2）循序渐进地进行设计和验证,①设计 VGA 同步信号合成模块,显示彩条等测试图样;②设计栅格模块,用于显示信号坐标系栅格;③设计绘制信号值波形显示模块,显示信号采样波形;④设计图像点阵显示模块。

（3）信号采样和图像点阵信息存储于 FPGA 的内部 RAM 中,每个信号波形和图像点阵的尺寸和显示位置可以设定。

（4）为节约存储开销,信号波形颜色、图像点阵颜色应使用调色板方式支持从单色到 24 比特的真彩色的配色方案。

（5）可以改变 VGA 输出信号的宽高比和刷新速率,以适应不同规格的显示器。

（6）为便于用户观察,信号采样波形绘制时需带有显示值波形在垂直方向的像素拟合功能,图像点阵需要带有整数倍放大功能。

（7）本实验课提供 800×600 分辨率,72 Hz 模式下的参考设计代码,学生需在其他分辨率（例如 640×480 或 1024×768）下将上述模块逐个重新进行代码移植。在代码修改和移植的过程中,解决相关问题,加深对数字逻辑设计的理解和认识。

2　实验过程及要求

（1）学习 VGA 信号格式,以二维平面图的方式理解垂直、水平同步,信号的格式以及数据信号的消隐/有效周期。

（2）设计同步信号模块的基本逻辑：根据水平、垂直同步信号的时序格式,设计级联的两级计数器。设计每个计数器的工作逻辑和使能信号,以及根据计数值来设计输出信号逻辑。根据计数器的输出值来设计当前时钟周期的显示像素坐标值,更新逻辑和配套的输出有效控制信号。

（3）设计同步信号模块的测试图样：根据当前显示像素的坐标值和配套的输出有效控制信号,设计同步模块的 RGB 输出信号,该信号用于生成显示器测试信号图样。同步控制模块的信号图样包括四种：边界线条、水平彩条、垂直彩条和栅格图样。

（4）设计栅格信号生成模块,栅格的二维尺寸和显示位置以及单个栅格的尺寸在电路编译时用参数指定。每个栅格信号的核心电路是 2 个计数器,分别对水平和垂直的栅格个数进行计数。栅格的显示控制逻辑根据像素位置和栅格计数来判断是否显示栅格像素。

（5）设计信号波形值的显示绘制模块,读取 FPGA 内部 RAM 存储的波形样值,根据电路的设定参数,结合当前显示器刷新的像素位置,在指定区域绘制波形。

（6）设计像素点阵的显示绘制模块,读取 FPGA 内部 RAM 存储的点阵信息,根据电路编译时设定的调色板参数,在设定区域绘制二维图像点阵。设计图像的水平、垂直拉伸电路和填充图样合成电路,生成不同的显示效果。

（7）编写实验总结报告,描述设计过程和测试结果。

3 相关知识及背景

多媒体影像在信息社会和传媒科技中具有广泛应用,显示器驱动逻辑设计是多媒体影像技术的重要基石之一,本实验案例用于引导学生使用数字电路逻辑设计技术和 EDA 工具流程,设计中等复杂度电路逻辑,需要熟悉 VGA 接口协议、色彩空间及伪彩色原理、Matlab 编程、数据曲线拟合、组合逻辑设计、时序逻辑设计、流水线时序、EDA 工具流程、FPGA 开发流程及工作原理等相关知识与技术方法。

4 教学目标与目的

在大分辨率显示器上绘制图形图像具有非常直观的视觉效果,有利于提高学生的实验兴趣。本实验案例引导学生使用现代主流的 FPGA 器件和 EDA 软件,引导学生设计兼顾趣味性与实际用途的 VGA 显示逻辑电路;促进其进一步深入学习数字逻辑电路和 EDA 设计的相关内容,更为重要的是,通过本实验培养学生使用逻辑分析仪工具进行设计故障定位与分析,以及培养其复杂逻辑触发图样下的错误数据捕获及故障分析的能力。

5 教学设计与引导

本实验是一个用于引导学生从 EDA 入门阶段向深入阶段进阶的综合实验,对于先期曾经设计过数字电路基础实验并且已经初步掌握了数字电路设计能力的学生,本实验将会引导他们进行更为复杂的数字电路逻辑设计。本实验着重训练学生学习标准化接口及时序规范的能力,以及从设计需求出发将设计需求定义的时序、功能,逐步映射为数字电路内部的时序动作和组合逻辑。在本实验中,学生应当学会层次化的逻辑设计过程,即"需求分析—接口信号及时序定义—模块划分—功能设计与验证"这种自顶向下渐进迭代式的设计过程。本实验对学生的引导过程如下:

(1) 首先讲解 VGA 接口的信号定义,着重让学生认识垂直和水平同步信号以及 RGB 像素信号与同步信号之间的时序和逻辑匹配关系,重点是以二维平面图的形式理解整个 VGA 显示帧的持续周期中有效显示周期的相对时间位置,由此理解 VGA 信号中的各种时序细节。

(2) 第一个进行设计的模块是同步信号生成模块,该模块用于生成垂直和水平同步信号、像素有效信号,以及当前像素的横纵坐标值,该模块是后续模块的基础,本模块需要学生理解和实践的设计重点是两级嵌套的计数器,以及根据计数器的计数值来设计相应的组合逻辑从而生成模块的输出信号。另外,本模块应当能够生成若干种特征测试信号图样,用于连接输出信号至显示器以确认本模块工作时序的正确性。

(3) 接下来设计栅格信号生成模块,该模块需要学生理解和实践的重点也是一个两级计数器模块,若当前时钟的显示像素位置落入栅格区域,则栅格的横纵坐标计数器启动计数,然后根据栅格的内部区域横纵计数值和栅格的水平、垂直尺寸输出栅格样点像素值。该模块可以多次例化,从而在不同区域绘制不同尺寸与数目的栅格。

(4) 然后设计信号采样的波形绘制模块,该模块把存储于采样 RAM 中的信号值波形绘制到指定的屏幕区域,相邻的波形样点像素之间采用垂直线段的方式进行拟合。该模块可以多次例化,从而可以在不同的显示区域绘制不同样点数和数值动态范围的波形采样序列。该模块的实践教学重点和栅格模块部分类似,区别在于显示像素的数据来自 RAM 中存储的波形样值,以及波形曲线的拟合电路的联合输出结果。

(5)最后设计图像点阵绘图模块,该模块把存储于 RAM 中的二维图像点阵绘制到指定的屏幕区域,图像像素以伪彩色存储,伪彩色配色支持从 1 比特单色到 24 比特的真彩色方案,另外该模块支持图像像素的整数倍放大,即使用屏幕上的多个点阵表示一个存储的像素样值,放大后的填充方式有多种,参考设计提供了三种模式:实心填充、方形填充和 X 形填充,学生可以设计自己的填充方式,比如十字形填充。本模块的教学实践重点是伪彩色映射原理,需要使用电路逻辑把像素值根据调色板映射为 RGB 值,另外图像的整数倍放大显示技术也是一个教学实践重点,其关键在于使用计数器把区域内坐标映射为像素 RAM 的读取地址。

学生设计实践时,出现最多的问题是,当显示器上的图形图像不正常时,学生不知所措,无从下手,这时需要引导他们学会使用调试工具捕捉出现问题时的错误数据,主要的调试工具是 FPGA 的内嵌逻辑分析仪,使用该工具时,由于整个 VGA 时序信号帧数据过长,则必须使用逻辑分析仪的触发采样功能,以及分段触发采样功能,当设计中的现有控制信号不满足触发采集需求时,还可能需要自行设计一些辅助的触发采样控制信号。通过本实验的调试过程,需要让学生建立起一个最基本的认知:故障调试的最有力支撑是故障现场时刻的数据。

6 实验原理及方案

本实验各个部分的关键要点陈述如下:

1) VGA 时序原理

显示器 VGA 接口的 RGB 数据信号是一个持续的数据流信号,另外垂直同步和水平同步信号用以对一维的数据流进行二维化标识,由于接口标准的历史原因及器件响应速度的限制,需要在有效数据流信号中插入消隐周期。VGA 接口时序及二维化解释如图 3-4-1 所示。

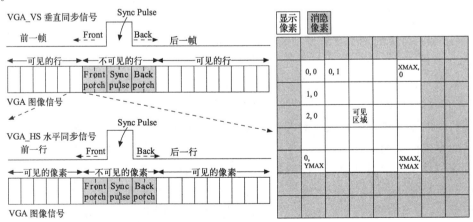

图 3-4-1 VGA 接口时序及二维化标识

2) 系统顶层结构

整个 VGA 显示控制器的结构如图 3-4-2 所示:同步信号生成模块负责产生垂直、水平同步信号,以及用于测试显示器正常工作的 RGB 信号,另外该模块还生成当前时钟周期刷新像素的二维坐标及刷新有效信号。其余各个模块负责产生各自的显示图样数据,所有的显示数据最终融合在一起送至外部进行显示绘图。

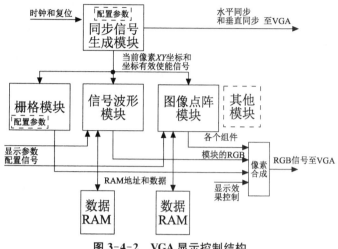

图 3-4-2 VGA 显示控制结构

3) 同步信号生成模块

同步信号生成模块的接口如图 3-4-3 所示:

图 3-4-3 VGA 同步信号生成模块

同步信号生成模块的核心是 2 个计数器,分别用于对当前输出像素的列位置和行位置进行计数,电路的 RTL 结构简图如图 3-4-4 所示:

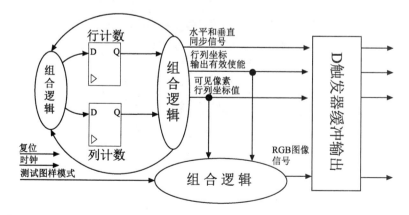

图 3-4-4 VGA 时间基准信号生成模块 RTL 结构图

本模块还可以生成不同的测试图样,用于测试显示器是否正常工作,显示效果如图 3-4-5 所示:

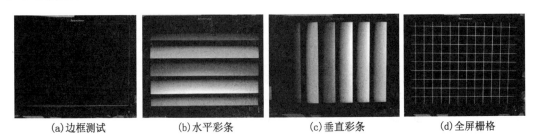

(a)边框测试　　　　(b)水平彩条　　　　(c)垂直彩条　　　　(d)全屏栅格

图 3-4-5　VGA 时间基准信号生成模块的显示效果

4) 栅格生成模块

每个例化的栅格模块的用途是,在例化参数指定的区域显示若干栅格,栅格的横纵尺寸和数量也由例化参数确定。

```
CLK
RST
CURX
CURXOE      OUTR4G4B4
CURY
CURYOE
```
VGA 栅格信号生成模块接口

图 3-4-6　VGA 栅格信号生成模块

输出至显示器 VGA 接口

表 3-4-1　例化参数名称及含义

例化参数名称	含义
X0	栅格所在区域的左上顶点 X 坐标
Y0	栅格所在区域的左上顶点 Y 坐标
XGSIZE	栅格的每个格子的水平尺寸,单位是像素
YGSIZE	栅格的每个格子的垂直尺寸,单位是像素
XGNUM	水平方向格子数目
YGNUM	垂直方向格子数目
COLORGRIDR4G4B4	格子的颜色,12 比特,RGB 各 4 比特

图 3-4-7 是三个栅格模块的显示效果,显示了不同的位置、尺寸、数量以及颜色。

图 3-4-7　三个栅格模块的显示效果

5) 信号采样波形模块

每个例化的信号采样波形模块的用途是,在指定的显示区域绘制指定颜色的波形曲线,其中显示区域的位置和尺寸以及曲线颜色,由接口信号数据进行配置,波形的样值数据位于模块外部的波形采样 RAM 中,该 RAM 使用 FPGA 的内嵌存储器。

表 3-4-2　接口名称、方向及含义

```
CLK
RST                    OUTR4G4B4
CURX
CURXOE                        RA
CURY
CURYOE
COLORR4B4G4
X0
XLEN
Y0
YLEN
SHOWBORDER
RD
        信号波形模块
```

图 3-4-8　信号波形模块

接口名称	方向	含义
X0	输入	信号绘制区域的左下角端点 X 坐标
Y0	输入	信号绘制区域的左下角端点 Y 坐标
XLEN	输入	信号绘制的水平尺寸,单位是像素
YLEN	输入	信号绘制的垂直尺寸,单位是像素
COLORR4B4G4	输入	信号的颜色
SHOWBORDER	输入	显示信号绘制区域的边框(调试用)
RD	输入	从样值 RAM 中读出的信号采样数据
OUTR4G4B4	输出	绘制出的信号曲线
RA	输出	格子的颜色,12 比特,RGB 各 4 比特

为了增强显示效果,需要对相邻的样值显示像素进行垂直方向上的曲线拟合,其基本原理如图 3-4-9 所示。

例化四个不同颜色、位置以及水平、垂直尺寸的信号波形模块,并且同时例化三个栅格模块的显示效果,如图 3-4-10 所示。

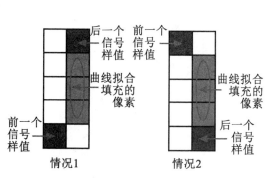

图 3-4-9　曲线拟合进行像素填充的两种情况

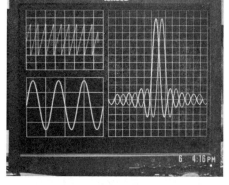

图 3-4-10　例化三个栅格模块的显示效果

6)图像点阵显示模块

本模块用于在指定的显示区域绘制图像点阵 RAM 存储的像素信息,模块的接口、例化参数及信号定义如下:

表 3-4-3　例化参数及含义

```
CLK
RST                    OUTR4G4B4
CURX
CURXOE                        RA
CURY
CURYOE
FILLMODE
RD
```

图 3-4-11　图像点阵模块

例化参数	含义
X0	图像点阵显示区域的左上顶点 X 坐标
Y0	图像点阵显示区域的左上顶点 Y 坐标
XPIXNUM	外挂的图像 RAM 中,存储图像的水平尺寸,单位是像素
YPIXNUM	外挂的图像 RAM 中,存储图像的垂直尺寸,单位是像素
XZOOM	像素显示的水平放大倍数
YZOOM	像素显示的垂直放大倍数

表 3-4-4　接口信号名称、方向及含义

接口信号名称	方向	含　义
FILLMODE	输入	像素放大时的填充模式,00/11 表示全部填充,01 表示 X 填充,10 表示空心填充
RD	输入	从 RAM 中读出的像素信息
OUTR4G4B4	输出	外部图像点阵 RAM 的读取地址
RA	输出	输出的像素信息(复制自 RD 信号的数据)

7) 像素的存储和显示放大

在某些应用场景下,为了更加容易地进行数据观测及分析,本模块提供了可以独立配置水平和垂直两个方向上像素的显示放大倍数的功能。图像的像素信息按照一维的顺序存放于本模块外部的像素 RAM 中(该 RAM 使用 FPGA 的内嵌存储器),图像点阵模块根据配置的水平和垂直的放大倍数,将相应地址的像素数据读出,并绘制到显示器上,如图 3-4-12 所示。

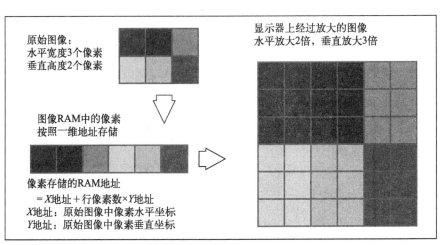

图 3-4-12　像素数据的读出与显示

8) 像素放大的填充模式

对于绘制信号处理系统的零极点、数字通信系统的星座图这类需求,像素点阵的放大填充模式会有一定的用处。有三种模式:全部填充,空心填充,X 形填充,如图 3-4-13 所示。

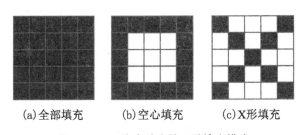

(a)全部填充　　　(b)空心填充　　　(c)X形填充

图 3-4-13　像素放大的三种填充模式

图 3-4-14 是每个像素存储 1 比特的单色图像及 24 比特真彩色图像的原图、水平、垂直放大的显示效果,这些图像的点阵信息保存于 FPGA 的 ROM 中,使用 Matlab 将图片文件转换为 ROM 数据。

图3-4-14　原图、水平、垂直放大的显示效果

图 3-4-15 是对图像进行整数倍放大时,使用不同的填充图样的显示效果。

(a)全部填充　　　　　　　　　(b)空心填充　　　　　　　　　(c)X形填充

图 3-4-15　三种填充的显示效果

7　教学实施进程

本案例教学进行实施时,首先给学生展示教师提供的参考设计,通过实物与操作互动,提升学生设计的兴趣。教师集中授课讲解 VGA 时序、接口标准,以及工作原理。

然后进入学生动手实验环节,因为 VGA 显示器支持多种分辨率及刷新速率,首先学生选择自己的 VGA 显示配置参数,然后根据所选参数计算同步模块中需要修改的各种计数器参数,让学生尝试合成出最简单的显示边框图样。如果 VGA 显示器经过自动搜索信号后,能够识别出彩条边框,则说明时序正确。如果 VGA 显示不正常,则需要引导学生使用嵌入式逻辑分析仪,辅以逻辑分析仪的触发捕获功能,观察同步信号置位时刻各个计数器的状态和数值。学生成功调试出边框信号后,可以进行彩条信号和全屏栅格信号的设计。

接下来引导学生设计区域性栅格信号,本环节需要引导学生理解"栅格区域有效"使能信号的作用,让学生对比本阶段栅格模块和上阶段的全屏栅格模块的异同,要点在于,全屏栅格模块等价于"栅格区域始终有效"。同样，本环节的调试工具为嵌入式逻辑分析仪。

然后是区域化的信号波形显示模块，该模块和区域化栅格显示模块类似，区别在于显示像素的来源是来自信号样值 RAM 的读出数据。另外，本环节需要额外设计显示曲线的像素垂直拟合电路逻辑。详见实验原理部分内容。

最后是图像点阵模块，该模块和信号波形显示模块类似，需要从 RAM 中读取显示数据，并且也使用伪彩色调色板合成 RGB 数值，区别在于本环节模块需要对全部显示区域进行着色，并且本模块还需要支持图像的水平、垂直放大功能，由此需要区分显示区域的位置计数逻辑和像素 RAM 的读取地址计数逻辑，以上的计数时序过程以及相应的逻辑关系需要学生在设计之前先初步预估好，并且需要绘出电路的 RTL 设计草图。另外，本模块的点阵缩放填充图样需要根据缩放计数器的计数值进行合成，可以要求学生设计自己的个性图样，以提高其兴趣，比如十字填充图样。

8 实验报告要求

本实验案例课程设计要求学生编写的实验文档内容包括设计报告和测试结果，实验报告需要反映以下工作内容：

（1）设计目标：阐述设计的目标功能和使用模式。

（2）原理概述：简单介绍设计中相关的各种基本理论、规范。

（3）电路设计接口描述：对于目标电路的细化描述，包括接口和时序等特征参数。

（4）顶层模块结构划分：使用自顶向下的设计理念，规划出第一层子模块的划分与接口、互联结构。

（5）子模块的 RTL（寄存器传输层）结构图：对于最底层的子模块，需要绘制出 RTL 结构简图，并且要将自己手工绘制的 RTL 图和 Quartus 生成的 RTL 图进行对比。

（6）统计每个模块的电路资源开销，包括 LE（逻辑单元），RAM（存储器），DSP Block（乘法器）。

（7）对于每个可以显示的模块，需要拍照并在文档中添加照片，还需要添加模块中关键信号节点的 Signaltap（嵌入式逻辑分析仪）截取的波形图。

（8）有能力者可以添加硬件断言（assertion）电路逻辑，然后用断言逻辑信号作为 Signaltap 触发信号，观察是否会有错误状态出现（assertion failed）。

9 考核要求与方法

（1）关注学生的代码编写情况，提醒学生注意参照示范代码，注意代码格式。

（2）关注学生的调试工具使用情况，提醒学生注意使用逻辑分析仪的触发功能。

（3）基本功能验收：要完成要求的基本显示图样。

（4）个性化设计：对于添加了参考设计未提供的个性化功能的同学，予以口头鼓励和考评加分。

（5）代码规范性：缩进、注释、变量命名、文件及目录的划分是否规范。

（6）文档规范性：文档的排版、文字的表述要合理，测试数据要清晰明了，功能框图要清晰、简洁、优美。

（7）功能创新性：对于把参考设计中提供的模块能够进行组合设计,完成复杂功能的同学加分。

10　项目特色或创新

本实验案例课程设计的创新之处在于,仅使用了低成本的单片小容量 FPGA 芯片和电阻网络结构的 DAC,实现了 VGA 图像信号合成器,该合成器可以广泛用于诸如显示器测试、投影机测试、信号处理和图像处理设备的内建自测试（BIST：Build In Self Test）等领域。

3-5　基于 PLD 的交通灯系统逐层优化设计实验（2018）

参赛选手信息表

案例提供单位		西安交通大学	相关专业	信息工程	
设计者姓名		符均	电子邮箱	Ts4@mail. xjtu. edu. cn	
设计者姓名		王萍	电子邮箱	Ping. fu@mail. xjtu. edu. cn	
设计者姓名		张翠翠	电子邮箱	zhangcuicui@mail. xjtu. edu. cn	
相关课程名称		数字逻辑电路	学生年级	大二	学时（课内＋课外） 72
支撑条件	仪器设备	友晶 DE10_Nano 开发套件			
	软件工具	Quartus 软件包			
	主要器件	Intel FPGA Cyclone® V SE 5CSEBA6U23I7N (110K LEs)			

1　实验内容与任务

（1）在 Quartus 软件中学习交通灯工程示例,工程原型已经在课堂上讲过,分析软件中该工程的错误在哪里。

（2）改正错误,使软件中的工程与课堂中的交通灯运转一致。

（3）优化交通灯设计,使用更少的逻辑资源实现系统功能。

（4）讲解实际电路应用中对模型需进行的改动,让学生自己完成这些改动,并在开发板上实现出来。

2　实验过程及要求

（1）在实验 Step1 中,让学生将工程示例与课堂讲授的交通灯进行对照,寻找差异;引导学生在仿真软件中沿时间轴观察电路输入到中间信号再到输出的逻辑因果关系,查找错误;鼓励学生相互讨论。

（2）在实验 Step2 中,要求学生不能进行组间讨论,只能自己解决错误问题。解决问题后,举手让老师检查。

(3)在实验 Step3 中,引导学生充分考虑计数器的描述方式,修改状态机的转换条件。

(4)在实验 Step4 中,让学生自由发挥进行设计,老师只负责解决编译错误和程序下载问题。

(5)提出实验报告要求,让学生认识到撰写实验报告是一个进一步学习的过程。

3 相关知识及背景

相关知识:这个实验涉及简单数字系统的控制单元和信息处理单元的设计及通信方法,通过仿真查找问题的方法,电路优化的方法,异步复位、时钟管理、输入同步等概念和应用。

学生知识背景:在课堂教学中,通过框图、逻辑流程图、ASM 图完成了交通灯模型。学生已学习 VHDL 语言的基本语法,可以实现基本电路模块的搭建。

4 教学目标与目的

(1)学习数字系统中控制单元和信息处理单元的基本设计方法。

(2)区分何时该用组合逻辑,何时该用时序逻辑。

(3)正确地认识和掌握仿真。

(4)了解模型与实用电路的差异,实用电路需要考虑很多问题。

5 教学设计与引导

本实验的过程是一环扣一环的循序渐进的设计创新过程,需要经历发现问题、分析问题、改正错误、设计优化、电路实用化、系统调试、设计总结等过程。因为课堂已经讲授过基本的交通灯模型,所以学生很熟悉,不用在实验中过多讲解理论。在实验教学中,应在以下几个方面加强对学生的引导:

(1)在 Step1 讲解状态机和计数器的代码时,要注意将 PPT 和电路图进行对照,使学生能在清晰理解的基础上进行代码学习。

(2)在 Step1 仿真过程中,先让学生自由仿真一会儿,再提示要注意激励信号的输入方法,不同的变化规律会导致可能发现不了问题或者很难发现问题,应按照由简单到复杂情况的顺序进行仿真。

(3)在 Step2 改正错误的过程中,要允许学生发散思维,只要能得到正确的结果就行。然后假设黄灯的时间只有 1 s,通过集中讨论,使学生发现必须从根本上解决问题才行,从而回归正途。

(4)在 Step3 优化电路设计的过程中,鼓励学生创新设计,不论用什么样的描述方法,新手只要能实现对应功能就值得赞扬,激发他们的斗志和创新力。

(5)在 Step4 环节,要引导学生注意编译错误,注意管脚约束,注意爱惜开发板。教师要在这个环节着力解决学生编译中遇到的问题。只要编译能通过,其他的疏忽让学生自己调试解决。

(6)在实验完成后,总结本实验的目的和学到的东西。

(7)在每个环节的验收过程中,要鼓励学生新奇的想法而不是排斥其中有瑕疵的意见。

6 实验原理及方案

1) 实验模型(课堂讲授)

例:设计一个十字路口交通灯控制系统。

设:东西道(EW)为主道,南北道(NS)为副道。

若 EW 及 NS 均有车,则 EW 每次通行 60 s(绿灯),NS 每次通行 40 s(绿灯),EW、NS 轮流放行;

若仅有一个通道有车,则禁止无车通道(红灯);

若两通道均无车,则 NS 禁止,EW 放行;

若通道转换时,两通道均需停车 3 s(黄灯)。

课堂上根据题目要求,定义输入/输出和内部变量,如表 3-5-1 所示。

表 3-5-1 变量定义

监测器送入	定时器	定时器进位输出	定时器使能输入	输出灯光信号
NSCAR (由 NT、ST 生成) EWCAR (由 ET、WT 生成)	TIMER60 TIMER40 TIMER3	TM60 TM40 TM3	ENTM60 ENTM40 ENTM3	NSRED NSGREEN NSYELLOW EWRED EWGREEN EWYELLOW

再通过框图、逻辑流程图、ASM 图的设计流程,设计出状态机两个触发器组成的控制电路的组合逻辑表达式,并完成交通灯控制器的逻辑框图,如图 3-5-1 所示。

2) 初始工程示例及查找错误(Step1)

实验以图 3-5-2 的工程开始进行,状态机输出的三个计数使能,计数器的三个溢出信号和状态控制的 6 个灯都通过触发器延迟实现,导致状态转换时多出 2 s,状态转换后灯的变化延迟 1 s。通过对工程示例的仿真,学生会了解到仿真的重要性和仿真的基本方法。

3) 改正错误(Step2)

同学们经过仿真发现延迟问题,将多出的 12 个触发器删除,如图 3-5-3 所示,改成与课堂上讲授模型相同的交通灯。

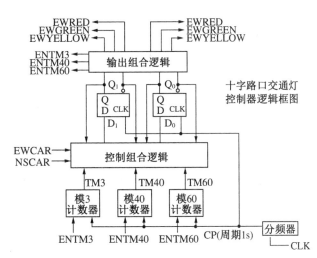

图 3-5-1 课堂讲授的交通灯模型图

通过这个步骤,学生既能发散思维,又能在老师的引导下统一认识。使他们清楚地认识到逻辑电路中插入时序单元会造成电路按时钟周期延时。

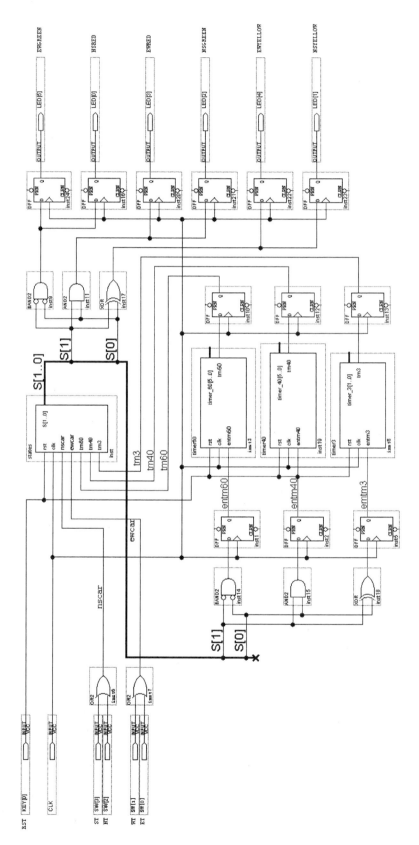

图 3-5-2 初始工程示例图

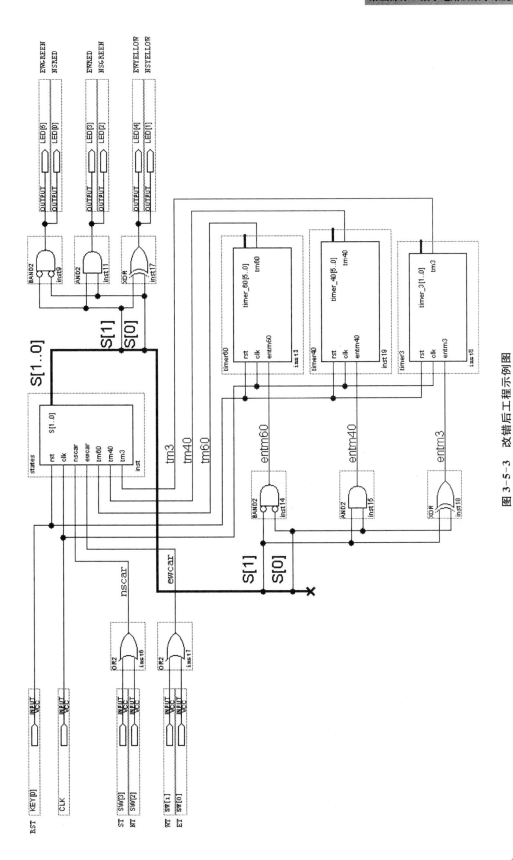

图 3-5-3　改错后工程示例图

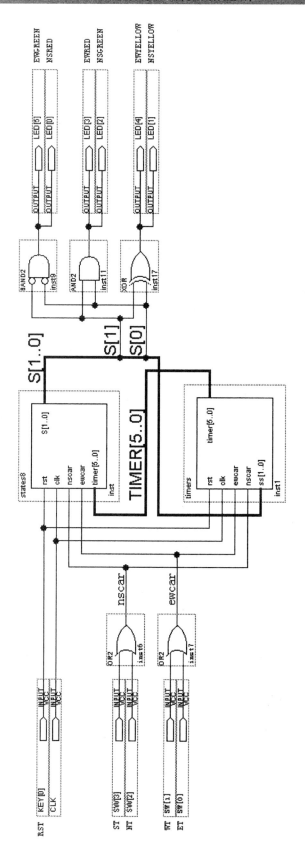

图 3-5-4　优化后工程示例图

4) 设计优化(Step3)

这个步骤进行电路优化,将 3 个计数器合并为 1 个。经过计数器合并,16 个触发器变为 8 个触发器,如图 3-5-4 所示。通过这个步骤,学生会非常高兴,因为优化掉了一半的资源。同时,学生也学习掌握了用 VHDL 语言描述计数器的基本规律和技巧,学习了状态机的描述方法。

5) 实用设计(Step4)

如图 3-5-5 所示,讲解异步复位同步释放的原理和重要性;讲解输入同步的原理和重要性;讲解时钟选择和分频使用的原理和重要性。

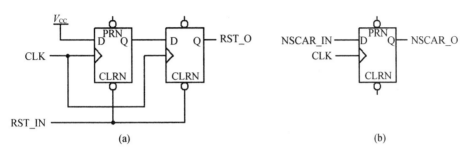

图 3-5-5　异步复位和输入同步示意图

异步复位同步释放,输入同步都可以使系统外用户输入信号满足同步时序电路内触发器的建立保持时间,从而保持系统的稳定正常运行。

6) 系统调试

表 3-5-2　信号对照表

信号名	ET	WT	NT	输入			输出					
				ST	CLK	Reset	ewgre	ewyel	ewred	nsgre	nsyel	nsred
DE10_Nano	SW0	SW1	SW2	SW3	System	KEY0	LED5	LED4	LED3	LED2	LED1	LED0

Step 4 目录中只存放如表 3-5-2 和图 3-5-6 所示的优化前的完整工程示例,包含管脚约束,可直接下载。最终的工程模型由学生根据这个模版自由设计完成。

将工程文件按每一步分别存放在 Step1～Step4 目录下,使学生上一步的设计差异不会影响到下一步,但也允许学生按照自己的创意继续下一步设计。

7　教学实施进程

1) Step1(50 min)

(1) 让学生打开 Quartus Prime 软件,打开/lab/tlight/step1/tlight 工程,打开 tlight28. bdf 文件。

(2) 让学生将 PPT 放在屏幕一侧,软件放在屏幕另一侧,对照描述代码。

(3) 展示课堂讲过的交通灯的例子,展示电路框图。

(4) 展示用 Quartus Ⅱ 软件图形界面设计的交通灯。沿着输入到输出的顺序给学生讲解电路结构图。

(5) 讲解状态机代码,向学生显示状态机描述与设计目标一致。提醒学生状态机的编码方式使用的是格雷码。

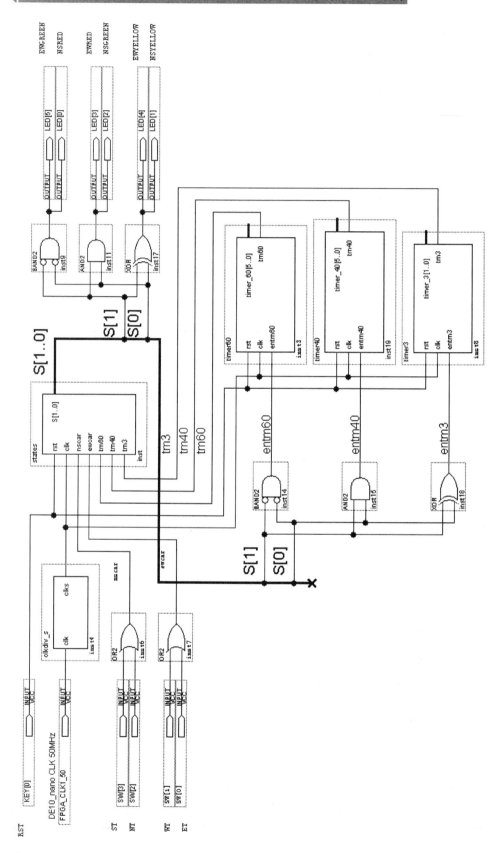

图 3-5-6 De10_nano 初始工程示例图

（6）讲解 Counter60 代码，让学生看到 tm60 信号的产生。

（7）简要讲解 Counter40 代码和 Counter3 代码。

（8）讲解三个使能信号的 D 触发器产生方式，与电路图进行对照。

（9）讲解三个进位信号的 D 触发器产生方式，与电路图进行对照。

（10）讲解 6 个输出信号的 D 触发器产生方式。

（11）给学生 10 分钟的时间自己对照电路图，继续熟悉代码。

（12）让学生重新观察电路图有什么不对的地方，从经验看学生难以发现问题。

（13）带领学生进行编译，注意观察占用了 28 个 D 触发器。

（14）带领学生进行仿真。教给大家仿真的简单方法，不要直接仿真复杂情况，而是从最简单的情况开始，进行多次仿真。

（15）让学生自己找到仿真出现的两拍延时。

（16）展示黄灯状态时间段的仿真波形，学生首先会发现黄灯持续了 5 拍，然后开始找原因。

（17）引导学生从计数器的值等于 59 的时钟上升沿时开始记节拍。沿着"计数器59——计数器进位——状态转换到黄灯——3 s 计数器使能——计数器加到 1——计数器加到 2——3 s 计数器进位——状态转换到南北通行"一拍一拍地看。学生会发现多出来的两拍是由于计数器没有直接推动状态变换和状态变换没有直接推动计数器计数造成的。

2）Step2（40 min）

（1）让学生打开 Quartus Prime 软件，打开 /lab/tlight/step2/tlight 工程，打开 tlight28.bdf 文件。对照电路图，学生会发现加入了 2 组触发器。

（2）让学生自己修改代码，电路恢复到删除两组触发器，自己编译和仿真，直到实现正确的电路功能。这个过程可能会占用课堂较长时间。有的学生会通过减少计数器的模来缩短时间，先允许他们这样自由设计，完成后再让他们思考如果黄灯原来规定只亮两秒，那么他们的做法就不行了，从而引导他们回到正确的修改路径上。

（3）引导学生得出时序电路的插入会引起电路延迟的结论，使学生认识到时序与组合逻辑在时间上的不同。

（4）通过时钟最高频率和门最大扇出的概念使学生感受到引入时序电路对组合逻辑电路进行分隔会提高系统性能。

3）Step3（60 min）

（1）让学生打开 Quartus Prime 软件，打开 /lab/tlight/step3/tlight 工程，打开 tlight16.bdf 文件，寻找最简电路设计。通过将三个计数器合并，得到最简电路设计。

（2）让学生在设计中不止要注意计数器的变化，因为计数器变化了，状态机也需要随之变化。Step3 会花相当长的时间，部分没完成的学生可在实验课后继续完成该设计修改。

4）Step4（90 min）

（1）让学生打开 Quartus Prime 软件，打开 /lab/tlight/step4/tlight 工程，打开 tlight8.bdf 文件（工程中的三合一计数器 timer 内容是空的，防止学生在 Step3 中钻空子）。最简电路看起来很完美，但是电路模型存在问题，以此吸引学生的注意力。

（2）延伸出课程随后要讲解的四个问题：异步复位方法，时钟分频，输入同步，输出同步。

（3）板书异步复位,同步释放的电路图。让学生抄下,课后自己用 VHDL 代码设计,进行功能和时序仿真,验证该电路功能。

（4）讲解时钟分频,提出常用的时钟晶体频率,让学生知道晶体频率不是什么频率都可以方便得到的。对交通灯,使用 32 768 Hz 就足够了。另一方面,频率越高,则分频次数越多。但对当前的 PLD 器件而言,时钟频率在 20～50 MHz 是没有问题的,因为资源很多。

（5）与学生讨论检测是否有车在路口附近的传感器信号输送给数字系统的问题。直接以秒为节拍间隔过长,因为车辆每秒钟会运动数十米,使用高频时钟进行检测就好多了。同时,应对输入信号用高频时钟进行采样,事实是一个输入同步的过程。经过输入同步的信号,满足各个触发器的建立保持时间,不会出现异步问题。

（6）让学生打开 Quartus Prime 软件,打开/lab/tlight/step4/tlight 工程,打开 tlight_bd. bdf 文件。这个工程是没有优化,但是能直接下载运行的交通灯工程。让学生自由设计,将复位电路输入同步电路和优化后的计数器等模块加入系统,并在开发板上进行调试。

（7）提出实验报告要求,实验报告会在教学 QQ 群中统一发送。引导同学们不要将实验报告当成负担,而是要通过查找文献、回答问题进一步学习和巩固知识。

8 实验报告要求

实验报告需要反映以下工作:

（1）总结实验 4 个环节中自己进行的工作。

（2）提出实验结果进一步改进的方向。

（3）要求学生实验报告不超过 2 页 A4 纸或实验报告纸,节省纸张。不允许机打,只能手写。

（4）回答两个实验问题:问题一:请根据实验中复位电路图写出对应的 VHDL 代码。

问题二:请将交通灯的状态机 SS 用两段式代码重写。

9 考核要求与方法

（1）实验过程验收(80%):按照实验的 4 个环节独立记分。按时完成每个环节,均获得 20 分。

（2）实验奖惩:对提前完成每个实验环节的前 10% 的学生,给予每次 5% 的加分。对实验中做与实验无关事情的同学,给予每次 10% 的扣分。

（3）自主创新:在实验各个环节中,提出的解决方案合理并较一般方案更优的,给予 5% 加分。

（4）实验报告(10%):实验报告的规范性与完整性,学生需要在实验报告中整理归纳实验收获,并回答实验结束后提出的问题,使实验报告变成一个课后学习的过程。

（5）总分计算:实验总分超过 100 分时,按 100 分计。大多数学生能完成基本流程,得到 80～95 分;少数实验完成不好的学生,会得到 80 分以下的分数;10%～20% 的学生可能得到 95 分以上。

10 项目特色或创新

项目的特色在于：项目背景的工程性，知识应用的综合性，实现方法的多样性。

(1) 趣味性：实验步骤层层嵌套，一山更比一山高，激发学生的兴趣与挑战意愿。

(2) 实用性：从模型到可操作的控制电路，使学生掌握实际 PLD 电路设计的几个要点。

(3) 创新性：在实验各个环节中，不给学生设定答案，激发学生的创造力。

(4) 综合性：本实验从软件使用到系统调试，涵盖了数字系统中的完整设计流程。

3-6 基于 CPLD 的数字系统竞争冒险问题的研究

实验案例信息表

案例提供单位	华南理工大学电子与信息学院		相关专业	电类专业
设计者姓名	吕毅恒	电子邮箱	yhlv@scut.edu.cn	
设计者姓名	马楚仪	电子邮箱	chyma@scut.edu.cn	
设计者姓名	袁炎成	电子邮箱	eeyyc@scut.edu.cn	
相关课程名称：数字逻辑电路		学生年级：大二	学时（课内＋课外）：4＋4	
支撑条件	仪器设备	CPLD 便携式实验板、示波器、逻辑分析仪、万用表、数字逻辑实验箱		
	软件工具	Quartus Ⅱ 9.1、Multisim 14		
	主要器件	EPM1270T144C5、共阴数码管、LED、轻触开关、蜂鸣器		

1 实验内容与任务

实验是解决复杂工程问题的重要环节，竞争冒险是数字系统设计中最常见的问题，系统一旦出现冒险，对于其逻辑功能的实现、电路工作稳定性及可靠性都会有严重的影响。我们以数字系统竞争冒险作为本次实验解决的核心问题，通过一个趣味性的设计性内容——打地鼠游戏电路作为载体，在解决工程问题的同时起到寓教于乐的效果。在本实验中，我们给学生提供带有冒险问题的核心功能模块，训练学生自主拟定实验规划并实施，通过实验手段找出问题成因的能力，进而灵活运用理论知识，提出解决问题的方案并通过实验验证方案的有效性，最终完成系统的设计和调试全过程。

1) 系统基本功能描述

系统包括 4 个主要功能模块：

(1) 16 位 LED 控制电路：产生 4 位二进制随机码，经过译码电路每一秒随机点亮一位 LED。

(2) 4×4 矩阵键盘扫描电路：对按下的按键进行识别、编码，输出 4 位二进制键值。

(3) 计分电路：当键盘键值与 LED 控制码相同时加一分。

(4) 定时电路：游戏时间 30 s 定时。

其中,4×4 矩阵键盘扫描电路是由老师提供的带有竞争冒险问题的电路,学生需要通过实验的手段发现问题,解决问题,最终使用修改好的模块完成系统的设计。

2) 实验任务

本实验是半开放性的设计性实验,学生需要完成以下实验任务:

(1) 基本任务

① 工程问题的解决:

对老师提供的带竞争冒险问题的电路模块进行分析测试,验证解决方法。

a. 对故障模块进行分析,明确其逻辑功能。

b. 制定故障电路测试的实验方案,明确使用的分析工具、测量仪器、实验条件、操作步骤。

c. 实验方案的实施,能否得到预期的实验结果。

d. 解决问题的方案指定与实施。

e. 通过实验验证问题已被解决。

② 系统其他功能设计

a. 确定系统功能架构划分,确定每个功能模块逻辑之间的关系。

b. 完成功能模块的设计与实验验证。

③ 完成系统的整机调试。

(2) 扩展功能

① 防作弊功能:当同时按下两个或两个以上按键时,得分扣一分。对此模块做竞争冒险分析。

② 针对系统基本功能不完善的地方,自行拟定方案,设计附加电路完善其功能。

(3) 提高部分

① 带有冒险现象的电路模块。它的后级电路分别为组合逻辑电路(例如译码器、全加器等)和时序逻辑电路(触发器、计数器等),通过实验分析,后级电路的逻辑功能会分别产生怎样的影响?

② 设计一个简单的检测电路,不借助示波器,能准确检测出被测电路有没有冒险现象。

2 实验过程及要求

为了缓解实验在时间与空间上的局限性,实验室研制了 CPLD 便携式实验板(见图 3-6-1所示)发给每个学生,将原本集中安排在一个单元的 4 学时单元实验分 5 个阶段进行,让学生有充分的时间制定实验方案,更充分地发现问题,解决问题。实验过程及要求如下:

(1) 根据自顶向下的设计理念,确定顶层电路架构与底层功能模块之间的逻辑关系。明确各个功能模块的功能异常对系统整体的影响。(观测点:对基本概念与设计方法的理解)

(2) 利用 EDA 工具对给定的故障模块进行仿真分析,标记所有出现冒险提示的信号。记录冒险现象出现的时间点。(观测点:工具软件的使用)

(3) 将电路下载到实验板,用测量仪器测出冒险产生的尖峰或毛刺的峰值及持续时间。(观测点:测量工具的选择与使用)

(4) 利用理论分析找出冒险的成因,制定消除冒险的若干方案。(观测点:实验方案的

图 3-6-1　便携式 CPLD 实验板

设计)

（5）实施消除冒险的方案，通过仿真分析初步验证其效果，再通过硬件电路的实测，确认冒险是否被消除。对于无法使用仿真验证的消除冒险的方案，必须反复测试，保证电路的结构及器件参数最优。（观测点：实验实施及结果分析）

（6）LED 控制模块、倒计时模块、计分模块的设计、仿真、测试。（观测点：组合、时序逻辑电路的设计与调试)学生调试时，实验仪器的原始波形通过在线的实验教学管理系统提交，作为评分依据之一。

（7）作品验收，以实验结果向教师证明设计的作品性能指标满足要求。提交工程设计文件。

（8）以盲评的形式对其他同学完成的实验作品进行互评，提交扼要的测试报告。

（9）撰写实验报告，在硬件验收后一周内提交。

（10）成绩评价。观测点包括实验过程：学生在实验实施过程所展现的实验规划能力，实施过程中工具软件和测量仪器的使用能力，实验中解决问题的能力，实验数据的准确性；实验报告：理论设计是否正确，仿真验证是否严谨，是否能完整地描述实验规划和实施的过程，对问题的解决是否能表述清楚，实验数据反映了电路的哪些性能指标。

3　相关知识及背景

（1）时序逻辑电路竞争冒险的分析及消除。

（2）组合逻辑电路竞争冒险的分析及消除。

（3）基于 PLD 的 EDA 设计理念和操作方法。

（4）双踪示波器测量多路数字信号波形的方法。

（5）组合逻辑电路的设计方法。

（6）时序逻辑电路的设计方法。

（7）机械开关的消抖。

4 教学目标与目的

训练学生在数字小系统的综合设计中发现问题、解决问题的能力,实验的重点在于学生对于数字电路分析测试工具的选择,实验规划、实验实施的过程。明确如何通过实验找到电路的故障现象,结合理论分析,找到解决问题的方法,通过实验验证方案的可行性。

5 教学设计与引导

1）基于内涵的教学设计

一直以来,高校实验教学基本上是由经验丰富的教师和工程师根据自身或他人的经验来规划设计,由于经验的局限性,实际的教学效果存在诸多不确定性,对于学生能力提升的贡献往往具有一定的模糊性,不能从根本上确保实验教学内容的科学性。针对此问题,我们的实验教学团队从 2006 年就致力实验内涵与工程专业教育毕业达成目标之间关系的研究,并进行了长达 8 年超过 5 000 名学生参与的教学实践。该项工作在 2017 年 6 月获得华南理工大学第八届校级教学成果一等奖,同年获得广东省高等学校教育教学成果二等奖。该成果的主要理念是:

（1）通过广泛调研,并会同产业界的企业家和工程师进行深入研讨,分解出实验教学的 10 项目标内涵;经过数据归纳和统计得出各项内涵对学生毕业后 5 年处理复杂工程问题能力的贡献率,见图 3-6-2 所示。

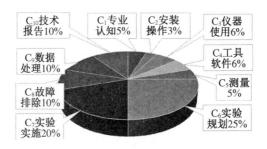

图 3-6-2　实验内涵对学生毕业后 5 年处理复杂工程问题能力的贡献率

（2）基于实验教学内涵分解,建立各项内涵与毕业达成目标的关联网络结构,构造了实验课程与毕业达成目标之间的网络映射模型,见图 3-6-3 所示。我们的每一个实验项目都是基于明确的内涵分析,通过数学建模的量化计算,与学生能力成长的 12 项毕业达成产生关联的。

（3）教学内容的量化设计

以"数字逻辑电路实验"为例,各个实验项目设计的具体过程如下:

① 根据培养方案,确定课程定位和实验项目预分类。

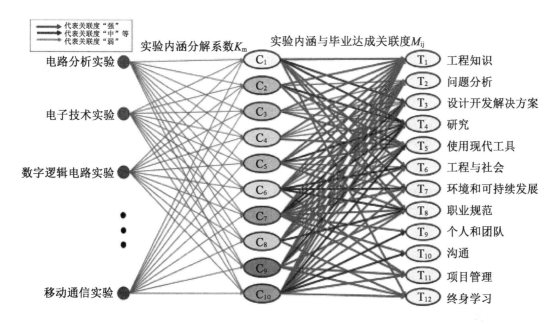

图 3-6-3　实验课程、内涵与毕业达成目标之间的网络映射模型

② 数字逻辑电路实验课在信息工程和电子科学与技术专业培养方案中均属于核心实验课程,课程定位系数 W 为 2;培养方案要求 16 学时,拟设置 5 个实验项目,根据实验课程学时安排的不同,将这 5 个实验项目进行预分类(类别以 P 代表),包括基础实验、设计实验和综合实验,分别对应 1,2 及 3 的权重值。

③ 建立实验内涵与实验层次分析表,设置实验项目与各内涵的关联度。

表 3-6-1　"数字逻辑电路实验"实验内涵分解与实验类别分析表(k_{ij} %)

实验项目	实验内涵										类别(P)
	C_1	C_2	C_3	C_4	C_5	C_6	C_7	C_8	C_9	C_{10}	
CPLD 应用与测试	5	5	25	25	20	0	10	0	0	10	1
组合逻辑电路的设计	10	0	5	20	20	20	10	5	5	5	2
时序逻辑电路的设计	10	0	5	20	20	20	10	5	5	5	2
集成脉冲电路的应用	5	5	10	5	20	20	15	10	5	5	2
基于 CPLD 的数字系统竞争与冒险的研究	10	0	5	10	5	20	15	20	0	15	3
课程综合统计	8.5	1.5	8	14.5	15.5	18	12.5	10	3	8.5	$W=2$

将 5 个实验项目的预分类类别标注在表 3-6-1 最后一列。再根据教学目标,对各实验项目制定预期的 10 项内涵分解系数 k_{ij},如表中各行所示,每个实验项目的内涵分解系数和为 100%。

就本实验来说,我们把重点放在实验规划、实验实施上,其次就是实验设计报告撰写。

2）确定实验项目性质

在确定预期的实验内涵分解系数 k_{ij} 满足教学目标,实验课程性质满足教学计划的基础上,结合理论课教学,选择与实验内涵 $C_1 \sim C_{10}$ 10 项指标相匹配的实验内容载体并制定实验方案,落实实验教学过程中的各项观测点。图 3-6-4 以本实验项目为例,列举该实验内容和实验方案与实验内涵指标的具体对应关系。

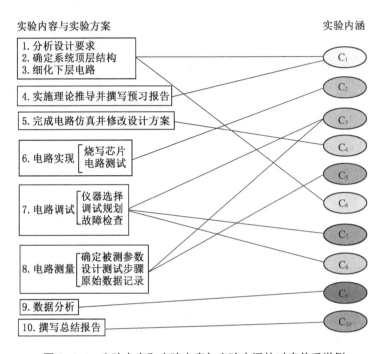

图 3-6-4 实验内容和实验方案与实验内涵的对应关系举例

综上所述,实验课程的设计过程包括:设定实验课程的预设目标;分解各实验项目的设定;将目标量化落实到具体的内涵;利用量化模型,检验实验内容设计的合理性,形成闭环修改的设计流程,如图 3-6-5 所示。保证实验课程整体设计的科学性。

3）教学引导

竞争冒险作为本实验项目需要解决的核心问题,首先让学生明确竞争冒险现象产生的来源和对电路造成的影响。

从理论分析入手,数字电路竞争的两个主要来源是:

（1）用异步时序电路产生多位二进制变量,由于异步电路每一位翻转的时间不同,必然产生竞争。

（2）不同传输路径经过的逻辑单元数量不同造成信号先后变化。

系统一旦产生冒险,会对电路逻辑功能造成以下的影响:

（1）时序电路模块使用了衍生的时钟信号,衍生的时钟一旦出现冒险,电路中的触发器就会被误触发,导致时序的错误或失效。

（2）数字模块的使能信号一旦出现冒险,局部的、瞬间的异常就会转化为电路整体的、长期的不正常。

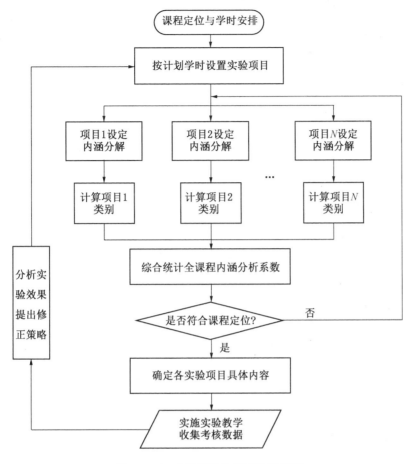

图 3-6-5　实验设计的闭环设计流程

（3）锁存器的输入信号出现冒险,瞬间发生的异常状态被锁存,瞬间的错误状态长时间输出。

（4）带冒险的信号作为大功率开关器件的控制信号,瞬间开关状态转换造成冲击。

（5）带冒险的信号作用于数码管、LED、蜂鸣器等终端,瞬间的异常难以观察,但对系统运行的稳定性和可靠性有潜在的影响。

用实验手段对带有冒险的问题电路进行测试:

由于大部分的冒险属于偶发的故障现象,具有很大的不确定性,盲目地开始测量无异于大海捞针。在这里需要提示学生先通过 EDA 工具进行初步的仿真分析,参照仿真结果冒险出现的提示,用示波器测量时着重对关键点进行测试,力求准确地对冒险产生的尖峰进行抓捕。对尖峰脉冲进行测试得到 3 个关键信息:尖峰脉冲出现的时点、峰值电压、持续时间。

解决冒险的方法验证:

竞争冒险大多是由于上述两种原因共同引起的,解决的时候先从异步时序电路入手,把电路中的异步时序电路全部换成同步时序电路,再进行仿真分析和测试验证,问题若还没彻底解决,则通过分析信号的传输路径,尝试能否以改变电路结构的方式解决(从实验效果看这种方法不太适用),利用锁存器,通过对触发时钟的设计,只锁存有效的状态,避开异常状态。通过仿真分析和信号实测,保证冒险问题被消除。

6 实验原理及方案

1) 系统结构

按照系统的总体功能可以划分为 4 个主要的功能模块,如图 3-6-6 所示。

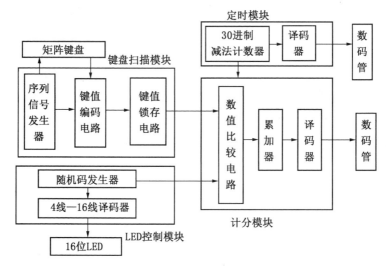

图 3-6-6　打地鼠游戏电路结构框图

其中,键盘扫描模块是本实验的重点内容,我们将一个事先设计好,带有竞争冒险问题的电路提供给学生,要求他们在解决此电路模块的基础上,用它结合其他功能模块完成本系统的设计。

2) 键盘扫描模块的分析和测试

提供给学生测试的键盘扫描模块电路原理图,包括顺序信号发生器电路、键值编码电路和键值锁存电路三个单元电路,序列信号发生器产生列扫描信号,8 个状态按图3-6-7所示,序列信号分别输入至矩阵键盘的每一列,同时送到优先编码器,得到键值的低两位。

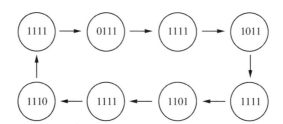

图 3-6-7　序列信号发生器状态转换图

键盘行线输出 KL0～3 从 IN0 输入优先编码器得到键值的高两位。4 位键值经锁存器锁存得到静态的键值。

对电路进行最理想状态下的功能仿真,模拟键盘按键从 ♯1～♯15 依次按下,按键时间持续为一个时钟周期,功能仿真波形如图 3-6-8 所示。

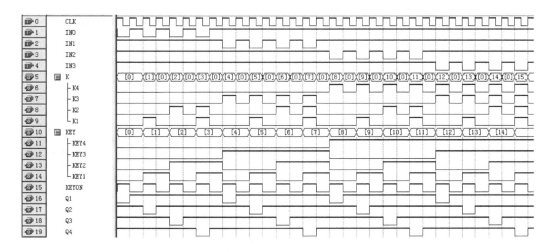

图 3-6-8 键盘扫描电路功能仿真波形图

键码被正确识别,锁存器输出与编码器输出一致。

运行时序仿真,列扫描信号出现明显冒险提示,编码器产生的键码低两位也存在冒险,异常的信号经过锁存器锁存,锁存的结果与初始的键值明显不同,如图 3-6-9 所示。

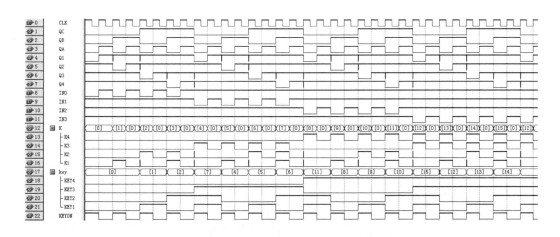

图 3-6-9 键盘扫描电路时序仿真波形图

硬件电路测试参考方案:

将模块电路下载到 CPLD 实验板进行测试,扫描时钟设定为 100 Hz。逐个按下键盘的 16 个按键,先用逻辑指示灯观察优先编码器输出的原始键值和锁存输出的键值,由于冒险是偶发性故障,要多次测试,记录所有不一致的键值。

用示波器测量带冒险现象的信号波形(以序列脉冲信号 Q_3 与键值 K_1 为例),测量 K_1 中冒险出现的时间点,图中显示在 K_1 下降沿之后的一个时钟周期(10 ms)出现一个尖峰脉冲,如图 3-6-9 所示,用示波器的局部放大功能,在毛刺位置提高扫描速率观察,如图 3-6-10 所示。

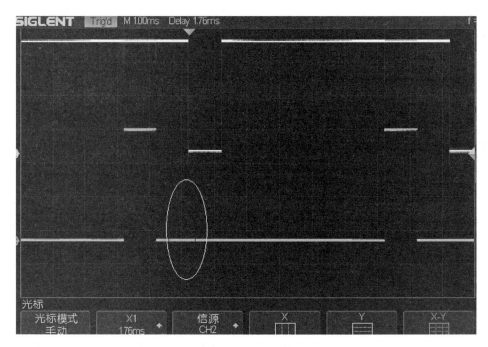

图 3-6-10　示波器正常工作模式下观测信号的冒险现象

用示波器的光标功能读取冒险产生的尖峰脉冲的峰值电压和脉冲持续时间,测量结果如图 3-6-11 所示。

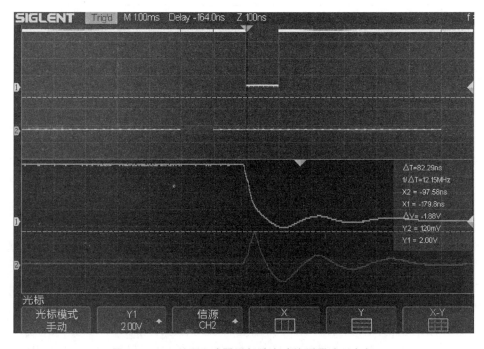

图 3-6-11　利用示波器局部放大功能测量波形参数

其余各路信号冒险波形参数测量方法基本同上,得到所有冒险点的时间定位、峰值电压和持续时间。

3)竞争冒险的消除

根据电路逻辑功能的分析和仿真分析、信号测量结果综合分析,可提出以下方案:

(1)使用同步计数器替代异步计数器

被测电路中使用了三位二进制异步计数器,将其改为三位二进制同步计数器,并对电路进行仿真分析及测试验证,如图 3-6-12 所示。

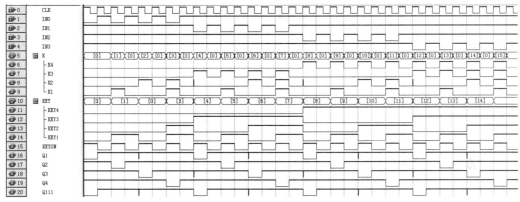

图 3-6-12 初步修改设计后的时序仿真波形

用示波器实测也能证明 K_2 仍有毛刺存在,问题未完全解决。

(2)组合逻辑电路引起的竞争冒险的消除

移步时序电路引起的竞争冒险因素排除之后,剩下的就是组合逻辑电路因为传输路径引起的竞争了,由于 CPLD 芯片内部实际电路与顶层设计电路是不同的,改变电路结构的方式显然难以适用,可考虑的方法一般只剩并联滤波电容和改变键值锁存器时钟脉冲的方法。

并联滤波电容的方法有通用性,但占用 CPLD 芯片 I/O 口较多,会增加接线工作量,比较之下,改变锁存器时钟脉冲的方法无需改变芯片的外围电路,较为简单实用,只要在不影响电路逻辑功能的前提下,避开冒险的时间点对信号锁存输出即可。

结合电路的逻辑功能和实测冒险信号持续时间分析,可将键值锁存器锁存脉冲后延半个系统时钟周期,既不会影响系统逻辑功能,也能避免冒险产生尖峰脉冲的锁存。但这里要提醒学生注意锁存器时钟不能带有冒险,否则将会引起更严重的错误。

从图 3-6-13 中的时序仿真结果看,锁存器最终输出的键值与扫描所得的初始键值完全相同。

用逻辑指示灯和逻辑分析仪以不同的扫描频率对电路模块进行测试,结果无误。

4)外围功能模块的设计提示

(1)LED 控制电路设计:用尽可能简单的数字电路每秒钟产生随机的四位二进制变量,设计方法和使用的逻辑模块无限制,只要保证输出信号无明显的规律性、16 组数值出现的概率大致相同即可。四位二进制随机码经译码器控制 16 位 LED 随机点亮。

(2)计分电路:当键盘扫描电路的输出键值与控制 LED 的随机码相等时得分加 1。二进制数值经译码在数码管显示。

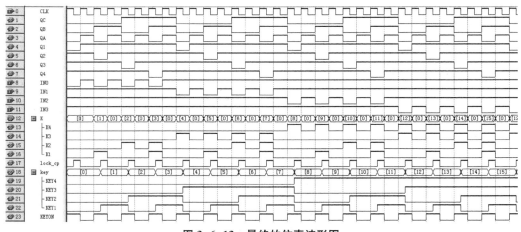

图 3-6-13　最终的仿真波形图

（3）30 s 定时电路：用十进制集成计数器模块扩展成三十进制减法计数器,减到"0"的瞬间停止计数并控制其他模块停止工作。

按照系统的总体功能可以将外围功能划分为 4 个主要的功能模块。

5）整机验收方案的确定

要求自己拟定整机的测试方案,用实验手段证明系统的性能。

（1）随机码电路的输出信号用什么方法能证明其随机性?

（2）键盘扫描电路是否对不同的按键习惯、按键时间都能准确输出键值?

（3）不同的按键速度和按键时间对计分的准确性有没有影响?

7　教学实施进程

本实验主要分为 7 个阶段实施,时间跨度为四周,具体安排见表 3-6-2 所示:

表 3-6-2　实验项目教学安排表

时间	学时安排	完成具体内容
13 周	课内 0 h	下达实验任务,发放实验电路板,提供故障模块和实验思路的引导
13～14 周	课外	查阅资料,确定实验方案,设计功能模块,仿真分析,测试,查找问题
15 周	课内 2 h	系统的初步测试与答疑
15 周	课外	制定消除冒险分实验方案并进行仿真验证,完成其他功能模块的设计和测试,优化设计方案
16 周	课内 2 h	电路最终调试及验收,提交工程设计文件
17 周	课外	随机测试教师分配的作品,根据各项设计要求,撰写简要的测试报告;提交实验报告,教师审查设计文件,批改实验报告,确定最终成绩

1）第一阶段

主要利用第 13 周第四次单元实验完成后的少许时间,给学生下达设计任务,介绍本实验的基本思路。发放实验电路板和被测的带冒险的电路模块,提供参考资料。

2）第二阶段

学生在课外查阅相关参考资料,确定工程项目的顶层架构,明确各个功能模块的逻辑关系,使用工具对老师给定的故障模块进行原理分析,对电路的测试进行实验规划。

3) 第三阶段

将电路下载到实验板,用示波器测量出现冒险现象的信号波形,记录冒险点的相关参数,分析出现冒险的原因并讨论解决方案。

4) 第四阶段

对电路反复测试确保问题解决,顶层电路设计尽可能优化。

5) 第五阶段

电路最终调试及验收,用示波器测量并记录信号波形;整机测试,看各项设计任务是否满足设计要求,无误后,记录实验结果并向教师申请验收,向实验教师阐述电路调试过程并回答相应问题,教师现场记录学生的实验操作情况、硬件电路实现情况、设计阐述及回答问题的准确性,课后根据评分规则评定操作分数。验收通过后,学生还要将工程项目的完整文件上传到实验室服务器作为实验设计的存档资料。

6) 第六阶段

让每位同学由设计师转变角色为用户或者测试工程师。教师随机分配其他同学的设计作品(pdf 文件加操作说明),测试者下载到自己的实验板上进行黑匣测试,扼要阐述测试方法及测试结果。

7) 第七阶段

完成设计报告,在第 17 周提交。教师评阅设计报告,结合学生提交的工程电路文件综合评定报告分数。

8 实验报告要求

（1）实验项目名称。

（2）实验目的与任务。

（3）实验装置与设备。

（4）系统设计分析过程。

① 系统顶层电路构思及模块间逻辑关系的论述。

② 键盘扫描模块竞争冒险问题的测试与解决:

a. 电路工作原理分析;

b. 电路的测试规划:实验工具及仪器选择、操作计划、被测信号的选择;

c. 实验的实施:实验过程遇到的问题及解决方法、实验数据;

d. 解决冒险问题的方案;

e. 方案实施的效果;

f. 调试好的电路测试验证及解决问题的综述。

③ 其他功能模块的理论设计。

④ 各个单元模块的实验测试方案及实施过程。

⑤ 各个功能模块的测试结果。

⑥ 系统整机的调试方案、过程、遇到问题的解决方法。

⑦ 整机测试结果记录及分析。

（5）随机分配的作品测试报告。

（6）实验总结及心得体会。

9 考核要求与方法

根据实验项目的设计,制定基于内涵指标的考核评价体系,对每项实验实行全过程评价考核。表3-6-3给出本实验项目的评价内容与观测点。

表3-6-3 实验项目各个环节的评分细则

考核内涵指标(C)	满分值(分)	观测点	评分(分)
C1 专业认知	10	1. 竞争冒险问题的分析;2. 数字系统顶层构建;3. 功能模块的设计	
C3 仪器使用	5	1. 示波器的使用;2. 逻辑分析仪的使用	
C4 工具软件	5	Quartus Ⅱ 的使用	
C5 测量	5	1. 冒险现象的波形测试;2. 多路波形测量;3. 数字系统逻辑功能的测试	
C6 实验规划	20	1. 实验顺序;2. 条件评估;3. 仪器选择	
C7 实验实施	15	1. 电路实现;2. 实验步骤;3. 功能展示	
C8 故障排除	20	1. 竞争冒险的分析;2. 解决冒险方案的实施;3. 消除冒险的效果验证	
C9 数据处理	5	原始数据记录	
C10 技术报告	15	1. 实验结论;2. 作品互评报告;3. 心得体会	

10 项目特色或创新

（1）本实验项目为2016年广东省教育厅本科高等教育教学改革项目《实验教学过程管理模式改革探索》其中一个子项目,采取量化闭环设计方法和注重过程的实验实施方案。

（2）把竞争冒险问题放到小系统综合设计当中作为工程问题来解决,注重通过实验手段解决问题的过程。

（3）开放性实验的理念,采取便携式实验装置,突破了实验教学时间与空间的限制。

（4）设计内容采取游戏装置的设计方式,寓教于乐,有助于培养学生兴趣。

（5）实验硬件使用主流可编程逻辑器件,集合EDA设计理念,实用性强。

（6）不同层次的同学可以有选择地完成各项功能的设计,也可以添加自己喜欢的设计功能,有较强的可扩展性。

（7）学生通过对设计中问题的解决,有助于工程能力的培养。

（8）角色转换,学生在完成自身的设计之外,可转变为硬件测试工程师,在评测别人作品的过程中能够提升自己的数字系统分析能力。

3-7　基于 FPGA 的电话号码滚动显示设计

参赛选手信息表

案例提供单位		北京科技大学	相关专业	自动化、测控等专业	
设计者姓名		郝彦爽	电子邮箱	haoys@ustb. edu. cn	
设计者姓名		韩守梅	电子邮箱	hanshm@ies. ustb. edu. cn	
设计者姓名		林颖	电子邮箱	linying_ustb@126. com	
相关课程名称			学生年级	大二	学时(课内＋课外)	3＋5
支撑条件	仪器设备	依元素口袋实验板卡 EGO1、计算机			
	软件工具	Xilinx Vivado			
	主要器件	Xilinx ARTIX－7 系列 FPGA 器件 XC7A35TCSG324			

1　实验内容与任务

（1）在一个 4 位 7 段数码显示器上，实现 12 位电话号码的滚动显示；

（2）在 Vivado 集成开发环境中进行程序设计以及模块的波形仿真，并在 FPGA 口袋实验室 EGO1 板卡上进行设计的验证、调试与实现；

（3）系统应具有复位功能，当按下复位键时，显示器的号码停止滚动，并显示预置数码，释放该键，则从电话号码的前四位开始逐位滚动显示；

（4）利用 FPGA 口袋板卡上自带的 100 MHz 的时钟进行分频，合理设置数码显示的滚动速度以及 4 个数码管的循环速度，以人眼能够看清楚且感觉较为舒适为准。

2　实验过程及要求

（1）学习 Vivado 集成开发环境下 FPGA 设计流程；

（2）自学 Verilog HDL 的基本结构和语法；

（3）了解 4 位共阴极数码显示器的基本功能和使用方法，设计程序模块实现 4 位数码管的显示功能，模块中应包括显示译码，以及数码管的片选控制；

（4）设计移位寄存器模块，实现电话号码的移位功能，并进行波形仿真；

（5）考虑数码管显示模块和移位寄存器模块所需的时钟频率，设计分频模块，输出系统所需的时钟信号；

（6）设计顶层模块；

（7）查看 EGO1 板卡使用手册，确定数码管等外设与 FPGA 芯片连接的引脚，添加约束文件；

（8）将比特流文件写入 FPGA 芯片，验证结果并调试；

（9）撰写设计报告，总结实验过程中出现的问题及解决方法。

3 相关知识及背景

在日常生活中,信息的循环滚动显示几乎随处可见。本实验以电话号码的滚动显示为例,基于 FPGA 口袋实验室,运用数字电子技术来实现这一现实生活中的典型应用,需要用到的具体相关知识和技术方法包括分频器、移位寄存器、显示译码器、4 位 7 段数码显示器、FPGA 技术、Vivado 开发环境以及 Verilog HDL 语言等。

4 教学目标与目的

通过该综合设计型实验的实现过程,使学生熟悉 FPGA 开发流程,理解 Verilog HDL 语言的模块化设计思想;掌握以显示译码和数码显示为代表的组合逻辑电路的设计方法,以及以分频器和移位寄存器为代表的时序逻辑电路的设计方法;提高工程实践能力。

5 教学设计与引导

本实验是一个综合性较强的实践项目,为使学生顺利完成实验,并能提高设计能力和动手实践能力,应在以下几个方面加强教学设计和引导:

(1) 学生应在上课之前完成实验的预习工作,包括熟悉 FPGA 设计流程、自学 Verilog HDL 语言基本语法、复习实验相关理论知识、进行实验原理设计、撰写预习报告。

(2) 快速检查学生的预习报告,找到学生设计中存在的共性问题,在课堂讲解中重点指出,并给出解决的思路,以避免学生在实际操作过程中出错。

(3) 简要介绍 4 位数码显示器的使用方法,分析实验要求与设计思路,可以给出系统设计框图,说明系统中各个模块实现的功能,但不对各模块的设计做详细的介绍。

(4) 考虑到部分学生对 Verilog HDL 语言并不熟悉,对其中的 always 块语句、assign 语句和 case 语句做简单介绍。

(5) 针对学生容易忽视和出错的一些细节,在学生开始操作前,给出以下几个问题进行思考:电话号码在程序中存储的位宽应为多少位,在哪里设置初始值?分频模块的两个输出时钟频率取多大合适?移位寄存器的数据应该左移还是右移?数码显示模块输出的 7 位段选信号和 4 位片选信号如何配置芯片引脚?等等。引导学生带着这些问题去设计电路,主动思考,有助于学生在出现错误时及时解决问题。学生之间也可以分组讨论这些问题。

(6) 实验过程中,如有学生求助,应注意引导学生查找问题的方法,分析问题的思路,而不能直接指出如何解决问题。比如,如果显示数据不能正确移动应该检查哪个模块,数据可以移动,但显示数据不正确又应该检查哪里?

(7) 在学生完成实验后,检查 EGO1 板卡上的实现情况、设计的创新性、程序的规范性。对实现较快的学生,可更改或增加部分实验要求,让他继续实现;而对于进度较慢的学生,可以适当降低实验要求。

6 实验原理及方案

1) 系统框图

系统框图如图 3-7-1 所示,共包含 4 个模块,分别为顶层模块、移位寄存模块、4 位数码显示模块和分频模块,在顶层模块中调用其他三个模块。其中分频模块将100 MHz时钟分频,得到两个频率不同的时钟信号,分别作为移位寄存模块和4位数码显示模块的输入;移位寄存模块输出电话号码的16位(二进制)数据Num[15:0],并在每个时钟clk1的上升沿,将输出信息移动4位(二进制);数码显示模块在时钟clk2

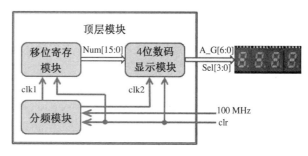

图3-7-1 系统框图

的作用下控制4位数码管的片选信号Sel[3:0],并将对应的4位二进制数据译码,得到数码管的段选信号A_G[6:0],输出控制数码显示器。

2) 移位寄存模块的设计

在移位寄存模块中设置待显示的电话号码,由于该号码为12位十进制数字,每一个十进制数字可以用4位二进制数表示,因此模块中存储电话号码的寄存器宽度应大于等于48位。

若复位信号clr为1时,将初始号码赋值给寄存器。

在时钟信号clk1的上升沿,将寄存器存储的数据向低位移动4位,同时将移出的低4位赋值给高4位,实现循环移位功能。

将寄存器的低16位数据作为移位寄存模块的输出。

3) 4位数码显示模块的设计

4位数码显示模块主要实现两个功能,4选1片选控制和显示译码,如图3-7-2所示。

在4选1片选控制子模块中,设置一个两位寄存器,在时钟clk2的上升沿计数值加1,在复位信号clr有效时清零。当两位寄存器数据为不同值时,将片选信号Sel[3:0]的某一位数据置1,同时将Num[15:0]中对应的四位二进制数赋值给code[3:0],送至显示译码子模块。例如,若两位寄存器数据为2,则Sel[3:0]=0100,code[3:0]=Num[11:8]。

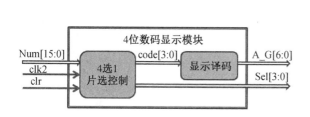

图3-7-2 4位数码显示模块的原理框图

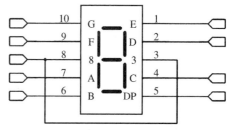

图3-7-3 7段数码管段位分布

显示译码子模块实现从BCD码到7段码的转换,以驱动7段数码管。建议该子模块使用case语句实现。7段数码管的段位分布如图3-7-3所示。

需要注意的是,EGO1板卡上的数码管为共阴极数码管,段选端应连接高电平,数码管上的对应位置才能被点亮。因此,FPGA输出有效的片选信号和段选信号都应该是高电平。

4) 分频模块的设计

首先需要分析 clk1 和 clk2 的时钟频率。clk1 用于移位寄存模块,不宜太快,建议以 3 Hz 左右的频率移动数据,人眼才能看清移动的数据。clk2 用于 4 位数码显示模块,4 个数码管在 clk2 作用下被循环点亮,同一时刻只有一个数码管被点亮,每个数码管被点亮的频率应大于每秒 30 次,人眼才不会感觉到明显的闪烁,因此时钟 clk2 的频率应大于 120 Hz。

根据确定好的 clk1 和 clk2 的时钟频率,合理设置计数器,即可实现分频模块的设计。

7 教学实施进程

(1) 任务安排:在上一次课结束时,向学生安排本次实验的内容与要求。

(2) 预习自学:学生在课前做好预习工作。

(3) 现场教学:检查学生的预习报告,简要介绍实验的应用背景,分析实验原理与设计方案,并针对学生预习中存在的普遍性问题以及容易出错的地方,提醒学生注意。

(4) 现场操作:学生根据实验要求和自己的设计方案,完成程序设计、波形仿真、添加约束、芯片写入等操作,并在 EGO1 板卡上验证结果。在此过程中,如果发现实验结果与预期结果不符,应仔细分析问题,修改相应设计,实现预期要求。教师可协助学生解决问题。学生之间也可互相讨论,共同解决问题。由于课时限制,不再单独设置分组研讨的环节。

(5) 结果验收:检查学生 EGO1 板卡上实现的结果是否正确、完整,检查计算机上的程序代码是否符合规范、注释清晰,判断学生的设计是否具有创新性或创新意识。

(6) 实验报告:实验课后,学生根据要求完成实验报告,并按时提交。

(7) 报告批改:批改学生提交的实验报告,考查其规范性、完整性与正确性,并结合课堂表现,给出本次实验的总成绩。

8 实验报告要求

实验报告需要反映以下工作:

(1)实验的应用背景;(2)实验的原理设计;(3)显示译码模块的功能表;(4)移位寄存模块的仿真波形;(5)FPGA 芯片与外设连接的引脚设置;(6)实验结果记录;(7)实验中出现的问题与分析;(8)实验总结。

9 考核要求与方法

(1) 预习情况:实验前,检查预习报告中原理设计部分的合理性,占比 10%。

(2) 波形仿真:实验过程中,检查移位寄存模块的仿真波形是否正确,占比 10%。

(3) 实物验收:检查 EGO1 板卡上实现功能的正确性、完整性,以及所用时间,占比 30%。

(4) 规范性:程序代码的规范性,以及注释的可读性,占比 10%。

(5) 创新性:考查设计是否具有创新性,以及自主思考能力,占比 10%。

(6) 实验报告:实验结束,检查提交报告的规范性、完整性与正确性,占比 30%。

10 项目特色或创新

项目的特色在于:一方面具有广泛的实际应用背景,有利于学生将课堂理论知识与实际应用联系起来;另一方面具有很强的综合性,既包含数字电子技术中组合逻辑电路的知识,也有时序逻辑电路的知识。此外,本项目的难度适中,大部分学生经过努力都能够完成,比较适合作为数字电子技术实验课的一个综合设计型实验。

3-8 数字系统的时间同步(2019)

参赛信息表

案例提供单位	武汉大学		相关专业	电子信息类	
设计者姓名	杨静	电子邮箱	janeyang628@whu. edu. cn		
设计者姓名	周军	电子邮箱	zhoujun@whu. edu. cn		
设计者姓名	穆华俊	电子邮箱	mhj@whu. edu. cn		
相关课程名称	数字系统基础	学生年级	大二	学时(课内+课外)	8+8
支撑条件	仪器设备	示波器、信号发生器、直流稳压电源			
	软件工具	Model Sim、Intel Quartus Prime			
	主要器件	DE2-115 教学实验系统、GPS 天线、驯服晶振 ThunderBolt			

1 实验内容与任务

利用两块 FPGA 开发板模拟实现数字系统的时间同步,测量同步误差并分析原因。

1) 基本任务

(1) 采用直接同步方案实现同步

① 两块 FPGA 采用不同的时钟源,时钟源频率设置为相同值,同步控制信号由其中一块 FPGA 提供,周期为 1 s,脉宽为 10 ms;

② 两块 FPGA 均以同步控制信号为基准输出矩形脉冲波,周期为 1 s,脉宽为 10 ms,要求矩形脉冲波时间同步误差小于 1 μs;

③ 模拟时钟源频率同步误差,时钟源频率范围为 $10^4 \sim 5 \times 10^7$ Hz,相对误差范围为 $10^{-8} \sim 10^{-4}$,测量矩形脉冲波时间同步误差;

④ 模拟同步控制信号时间同步误差,误差范围为 0~100 μs,测量矩形脉冲波时间同步误差。

(2) 采用间接同步方案实现同步

① 两块 FPGA 的时钟源、同步控制信号分别由两台卫星授时驯服晶振提供;

② 两块 FPGA 均以同步控制信号为基准输出矩形脉冲波,周期为 1 s,脉宽为 10 ms;

③ 分别测量同步控制信号与矩形脉冲波的同步误差,要求矩形脉冲波时间同步误差小

于 200 ns；

④ 同步控制信号短时间丢失时(小于 1 min)，矩形脉冲波时间同步误差保持小于 1 μs。

2) 扩展任务

在间接同步方案下，实现下面的功能：

(1) 读取驯服晶振输出的串口时间信息，并在数码管上显示；

(2) 从某个预设的时刻，如 2019 年 5 月 4 日 14 时 0 分 0 秒开始产生矩形脉冲波；

(3) 产生周期不等于 1 s 的矩形脉冲波。

2 实验过程及要求

(1) 查询数字系统同步的资料，归纳不同应用领域同步的精度要求、现有同步方案的优缺点；

(2) 查询卫星授时驯服晶振的相关资料，包括工作原理、市场上常见的型号、性能指标、应用案例等；

(3) 阅读实验室所提供的驯服晶振 Thunderbolt GPS 的技术手册；

(4) 选择合适的 FPGA 器件，设计并搭建 FPGA 的外围电路；

(5) 设计 FPGA 程序，采用模块化编程方式，并给出各个模块的仿真结果；

(6) 下载并调试 FPGA 程序，完成基本任务(必做)和扩展任务(选做)；

(7) 在示波器上观察两块 FPGA 的时间同步误差，用表格记录；

(8) 根据所记录的数值分析时间同步误差产生的原因，提出减小误差的改进思路；

(9) 完成实验报告，并通过课堂演讲与讨论，交流不同解决方案的特点和现象。

3 相关知识及背景

本实验涉及数据选择器、计数器、时序逻辑电路、FPGA、卫星授时驯服晶振等知识，综合运用硬件描述语言编程、信号测试、串行接口通信等技术。时间同步在通信、军事、电力、天文观测、测绘、金融等领域均有广泛应用。本实验所涉及的间接同步方案在高频雷达中的应用已获得相关专利(专利号 ZL200920228519.X)。

4 教学目的

通过本实验引导学生学习数字系统同步的方法，掌握硬件描述语言设计方法、信号测试及接口通信技术，培养学生查阅技术资料、设计电路结构、验证电路功能以及数据统计分析的能力，提升学生工程实践素质。

5 实验教学与指导

本实验工程应用背景较强、涉及实践操作技能较多，在教学过程中，应在以下几个方面加强对学生的引导：

(1) 实验前向学生介绍具体工程应用案例，提出问题，激发学生兴趣；

(2) 要求学生预习数字系统同步、卫星授时驯服晶振的相关知识，提供驯服晶振的技术手册；

（3）要求学生在课堂实验前初步编写 FPGA 程序、仿真并写预习报告,教师通过检查报告发现学习中存在的问题;

（4）详细讲解直接同步方案和间接同步方案的实现方法、注意事项,引导学生利用实验室现有设备与仪器搭建实验与测试平台;

（5）详细讲解串口通信协议,画出读取串口数据的流程图;

（6）讲解驯服晶振的时间信息包格式,画出提取时间信息的流程图;

（7）实验中重点指导学生如何利用示波器观察测量时间同步误差,由于同步误差相对于信号周期很小,应采用单次触发、边沿触发方式,将示波器水平刻度调到纳秒量级,更容易观察;

（8）指导学生如何模拟时钟源频率同步误差和同步控制信号时间同步误差、设计数据记录表格;

（9）引导学生通过实验数据的分析和计算,总结时间同步误差的影响因素,提出减小时间同步误差的方案;

（10）验收时注意学生设计的规范性,如模块的规范性及可扩展性;

（11）在实验完成后的交流和评讲过程中,结合工程背景,提出开放性问题拓展学生思路,如当需要同步的系统位于相距较远的两个位置时,如何测量同步误差。

6　实验原理及方案

1）实验原理

本实验利用两块 FPGA 开发板模拟实现数字系统的时间同步。使两块 FPGA 产生周期、上升沿时刻相同的矩形脉冲波,用示波器观察两个矩形脉冲波上升沿时刻的时间差,作为衡量时间同步误差的指标。

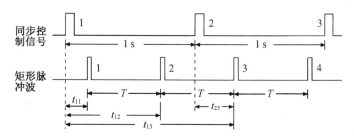

图 3-8-1　矩形脉冲波的产生

如图 3-8-1 所示,矩形脉冲波的产生以同步控制信号为基准。FPGA 根据所设置的矩形脉冲波周期、起始时刻,计算每个矩形脉冲相对于离它最近的前一个同步控制信号的时延。例如,1 号矩形脉冲波脉冲相对于 1 号同步控制信号脉冲的延迟时间为 t_{11},2 号矩形脉冲波脉冲相对于 1 号同步控制信号脉冲的延迟时间为 $t_{11}+T$,3 号矩形脉冲波脉冲相对于 2 号同步控制信号脉冲的延迟时间为 $t_{23}=t_{11}+2T-1\ \mathrm{s}$。

FPGA 根据延迟时间 t 和时钟源频率 f 计算计数器的计数个数 N,$N=tf$。因此,当 FPGA 侦测到同步控制信号脉冲时,计数器从 0 开始计数,到计数到 $tf-1$ 时,产生下一个矩形脉冲波的脉冲。

理想情况下,两块 FPGA 的时钟源频率、相位完全相同,所使用的同步控制信号上升沿完全对齐,因而产生的矩形脉冲波的上升沿时刻也一一对齐,时间同步误差为零。但实际上,由于频率源本身的精度、温漂、老化率,电路传输干扰与延迟等因素的影响,矩形脉冲波的上升沿不会完全对齐,上升沿时刻的偏差可以作为衡量两块 FPGA 时间同步误差的指标。

2) 实现方案

本实验采用直接同步和间接同步两种方案模拟实现数字系统的时间同步。直接同步是指将同步控制信号由一块 FPGA 传送给另一块 FPGA,两者共享一个同步控制信号。间接同步是指两块 FPGA 使用各自的同步控制信号,两个同步控制信号周期性地由更高精度的时间基准如卫星信号来校准。GPS 驯服晶振输出的秒脉冲满足要求,可作为同步控制信号使用。

(1)系统结构图

两种方案的系统结构图分别如图 3-8-2、图 3-8-3 所示。

图 3-8-2　直接同步方案的结构图

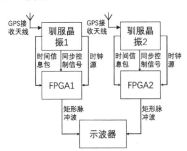

图 3-8-3　间接同步方案的结构图

(2)FPGA 电路设计

① FPGA 内部功能模块(如图 3-8-4、图 3-8-5 所示)

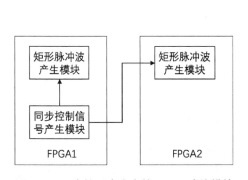

图 3-8-4　直接同步方案的 FPGA 功能模块

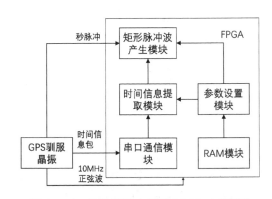

图 3-8-5　间接同步方案的 FPGA 功能模块

在间接同步方案中,每块 FPGA 芯片包括串口通信模块、时间信息提取模块、矩形脉冲波产生模块、参数设置模块、随机存储器(RAM)模块。其中,RAM 模块用于存储参数。参数设置模块读取参数,并将各个模块所需参数发送给相应模块。串口通信模块读取 GPS 驯服晶振串行口发送的数据。时间信息提取模块从读取的数据中提取时间信息,并比较当前时间是否与所设置的矩形脉冲波起始时刻相等,若相等,则通知矩形脉冲波产生模块产生信号。

② 串口通信模块

本实验采用 ThunderBolt 驯服晶振,其串口输出数据格式如图 3-8-6 所示。

由此设计串口通信模块读取数据的流程图,如图 3-8-7 所示。

③ 时间信息提取模块

ThunderBolt 驯服晶振输出语句遵循 Trimble 标准接口协议(TSIP)。语句中的每个包都包含一个验证码,用来指示包的含义和格式。每个包在开始和结束的位置都包含控制字符。TSIP 的包结构如下:

<DLE> <id> <data string bytes> <DLE> <ETX>

其中,<DLE>为字节 0x10,<ETX>为字节 0x03,<id>是验证码,可以是与<DLE>和<ETX>不同的任何其他值。本实验使用 0x8F－AB 包,8F 是它的验证码,AB 是子码。根据 0x8F－AB 包的格式,设计时间信息提取模块的工作流程,如图 3-8-8 所示。

图 3-8-6　串口输出数据格式

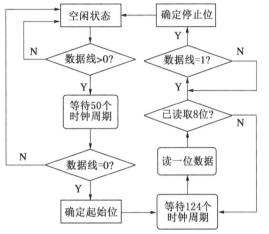

图 3-8-7　读取数据流程图

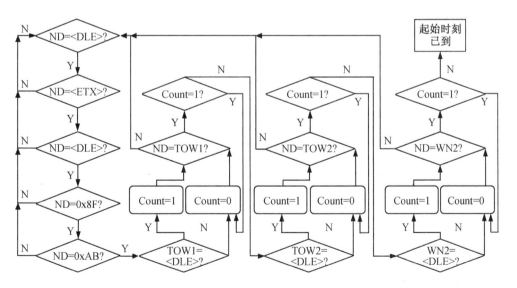

图 3-8-8　时间信息提取模块流程图

7 教学实施进程

1）实验前

（1）教师介绍实验背景,布置实验任务,提供资料;

（2）学生查阅数字系统同步、卫星授时驯服晶振的相关资料,根据基本任务和扩展任务初步编写相应代码、仿真并完成预习报告;

（3）教师通过检查报告发现学习中存在的问题,调整课堂教学的内容。

2）实验中

（1）教师讲解内容:

① 直接同步和间接同步方案的实现方法和注意事项;

② 驯服晶振 ThunderBolt 的使用方法,重点讲解串口通信和时间信息提取的思路和流程图;

③ 示波器、FPGA 相关工具的使用方法和注意事项。

（2）搭建实验与测试平台。

（3）编写、调试、仿真、验证编写的 FPGA 程序。

（4）完成基本任务,记录时间同步误差的测试数据,通过分析计算归纳影响时间同步误差的因素。

（5）完成扩展任务。

3）实验后

（1）学生进行课堂演讲及演示,就实验中的一些现象或问题进行讨论,提出改进措施或构思;

（2）教师验收实验结果,提出开放性问题供后续思考与研究;

（3）完成实验报告。

8 实验报告要求

实验报告需要反映如下工作:

（1）实验需求分析,列出实验任务与要求;

（2）实验方案设计,画出实验与测试平台电路;

（3）FPGA 程序设计,画出程序功能框图,说明功能模块的实现方法,画出流程图;

（4）FPGA 仿真,说明仿真的方法与结果;

（5）表格设计,实验数据记录;

（6）实验数据分析,说明分析的过程与结论;

（7）实验结果总结与心得体会,说明改进同步性能的思路。

9 考核要求与方法

（1）预习结束后提交预习报告,根据报告内容考核学生独立查阅资料的能力,以及分析和解决问题的思路与方法;

（2）验收 FPGA 程序的仿真结果,要求学生设计过程中进行功能仿真和时序仿真,教师验收仿真结果是否符合设计指标要求；

（3）实物验收，考核功能、指标是否符合设计要求，记录完成的时间，评估功能完备性、性能达标度；

（4）创新设计验收，对设计、调测等实验内容进行提问，考查学生电路设计的创新性、独立思考与实践能力，根据具体情况分析记录；

（5）实验讨论，学生上讲台讲解，包括实验创新、遇到的问题及解决方法、实验收获等，考查学生的表达与分析能力；

（6）实验报告，考查实验报告的规范性与完整性。

10 项目特色或创新

（1）本实验涉及的知识面和实践技能较广，有利于学生巩固所学基础知识，并提高硬件描述语言设计、信号测试、接口通信、数据统计分析等能力；

（2）本实验具有较强的工程应用背景，有助于激发学生的学习兴趣，提高学生的工程实践能力。本实验所涉及的间接同步方案在高频雷达中的应用已获得相关专利（专利号ZL200920228519.X）。

3-9 车载手势识别系统形态学处理设计及 FPGA 实现(2019)

参赛信息表

案例提供单位	杭州电子科技大学		相关专业	电子信息工程	
设计者姓名	马学条	电子邮箱	mxt@hdu.edu.cn		
设计者姓名	陈龙	电子邮箱	chenlong@hdu.edu.cn		
设计者姓名	杨柳	电子邮箱	19092179@qq.com		
相关课程名称	数字系统课程设计	学生年级	大二	学时（课内＋课外）	8+8
支撑条件	仪器设备	VGA 显示器、电源			
	软件工具	Quartus Ⅱ			
	主要器件	FPGA 开发板、AD 模块、DA 模块			

1 实验内容与任务

使用 3×3、5×5、7×7 等结构元素，对二值化处理后的手势图像进行腐蚀、膨胀、开运算和闭运算等形态学处理。实验操作流程如图 3-9-1 所示。

实验任务 1：结构元素选择。使用 3×3、5×5、7×7、9×9 和 11×11 共 5 类结构元素对二值化图像进行腐蚀操作。观察和比较使用不同结构元素所达到的实验效果，同时查看 FPGA 平台在不同结构元素下所消耗的逻辑资源和存储的 RAM 资源。针对手势图像分析和选取合适的结构元素，并计算存储的 RAM 资源。

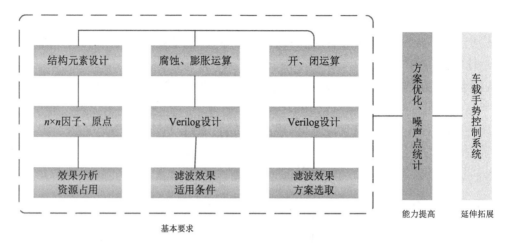

图 3-9-1 实验操作流程

实验任务 2：根据实验任务 1 所选取的结构元素，对二值化图像进行单一的腐蚀和膨胀操作。根据观察到的实验效果归纳总结两种形态学操作各自的特点和适用范围；思考和讨论为达到更好的滤噪效果所需的有效操作途径。

实验任务 3：根据实验任务 1 所选取的结构元素，对二值化图像进行腐蚀和膨胀组合操作。先进行开运算即先腐蚀再膨胀，然后进行闭运算即先膨胀再腐蚀。根据观察到的实验效果归纳总结两种形态学操作各自的特点和适用范围；思考和讨论手势图像处理效果较佳的形态学运算方式。

上述实验内容其结果均不具有唯一性，学生需根据多样性的实验数据和实验效果进行分析和归纳，寻找针对当前图像最佳的形态学处理方案。并大胆尝试、探索推导形态学处理方案的规律性和普适性；从而锻炼学生的综合能力。

2 实验过程及要求

（1）了解形态学图像处理的原理和适用范围。

（2）掌握结构元素、腐蚀、膨胀、开、闭运算的 FPGA 实现方式。

（3）使用 3×3、5×5、7×7、9×9 和 11×11 共 5 类结构元素对二值化图像进行腐蚀操作。

（4）对二值化图像进行单一的腐蚀和膨胀操作。

（5）对二值化图像进行腐蚀和膨胀组合操作。

（6）观察不同形态学处理效果，分析系统所消耗的逻辑资源和存储的 RAM 资源。

（7）归纳和分析噪声滤除效果，及资源消耗情况，探讨手势二值图像的最佳形态学处理方案。

（8）撰写实验设计总结报告，结合实物效果进行课程设计验收。

3 相关知识及背景

车载手势识别系统为多学科融合的综合性实验项目。实验内容涉及人工智能、图像处理、数学形态学、现代数字电子技术、计算机技术、FPGA 设计与应用等多学科知识。

4 教学目标与目的

（1）了解形态学的基本运算原理，掌握使用 FPGA 进行形态学运算设计的方法。

（2）通过分析和归纳影响系统滤波效果的原因，探索较佳的形态学处理方案。

（3）提高学生的成本意识，通过自主设计和算法优化，降低系统对硬件指标的要求。

5 教学设计与引导

本实验教学项目是一个多学科融合的综合性实验，实验过程以学生为主体，教师进行适当的引导。

1）实验教学

（1）教师演示往届优秀课程作品、学科竞赛获奖作品等，并指出这是身边同学设计的作品，引发学生的好奇心理和探究欲望；

（2）简介车载手势控制系统的基本原理和应用场合，让学生体会到数字技术能改变和影响我们的生活和学习，激发学生的学习兴趣；

（3）教师引出话题，我们如何使用现有所学知识解决车载手势识别系统的核心技术难题——二值图像的形态学处理与 FPGA 实现，并让学生分组讨论；

（4）在总结学生讨论话题的基础上，简要介绍二值图像的形态学处理过程和如何使用现代数字电子技术进行 FPGA 设计实现；

（5）学生分组完成结构元素的选取和分析、腐蚀和膨胀运算的设计、开运算和闭运算的设计三部分实验内容，组织优秀学生分享设计心得，全体讨论是否有改进方案；

（6）学有余力的同学，可进行扩展任务设计。

2）要点及难点引导

如表 3-9-1 所示，实验内容分为 3 部分进行操作，教师对实验步骤中的要点及难点进行适当的引导，为学生指明设计方向。

表 3-9-1 车载手势识别系统形态学处理设计及 FPGA 实现要点及难点

实验内容	实验要求	实验结果	难点引导
结构元素的选取和分析	使用 Verilog 语言完成 3×3、5×5、7×7、9×9 和 11×11 共 5 类结构元素设计，使用上述结构元素对二值化图像分别进行腐蚀操作	下载硬件平台进行调试，比较和分析使用 5 类结构元素处理后的图像效果	针对图像处理效果进行分析，确定合适的结构元素
腐蚀和膨胀运算的设计	使用 Verilog 语言完成腐蚀和膨胀运算的设计，对二值化图像分别进行腐蚀和膨胀操作	下载硬件平台进行调试，分析图像处理效果，归纳总结各自的特点和适用情形	思考和讨论为达到更好的滤噪效果所需的有效操作途径
开运算和闭运算的设计	使用 Verilog 语言完成开运算和闭运算的设计，对二值化图像分别进行开运算和闭运算	下载硬件平台进行调试，分析图像处理效果，归纳总结各自的特点和适用情形	思考和讨论手势图像处理效果较佳的形态学运算方式

6 实验原理及方案

1）实验原理

对二值图像的数学形态学处理过程如图 3-9-2 所示。

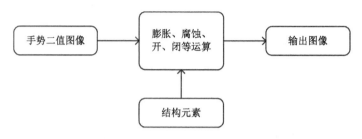

图 3-9-2 二值图像的数学形态学处理过程

输入的原始图像就是基于 H 值提取的二值图像，该二值图像基于图像里肤色部分的轮廓。然后对轮廓里的部分进行膨胀、腐蚀、开、闭等数学形态学运算。

膨胀和腐蚀是所有符合形态变换或形态分析的基础。如果用 A 表示输入图像，B 便是结构元素，那么 B 对 A 进行膨胀的结果就是图像 A 相对于结构元素 B 的所有点平移 b（b 属于结构元素）后的并集，而腐蚀的结果是图像 A 相对于结构元素 B 平移 $-b$ 后的交集，它们的数学表达式分别为：

膨胀运算：$A \oplus B = \{x, y \mid (B)_{xy} \cap A \neq \varnothing\}$

腐蚀运算：$A \Theta B = \{x, y \mid (B)_{xy} \subseteq A\}$

膨胀可以填充图像中比结构元素小的空洞，及在图像边缘出现的小凹陷部分，有对图像外部滤波的作用；腐蚀可以消除图像中小的成分，有对图像内部滤波的作用，并将图像缩小。

形态开、闭运算是膨胀和腐蚀的串行复合运算，它本身是最基本的形态滤波器，它们的数学表达式如下：

开运算：$A \circ B = (A \Theta B) \oplus B$

闭运算：$A \bullet B = (A \oplus B) \Theta B$

开运算是先腐蚀后膨胀，具有消除细小物体、在纤细处分离物体和平滑较大物体边界的作用。闭运算是先膨胀后腐蚀，具有填充物体内细小空洞，连接临近物体和平滑物体边界的作用。

形态学图像处理的基本思想是利用一个称作结构元素的"探针"收集图像的信息。当探针在图像中不断移动时，便可考虑图像各个部分间的相互关系，从而了解图像的结构特征。结构元素是重要的、最基本的概念，它在形态变换中的作用相当于信号处理中的"滤波窗口"。对同一幅图像，结构元素不同，则处理的结果也不同，所以结构元素在这里很重要。

2）FPGA 设计实现思路

在 FPGA 中，常见膨胀的算法就是将一个 3×3 像素窗口内的像素进行"与"操作；同理膨胀即为"或"操作。

腐蚀算法的运算过程如图 3-9-3 所示，将 3×3 窗口内像素进行相"与"的逻辑运算，清除结构元素单元内的杂点；若各个点用 Pn 来表示，则该算法表示为 P1 = P11 & P12 &

P13;P2 = P21 & P22 & P23;P3 = P31 & P32 & P33;P = P1 & P2 & P3。

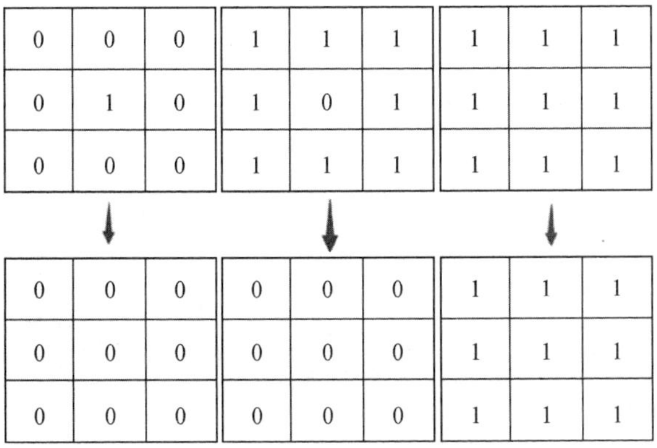

图 3-9-3 腐蚀算法运算过程图

膨胀算法的运算过程如图 3-9-4 所示,将 3×3 窗口内像素进行相"或"的逻辑运算。只要区域内出现 1 个需要的点,则经过运算之后,整个 3×3 方格内都会变成该点。

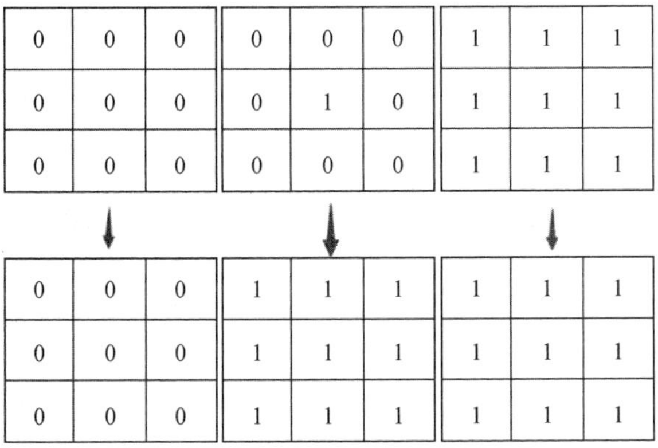

图 3-9-4 膨胀算法运算过程图

7 教学实施进程

1) 任务布置

"数字系统课程设计"课程共 32 学时,"车载手势识别系统形态学处理设计及 FPGA 实现"实验共计 8 个学时;学生通过教学网络管理平台提前了解实验任务及要求,学生三人一组,进行实验方案构思。

2) 课前预习

实验课程提前录制了教学视频并发布在学校网络教学平台,内容包括仿真软件的操作使用、简单的仿真举例、仿真注意事项等内容,让学生通过观看视频提前熟悉实验操作并预习,完成实验方案的设计。

3) 课堂实验

采用小班化实验教学模式,每个实验班最多允许 20 名学生进行实验设计。

如图 3-9-5 所示,课堂实验以学生为主体,学生承担"讲解、补充、质疑"任务,教师承担"质疑、引导、归纳"任务,指导教师每周挑选两组优秀团队对实验设计进行讲解并分享心得。调动学习气氛,提升实验教学的趣味性、研究性及可研讨性。

图 3-9-5　课堂实验教学

4) 实验考核

采用"自主设计论文答辩"的实验考核模式,学生制作 PPT 进行实验项目汇报,并提交实验总结报告。实验考核注重实验的过程性,避免以实验考试确定成绩的方式。关注学生实验报告质量的同时,更关注学生在综合设计性实验中所展示的积极性、团队合作意识和工程创新能力等。

8　实验报告要求

学生按实验教学任务要求,经过实验方案设计、教学视频观看、分组讨论实验操作、实验效果分析归纳等环节完成实验设计,对所设计的实验进行硬件调试、参数调整,给出系统优化方案,提交实验总结报告。

实验设计中需比较和分析使用 5 类结构元素处理后的图像效果,针对手势图像分析和选取合适的结构元素。腐蚀和膨胀运算的设计及研讨实验设计中需使用 Verilog 语言完成腐蚀和膨胀运算的设计,思考和讨论为达到更好的滤噪效果所需的有效操作途径。"开"运算和"闭"运算的设计及研讨实验设计中需使用 Verilog 语言完成"开"运算和"闭"运算的设计,思考和讨论手势图像处理效果较佳的形态学运算方式。

报告要求如下:

(1) 按照实验原理和实验步骤进行实验设计,完成实验后提交 Word 文档实验报告。

(2) 实验报告文件名格式为:姓名—学号—××××(实验名称). doc。

(3) 报告内容至少应包含实验目的、实验仪器、实验原理、实验数据、实验总结、心得体会等部分。

9　考核要求与方法

1) 考核方法

实验教学项目对学生的考核主要体现在"参与性、要点总结、实验拓展、文档资料表述"等方面。实验成绩由实验效果、生生互评、实验综合素养等组成。在整个项目实施过程中，引导学生充分关注操作行为规范、实验安全和职业伦理等问题。

2) 考核时间节点

实验学时为 8 个课时数，第 2 个课时后进行结构元素的选取实验验收，第 4 个课时后进行腐蚀和膨胀运算实验验收，第 6 个课时后进行开运算和闭运算实验验收，第 8 个课时组织讨论并进行优秀作品心得分享。

3) 考核标准

实验成绩＝40％实验效果＋30％总结报告＋ 15％生生互评＋15％实验行为规范。

实验项目根据学生报告的建议内容、学生问卷调查、实验组教师讨论意见、专家指导意见等多渠道收集的反馈意见，对实验考核评价体系进行持续改进。

10　项目特色或创新

（1）实验内容涉及多门课程的知识，加强了学科之间的交叉融合；实验教学实现由单一实验技能锻炼向综合能力素养培养的转变。

（2）实验教学项目依托国家级虚拟仿真实验中心，构建跨越时间空间以及资源共享的实验教学环境；实验教学实现由固定场所向互联网场所的转变。

（3）通过算法演变，采用 Verilog 语言编写，将深奥的手势识别技术和数学算法转化为基础的数字逻辑运算，满足本科阶段实验教学需求；实验教学实现复杂工程问题模块化、枯燥理论知识趣味化。

3-10　基于 Verilog 语言的函数信号发生器设计(2019)

参赛信息表

案例提供单位	西安交通大学		相关专业		电气工程	
设计者姓名	金印彬	电子邮箱	ybjin@mail.xjtu.edu.cn			
设计者姓名	宁改娣	电子邮箱	nancy@mail.xjtu.edu.cn			
设计者姓名	孙晓华	电子邮箱	Sxh0809@mail.xjtu.edu.cn			
相关课程名称	数字电子技术基础	学生年级	大二	学时(课内＋课外)		4＋12
支撑条件	仪器设备	示波器、Basys2 开发板				
	软件工具	ISE14.7,Modelsim				
	主要器件	Xilinx FPGA Spartan3E XC3S100E,D/A 转换器 Pmod 板(AD7303)				

1 实验内容与任务

(1) 利用基于 FPGA 的 Basys2 实验平台(简称为 B2 板)和 D/A 转换器扩展模块构成实验系统,要求用 Verilog 硬件描述语言实现函数信号发生器的设计。自选信号发生器频率的控制方法,建议采用直接数字频率合成技术(Direct Digital Frequency Synthesis,DDS);

(2) 基本功能要求:输出正弦波,且频率可变,频率变化范围:1~9 999 Hz;

(3) 提高功能要求:

① 可以输出正弦波、方波、三角波、锯齿波;

② 扩大频率调节范围:0.1 Hz~系统所能达到的最高频率;

③ 可以改变输出波形的幅度;

④ 可以改变波形的直流偏置。

2 实验过程及要求

(1) 查阅相关资料深入了解函数信号发生器的工作原理,掌握 DDS 的工作原理;

(2) 从"Datasheet5 集成电路查询网"上下载 DAC 器件 AD7303 的 Datasheet,并认真阅读,了解其转换精度、电源电压范围、封装、接口、时序和功耗等信息;

(3) 设计接口时序,并进行仿真验证,验证通过后,下载到 B2 板上进行实测验证;

(4) D/A 转换程序通过验证后,将其例化成模块,以便调用;

(5) 函数信号发生器的难点在于频率控制,基于 DDS 技术设计频率控制器;

(6) 采用自顶向下的模块化设计思想,搭建信号发生器的系统框架;

(7) 从前期实验中找到要用的模块,例如,加减乘除计算模块、数码管动态显示模块、按键及其消抖模块、多路选择器模块等,用这些已经实现的模块搭建函数信号发生器电路;

(8) 搭建测试环境,用示波器观察输出波形,测量相关参数,分析误差产生的原因;

(9) 展示设计结果,撰写设计总结报告,录制 3~5 min 的视频。

3 相关知识及背景

该实验案例在大规模现场可编程器件 FPGA 上采用硬件描述语言 Verilog HDL 设计了一个函数信号发生器。将 DDS 用于函数信号发生器的设计,通过搭积木的方式完成一个较为复杂的数字系统设计。综合运用前期进阶实验中的知识点和技术方法,如运算器、多路选择器、数码管动态显示、人机界面设计、数模转换器、有限状态机、SPI 接口等,并结合仪器精度、误差处理等工程概念与方法分析测试结果。

4 教学目的

通过一项完整的数字系统设计项目,使学生掌握基于 FPGA 的数字系统设计流程(综合、实现、下载调试)和设计方法(自顶向下或自底向上搭积木);掌握 DDS 技术,采用有限状态机对复杂问题进行建模;掌握数字系统设计过程中的仿真验证方法;掌握接口驱动的设计方法。要求学生构建测试环境,预估设计指标,并通过测试与分析对项目做出技术评价。培养学生的工程设计能力，以及在设计过程中发现问题和解决问题的能力。

5　实验教学与引导

为了能在 4 个学时内完成一个比较完整、相对复杂的数字系统设计，我们将该设计所需的基本模块分解到前期实验中，而且前期每一个实验都是相对完整的数字系统。通过顶层设计、模块设计与调试、搭建系统、系统仿真验证、下载调试、测试指标、交流讨论、设计总结等过程，最终完成整个设计。现在学生的课业都比较重，为了让学生少走弯路，尽快掌握基于硬件描述语言的数字系统设计的方法与技术，我们通过微信公众号提前告知每次实验的重点和难点，举例展示该次实验该如何进行。在实验教学中，要求教师每次实验前讲解10～15 min，在实验指导过程中重点在以下几个方面对学生进行引导：

（1）学习数字电子技术时，若不会硬件描述语言等于没有学数字电子技术。目前国内的数字电子技术教学内容陈旧，没有完全摆脱传统数字电子技术的教学内容、教学理念和设计方法。仅靠理论课堂上 2 个学时的 Verilog HDL 语言介绍，无法洞悉到现代数字系统设计的强大威力。要求同学们把所有"数字电子技术基础"课程中所讲到的、作业中的数字电路用 Verilog 语言重新实现一下，并做仿真验证，使学生尽快过渡到用硬件描述语言来实现数字逻辑。

（2）Verilog 语言与 C 语言的区别。强调 C 语言是串行执行的，而 Verilog 语言是并发执行的，Verilog 语言写出的是电路，不能用读 C 语言程序的思想去读 Verilog 语言程序，要从电路的角度去理解和读 Verilog 程序。例如：为什么不允许在两个 always 块中对同一变量进行赋值？

（3）通过在 FPGA 上设计一个与非门、编写测试文件、仿真验证、综合、实现、生成 bit 流文件、下载验证等步骤，快速掌握基于 FPGA 的开发流程。

（4）在 FPGA 上分别设计一个与门模块和一个非门模块，采用自底向上的方法设计一个与非门。用这种简单的例程方法，快速掌握模块化、搭积木式的设计方法。重点介绍位置对应和信号对应两种模块调用方法，要求顶层中只有模块调用，不含用语言描述的模块电路。

（5）强调能综合的不一定能够实现，能实现的也不一定是你要的设计。所以为保证最后设计的正确性，每一个模块都要进行仿真验证和下载调试，整个系统也要仿真验证和下载调试。

（6）强调三种赋值语句（assign 赋值语句、阻塞赋值语句、非阻塞赋值语句）的不同。if-else 语句要成对出现，case 语句一定要有 default，以免产生多余的 latch。

（7）搭积木式模块化设计是 Verilog 语言的骨骼，有限状态机是 Verilog 语言的灵魂。用有限状态机将复杂问题分解成我们更容易理解的形式，并用三段式或两段式进行描述。

（8）学习 Verilog 语言就像打太极，摆几个架势，比划两下容易，但要打到一定境界，能够强身健体、保家卫国，那是一定要下一番苦功的。一定要有章法，不能乱来，否则可能会"走火入魔"。

（9）频率控制是信号发生器设计的关键，建议采用直接数字频率合成技术（DDS）来实现频率控制,但并不限定方法。

(10) 查阅 AD7303 的技术手册,用有限状态机描述其时序逻辑,并仿真验证。建议使用三角波或方波数据,以便查看时序是否到达 AD7303 的驱动要求,仿真时尽量提高输出三角波或方波的频率,以便快速看到仿真结果。在仿真没有问题后,用示波器触发功能观察 SCLK、SYNC、DIN 信号,为了便于用示波器观察,可以降低 SCLK 信号的频率。

(11) 通过仿真波形观察到正确的 DAC 控制字和变化的波形数据后,将 PmodDA1 模块插到开发板的 JA₁ 端口上,观察波形输出。如果没有输出波形,请检查写入 AD7303 的控制模式是否正确。

(12) 实验为一人一组,老师仅提供原理性引导,不给具体程序。可以相互讨论,但拒绝抄袭,以诚实作为最基本的要求,结果可以不完整,可以部分实现。在实验报告中总结设计原理、设计步骤、实现结果以及心得体会。

(13) 设计报告要求按照毕业设计论文模板的规范书写。

6 实验原理及方案

1) 实验器材及电路简介

(1) Digilent Basys2 FPGA 开发板

本实验使用的主要器材为 Digilent 公司的 Basys2 FPGA 开发板,如图 3-10-1 所示。这一开发板的可编程逻辑器件为 Xilinx Spartan 3-E FPGA,允许使用的外部电源电压范围为 3.5~5.5 V,用户可配置晶振频率为 25 MHz、50 MHz 或 100 MHz,外设包括 8 个 LED 灯、4 个按键开关、8 个滑动开关、4 个 7 段显示器、PS/2 端口、8 位 VGA 端口、USB2.0 接口以及 4 个 6 引脚 Pmod 接口。

① FPGA 芯片

Basys2 开发板使用的可编程逻辑器件为 Xilinx Spartan 3-E XC3S100E,CP132 封装。该芯片集成度为 10 万门,具有 240 个可组态逻辑单元(CLB),72 kbit 的嵌入式 RAM 块,4 个专用乘法器以及 2 个数字时钟管理模块(DCM)。

图 3-10-1 Digilent Basys2 FPGA 开发板

② 时钟电路

Basys2 开发板的 MCLK 信号由 LTC6905-100 固定频率硅振荡器产生。该振荡器可以产生 100 MHz 的精确振荡信号输出,并且可以通过 DIV 端的输入使其输出 1 分频、2 分频或 4 分频。在本实验中,振荡器被配置为 2 分频,即输出振荡信号频率为 50 MHz。

③ 数码管电路

Basys2 开发板的数码管器件为 4 个 7 段数码管,其原理图如图 3-10-3 所示。由于 4 个 7 段数码管使用相同的段信号,故数码管显示应采用动态扫描方式。数码管各段为共阳极

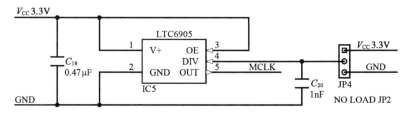

图 3-10-2　Basys2 时钟发生电路原理图

连接,故当段信号为低电平时,相应的段被点亮,当段信号为高电平时,相应的段熄灭。此外,4 个数码管的使能端连接在 PNP 型三极管的基极,故要使数码管点亮,需要使相应的使能信号为低电平。

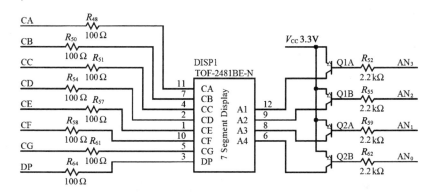

图 3-10-3　Basys2 数码管电路原理图

④ 开关电路

Basys2 开发板具有 8 个滑动开关和 4 个按键开关。由其原理图可知,当滑动开关处于下端时输出为低电平,处于上端时输出为高电平;当按键开关按下时输出为高电平,反之为低电平。此外,按键开关的电容-施密特触发器电路可以起到硬件消抖的作用。

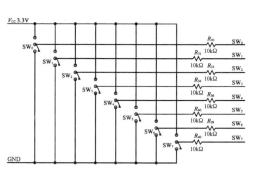

图 3-10-4　Basys2 滑动开关电路原理图

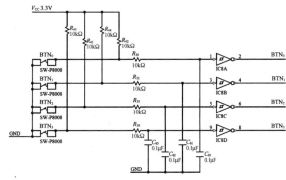

图 3-10-5　Basys2 按键开关电路原理图

⑤ Pmod 接口电路

Basys2 开发板有 4 个 Pmod 接口,可以用于对开发板功能的扩展。每个 Pmod 接线端有 6 个引脚,其中 1～4 脚为用户可配置的自定义引脚,5 脚为地,6 脚为 3.3 V 电源输出。Pmod JA_1 接线端原理图如图 3-10-6 所示。

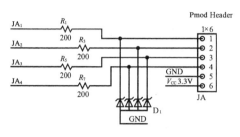

图 3-10-6　Basys2 Pmod JA1 接线端原理图　　　图 3-10-7　PmodDA1 实物图

(2) PmodDA1

① PmodDA1 模块

PmodDA1 的实物图如图 3-10-7 所示,PmodDA1 是一个由 2 个 Analog Devices AD7303 组成的 8 位数字模拟转换器。具有两个六引脚接线端 J1、J2。其中,J1 为输入端,用于和 Basys2 开发板的 Pmod 接口连接,其引脚定义如表 3-10-1 所示;J2 为输出端,用于输出 DA 转换后的模拟信号,其引脚定义如表 3-10-2 所示。

表 3-10-1　PmodDA1 J1 接线端定义

接线端 J1		
引脚	信号	功　能
1	$\overline{SYNC}$	片选(低电平有效)
2	D0	数据输入 1
3	D1	数据输入 2
4	SCLK	串行时钟
5	GND	电源地
6	VCC	电源(3.3 V 或 5 V)

表 3-10-2　PmodDA1 J2 接线端定义

接线端 J2		
引脚	信号	功　能
1	A1	数据输出 A1
2	B1	数据输出 B1
3	A2	数据输出 A2
4	B2	数据输出 B2
5	GND	电源地
6	VCC	电源(3.3 V 或 5 V)

② Analog Devices AD7303

AD7303 为串行输入双通道 8 位数字模拟转换器。其原理图如图 3-10-8 所示。其输入电压范围为 2.7~5.5 V。由原理图可知，该 DAC 采用串行输入，每帧输入数据为 16 位，包括 8 位控制位和 8 位数据位。参考电压可以采用外部参考电压或 1/2 电源电压。两路 DAC 输出有单独的数据寄存器，且每一路输出都有输入寄存器和 DAC 寄存器两个寄存器用于数据缓冲。其各引脚功能如表 3-10-3 所示。

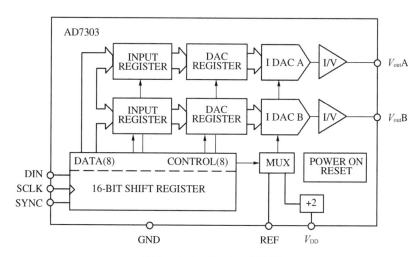

图 3-10-8　AD7303 原理图

表 3-10-3　AD7303 引脚定义

引脚	信号名称	功　　能
1	$V_{out}A$	DAC A 通道电压输出
2	V_{DD}	电源输入
3	GND	参考地
4	REF	外部参考电压输入
5	SCLK	串行时钟输入
6	DIN	串行数据输入
7	$\overline{SYNC}$	片选(低电平有效)
8	$V_{out}B$	DAC B 通道电压输出

AD7303 采用串行方式输入，其串行时钟频率最高为 30 MHz。由图 3-10-9 的时序图可知，其串行时钟高电平时间和低电平时间至少为 13 ns，片选信号建立时间为 5 ns，保持时间为 4.5 ns，最小高电平时间为 33 ns。串行数据输入信号的建立时间为 5 ns，保持时间为 4.5 ns。AD7303 串行输入的数据帧如表 3-10-4 所示，其控制位的定义如表 3-10-5 所示。

表 3-10-4　AD7303 串行输入数据帧

控制位							数据位							
$\overline{INT}/EXT$	X	LDAC	PDB	PDA	$\overline{A}/B$	CR1	CR0	DB7	DB6	DB5	DB4	DB3	DB2	DB1	DB0
MSB															LSB

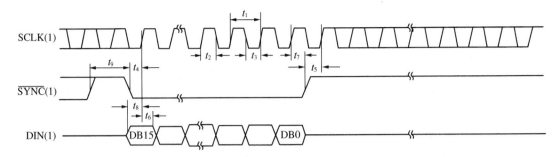

图 3-10-9　AD7303 串行输入时序图

表 3-10-5　AD7303 控制位定义

控制位	功　能
$\overline{\text{INT}}$/EXT	选择内部或外部参考电压
X	无意义
LDAC	载入 DAC 位并更新 DAC 输出
PDB	DAC B 低功耗模式
PDA	DAC A 低功耗模式
$\overline{\text{A}}$/B	选择数据为 DAC A 数据或 DAC B 数据
CR1	组合使用的控制位
CR0	

2) 直接数字频率合成技术(DDS)

　　1971 年,J. Tierney 首次提出了直接数字频率合成(DDS)技术,但由于 DDS 全数字化的特点,直到 20 世纪 80 年代末 90 年代初才掀起对 DDS 谱质的研究热潮。DDS 是一种频率合成技术,具有频率分辨率高、频率改变快捷、频率稳定性好等优点。它由全数字电路构成,易于集成,在通信系统的各个领域得到广泛应用,特别适合在移动通信和跳频扩频通信领域使用。DDS 是现代函数信号发生器通用的频率控制方法。基于 DDS 的信号发生器方案如图 3-10-10 所示。

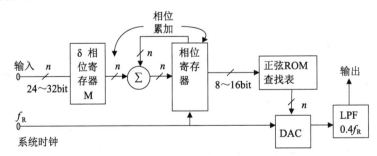

图 3-10-10　直接数字频率合成技术原理

　　(1) DDS 的工作原理

　　首先将正弦波的输出看作为一个围绕相位圆的旋转矢量。相位圆上的每一点均对应输出正弦波形上的一个特定点。矢量围绕相位圆旋转,相应的输出波形也就产生了。矢量旋转一周,对应产生正弦波的一个完整周期。

图 3-10-11 中相位累加器用于完成矢量绕相位圆的线性运动。相位圆的离散点数由相位累加器的分辨率决定。一个 n bit 的累加器在相位圆上有 2^n 个点。

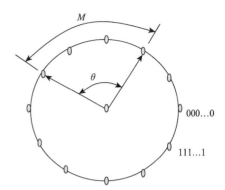

δ 相位寄存器中的数值(M)表示 DAC 两次转换(刷新)之间的跳动步长。它指使相位累加器以系统时钟频率每次在相位圆上跳跃 M 个点。M 是存于 δ 相位寄存器中的数,f_R 为时钟频率,n 为相位累加器的分辨率,那么围绕相位圆的旋转频率,即系统输出频率 f_0 为:

图 3-10-11　DDS 的工作原理

$$f_0 = \frac{1}{T_0} = \frac{1}{\left(\frac{2^n}{M} \cdot T_R\right)} = \frac{1}{\left(\frac{2^n}{M} \cdot \frac{1}{f_R}\right)} = \frac{M \cdot f_R}{2^n}$$

此系统的频率分辨率为 $f_R / 2^n$。输出频率取决于存于 δ 相位寄存器中的数 M,因此 M 被称作频率控制字。

理论上,累加器中的任一个可能的相位均对应 ROM 查找表中一个特定的值,这就会需要相当大容量的 ROM。实际上,可以将相位数据截短,以减小 DDS 系统对 ROM 容量的需要。相位截短是一个很重要的概念。例如:24 位的相位累加器,只取最高 8 位用于地址查表。相位分辨率直接影响输出正弦波谱的纯度。如果相位信息截短到 16 bit,重建正弦波波谱纯度将比非截短时下降 96 dB。

DDS 原理的核心就是一个加法器和寄存器构成的一个累加器,累加器累加一次的时间为时钟周期 T_c,随着加法器输入数据的增加,累加的步距变大,输出的频率变高,故通过改变累加器的输入可以方便地调整输出信号的频率,而且选用晶振作为高频的时钟信号可以使输出信号频率稳定。

(2) 相关计算

DDS 输出频率 f_0 和参考时钟 f_R、相位累加器长度 n 以及频率控制字 M 的关系为:

$$f_0 = f_R \times M/2^n$$

DDS 的频率分辨率为:

$$\Delta f_0 = f_R/2^n$$

DDS 最高输出频率受奈奎斯特抽样定理限制,所以为:

$$f_{max} = f_R/2$$

我们采用的晶振为 $f_R = 50$ MHz,相位累加器长度 n 取 32 位,则频率控制字 M 为:

$$M = f_0 \times \frac{2^{32}}{50 \times 10^6} \approx f_0 \times 86$$

AD7303 是一个 8 位 D/A,如果我们将相位累加器选为 32 位,取它的高 8 位为 ROM 的地址。当取频率控制字 $M=1$ 时,频率累加器累加 2^{24} 次时,高 8 位累加一次。ROM 中存放的波形数据一个周期有 256 个值,那么频率累加器累加 2^{32} 次,信号可以完成一个周期的输出。如果每一个 CLK($f_R=50$ MHz)上升沿频率累加器累加一次,那么频率控制字取 1 时,输出信号的频率 f_0 就为:

$$\frac{50\ \text{MHz}}{2^{32}} \approx 0.011\ 64\ \text{Hz}$$

这个值就是 DDS 算法的基频。如果想改变输出信号的频率的话,只需要对应改变频率控制字即可。如想要使输出信号频率为 100 Hz,则频率控制字应取

$$\frac{100\ \text{Hz}}{0.011\ 64\ \text{Hz}} \approx 100 \times 86 = 8\ 600$$

所以只要将设定的频率值乘上十进制的 86 就可以得到频率控制字了。

3) 系统结构

函数信号发生器的设计思路如图 3-10-12 所示。输入模块输入的频率、幅值、偏置通过多路选择器到数码管去显示。频率设置通过相位累加器查表输出波形数据;幅值设置通过幅值调节模块改变输出波形的幅值;直流偏置通过直流偏置调节模块改变输出波形的直流偏置。

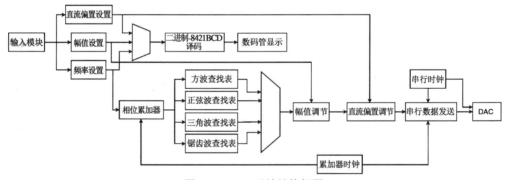

图 3-10-12　系统结构框图

4) 设计思路

下面介绍各主要模块的设计思路。介绍之前,先对整体系统进行输入、输出和功能设计。整体设计的输入信号包括:

(1) 时钟信号:Basys2 开发板上的 50 MHz MCLK 信号;

(2) 按键开关:4 个按键开关,用于设置输出信号参数,功能分别为设置位选择、增加数值、减少数值、确认;

(3) 滑动开关:8 个滑动开关,使用其中 7 个,3 个用于选择设置参数类型(频率、幅值、直流偏置),4 个用于设置波形(方波、正弦波、三角波、锯齿波)。

输出信号包括:

(1) 数码管驱动信号:包括数码管七段码输出端、数码管使能端;

（2）DAC 串行通信信号：包括串行数据输出、串行时钟输出、片选信号输出。

在以上构思的基础上，对其功能进行模块化划分，主要分为以下模块：

（1）输入模块：主要作用为按键消抖，输入为按键开关和系统主时钟，输出为经过消抖的按键开关信号；

（2）设置模块：包括频率、幅值和直流偏置设置，输入为按键开关信号、滑动开关中设置参数类型的信号以及系统主时钟，输出为频率、幅值和直流偏置数值（二进制），此外为了实现数码管选中位闪烁显示，输出信号还包括位选中信息；

（3）二进制－8421BCD 码译码器：为了实现数码管显示十进制数值，需要将设置模块的二进制输出转换为 8421BCD 码，因此，其输入为设置模块输出的二进制频率、幅值和直流偏置数值，输出为 8421BCD 码表示的频率、幅值和直流偏置数值；

（4）数码管显示模块：实现数码管显示，输入为 8421BCD 码表示的频率、幅值和直流偏置数值、位选中信息和系统主时钟，输出为数码管七段信号和使能信号；

（5）时钟分频器：整个系统包括多个独立的时钟分频模块，包括串行时钟、DDS 模块的相位累加器时钟等，每个模块的输入均为系统主时钟，输出为相应的时钟分频信号；

（6）直接数字合成（DDS）波形产生模块：这一模块包括相位累加器和四种波形的查找表，相位累加器输入为频率和累加器时钟，输出为相位；每个波形查找表输入为相位，输出为波形数值（8 位有符号补码）；

（7）幅值、直流偏置调节模块：幅值调节模块为乘法器，输入输出均为 8 位有符号补码；直流偏置调节模块为加法器，输入为 8 位有符号补码，输出为 8 位无符号原码；

（8）串行数据发送模块：输入包括发送数据（并行）、使能信号、串行时钟，其中相位累加器的时钟可以作为串行数据发送模块的使能信号，即每完成一次相位累加，发送一帧数据信息；输出信号包括发送数据（串行）、DAC 片选信号。

5）设计模块

（1）输入模块

模块名称：Button

输入信号：wire B//按键开关信号输入

　　　　　wire CLK//系统主时钟输入

输出信号：reg Y//消抖后的按键信号输出

设计思路：由于按键开关存在抖动现象，使输入电平会在高和低之间反复跳变，如果不对其做消抖处理可能会导致其后续模块出现空翻现象，故使用按键开关时需要进行消抖处理。尽管 Basys2 开发板电路已经对按键开关做了硬件消抖处理，但是此处为保证其可靠性，仍需添加软件消抖模块。消抖方法请参照按键去抖动参考程序链接：https://pan.baidu.com/s/18Z4SRQrY5EmEq9sXu7ec1g，提取码：jm7c。

（2）频率设置模块

由于频率、幅值及直流偏置设置三个模块功能类似，设计思路和实现代码也基本一致，故此处以频率设置模块为例分析其程序实现。

模块名称：FreqController

输入信号：wire［3：0］B//按键开关信号输入

wire CLK//系统主时钟输入

wire EN//由于存在三个频率设置模块,需要使能信号区分

输出信号:reg [15:0] FREQ//频率数值(二进制)

reg [3:0] SEL//当前选中的数字位

设计思路:功能为通过 4 个按键实现选择位(B[3])、增加数值(B[2])、减少数值(B[1])和确认设置信息(B[0])。当且仅当 EN 信号有效时,模块工作。输入的系统时钟用于按键响应的程序设计。

程序实现:对于按键的响应,本程序没有使用边沿有效的模式,即当输入有效触发边沿时响应,而是采用了电平延时响应模式,即在输入有效电平时响应,并在一段时间内不会再次响应按键信息。前者的优点为程序设计简单,而后者程序实现相对复杂,但后者可以在按键持续按下时匀速改变,便于实际操作,而这是前者所不具备的优点。按键响应所使用的延时为系统时钟的 2^{25} 分频,即周期为

$$T = \frac{N}{f_{\text{MCLK}}} = \frac{2^{25}}{50 \times 10^6 \text{ Hz}} = 0.67 \text{ s}$$

即当按键单次按下时,0.67 s 内最多响应一次按键输入,当按键持续按下时,每持续按下 0.67 s 即相当于按下一次按键,实际测试中,在连续改变设置数值时操作十分方便。

输出频率设置范围为 1~9 999 Hz 之间的整数,理论上仅需 14 位即可表示,但此处的输出使用了 16 位,高位补零,便于后续模块的设计。同理,输出信号中选中的数字位共有 5 种状态,最少仅需 3 位即可表示,但为了便于程序设计,采用 4 位输出,分别表示千位、百位、十位、个位,相应位为 1 表示该位被选中。同时,这组输出也是该模块的状态变量,输入 B[3]和 B[0]可以改变其状态。其状态转换图如图 3-10-13 所示。

在没有位被选中时(SEL=0000B),程序不会对 B[2]或 B[1]作出响应。当有位被选中时,例如个位被选中(SEL=0001B),输入 B[2]

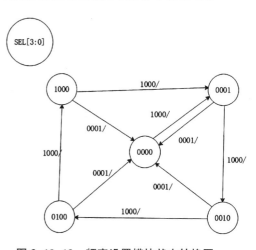

图 3-10-13　频率设置模块状态转换图

有效将使输出的频率值 FREQ 增加 1,输入 B[1]有效将使输出的频率值 FREQ 减少 1。并且程序中对输出频率值进行判断,使其不会超出 1~9 999 Hz 的范围。

(3)二进制—8421BCD 码译码器

模块名称:HexToBCD4

输入信号:wire [15:0] HEX//二进制输入

输出信号:reg [15:0] BCD//8421BCD 码输出

设计思路:通过一种移位-进位的算法实现二进制到 8421BCD 码的转换。

(4)数码管显示模块

模块名称:SegDecoder

输入信号：wire [15：0] D//显示数值(8421BCD 码)

           wire CLK//系统主时钟输入

           wire [3：0] SEL//当前选中的数字位

输出信号：reg [7：0] Y//数码管七段码(包括小数点)

           reg [3：0] AN//数码管使能

设计思路：通过动态刷新的方式显示数码管的 4 位。高位灭零通过一组 if 语句判断其高位数值实现。选中数字位闪烁通过定时对输出 AN 和输入 SEL 做位或运算实现。

程序实现：动态刷新使用的时钟为系统时钟的 2^{20} 分频，对应于数码管刷新一个周期，使 20 位分频计数器的高两位为应当刷新的位。刷新周期为

$$T = \frac{N}{f_{\text{MCLK}}} = \frac{2^{20}}{50 \times 10^6 \text{ Hz}} = 21.0 \text{ ms}$$

由于人的视觉暂留现象要求刷新周期至多为 40 ms，故这一刷新周期时长符合要求。选中位闪烁使用的时钟为系统时钟的 2^{24} 分频，故其周期为：

$$T = \frac{N}{f_{\text{MCLK}}} = \frac{2^{24}}{50 \times 10^6 \text{ Hz}} = 0.34 \text{ s}$$

经实验测试，这一闪烁周期时长足以使人分辨闪烁现象且能使人看清楚闪烁的数字，故分频值的选取是合适的。

动态刷新的实现是在刷新时钟信号的一个周期内轮流使 4 个使能端有效，并且输出的七段码为当前使能有效位的数值。

闪烁显示的实现是在闪烁时钟计数器的最高位为 0 时，选中位正常显示；在闪烁时钟计数器的最高位为 1 时将 AN 与 SEL 做或运算，使选中位的使能端无效，故此时选中位不显示。同理，在满足高位为 0 的条件时使 AN 与 1110 B、1100 B 或 1000 B 做或运算使其无效，即可使高位的 0 不显示。

(5) 时钟分频器

本实验中的许多模块都使用到时钟分频的原理，但在系统中有两个时钟分频器具有重要作用，故对其做单独讨论。

模块名称：CLKC

输入信号：wire MCLK//系统时钟

输出信号：wire CCLK//相位累加器时钟

设计思路：这一分频器的信号有两个作用，一是作为相位累加器时钟，二是作为串行通信发送模块的使能信号。即每完成一次相位累加，就向 DAC 发送一帧数据，更新其输出信号。

模块名称：CLKS

输入信号：wire MCLK//系统时钟

输出信号：wire SCLK//串行时钟

设计思路：该模块为串行通信的时钟模块，AD7303 要求串行时钟信号不超过 30 MHz，故无法直接使用系统时钟(50 MHz)，需要通过分频产生一个符合频率要求的时钟。

(6) 相位累加器

模块名称：PhaseCnt

输入信号：wire [15：0] FREQ//信号频率(二进制)

　　　　　 wire CCLK//相位累加器时钟

输出信号：reg [31：0] PHS//相位输出

设计思路：本实验采用直接数字合成(DDS)的方式实现信号发生器,DDS 的基本原理如图 3-10-10 所示。DDS 信号发生器是由相位累加器和函数查找表组成的。相位累加器在参考振荡器(本实验中为时钟分频器,即相位累加器时钟模块)的每个周期中完成一次累加,累加值即为频率值,将累加器的输出作为相位。

(7) 函数查找表

信号发生器生成的每个波形都需要一个独立的查找表,且应保证每个查找表的地址和相位的对应关系一致。此处以正弦表为例。

模块名称：SinTable

输入信号：wire [31：0] A//信号频率(二进制)

输出信号：reg [7：0] D//相位输出

设计思路：使用列表法列举需要的函数自变量值及对应的函数值。

程序实现：正弦表共 256 个数据,输入相位为 32 位,故采用其高 8 位作为地址查询正弦表。

(8) 幅值调节模块

模块名称：Amp

输入信号：wire [7：0] Di//函数值输入

　　　　　 wire [7：0] AMP//幅值输入

输出信号：reg [7：0] Do//函数值输出

设计思路：使用乘法器即可实现幅值的调节。

程序实现：本程序对两个 8 位输入(函数值输入、幅值输入)做 16 位乘法,并取其高 8 位作为输出,故其输入-输出关系为

$$D_o = D_i \times \frac{AMP}{256}$$

AMP 取值范围为 0~255, D_i 取值范围为 0~255,故其输出范围为 0~255。

信号发生器的幅值调节精度为

$$\Delta V_{amplitude} = \frac{V_{DD}/2}{256/2} = \frac{3.3V/2}{256/2} = 12.9 \text{ mV}$$

(9) 直流偏置调节模块

模块名称：Offset

输入信号：wire [7：0] Di//函数值输入

　　　　　 wire [7：0] OFFSET//直流偏置输入

输出信号：reg [7：0] Do//函数值输出

设计思路：使用加法器即可实现幅值的调节。

程序实现：本程序对两个 8 位输入（函数值输入、直流偏置输入）做 9 位加法，并对上溢（大于 255）和下溢（小于 0）的情况进行处理，故在不发生溢出时其输入/输出关系为

$$D_{\text{o}} = D_{\text{i}} + OFFSET$$

$OFFSET$ 取值范围为 0～255，D_{i} 取值范围为 -127～126，故其输出范围为 0～255。

信号发生器的直流偏置调节精度为

$$\Delta V_{\text{offset}} = \frac{V_{\text{DD}}}{256} = \frac{3.3\text{V}}{256} = 12.9\ \text{mV}$$

（10）串行数据发送模块

模块名称：PSC

输入信号：wire [15：0] DP//并行数据输入

　　　　　wire SCLK//串行时钟输入

　　　　　wire EN//串行数据发送使能信号

输出信号：wire DS//串行数据输出

　　　　　reg SYNC//DAC 片选信号

设计思路：该模块具有两个状态，分别为发送状态和空闲状态，输出 SYNC 即可视为其状态变量，SYNC=1 时为空闲状态，片选信号无效；SYNC=0 时为发送状态，片选信号有效。

程序实现：当处于空闲状态且串行数据发送使能信号有效（上升沿）时，16 位移位寄存器锁存当前 DP 输入，模块进入发送状态，SYNC 有效。在发送状态下，在每个串行时钟的下降沿对移位寄存器进行移位操作，并对计数寄存器进行加操作。使用下降沿有效时由于 DAC 在串行时钟上升沿时对串行数据进行采样读入，故在发送端使用下降沿可以使串行数据的每一位有足够的建立时间和保持时间。当计数寄存器由 0 增加至 15，并再次加一溢出为 0 时，表明 16 位数据全部传输完成，模块进入空闲状态，SYNC 无效。

（11）顶层模块设计

在顶层模块中将编写好的各个模块实例化并连接，并在适当的位置添加多路选择器和接线时所需的简单逻辑关系即可完成顶层模块设计。其中，由于 DAC 的高 8 位控制位在每一帧数据中都相同，故在顶层模块中直接将相应接线端与逻辑 0 或逻辑 1 相连。DAC 的工作方式控制字为 00010011B，即数据通道 A 处于工作模式，输入数值直接装入 A 通道的 DAC 寄存器中，B 通道处于低功耗模式。

（12）约束文件编写

按照 Basys2 开发板原理图编写约束文件。实验中 Pmod 接口使用 JA 接线端，且将串行输出端接在 JA2 端子上，即其输出与 PmodDA1 的数据输入 1 端相连，因此在使用示波器观察输出时应使用其 A1 数据输出端（1 脚）。

7　教学实施进程

1) "电子技术实验 2"课程内容安排

"电子技术实验 2"是配合"数字电子技术基础"课程独立设课的实验课，仅有 16 学时，为

了在这么少的实验学时内完成一项数字系统设计,我们对数字电子技术实验内容作了以下调整,除前两个门电路的实验外,其余实验都是围绕完成一项数字系统设计题目进行设计的,具体安排如下:

表 3-10-6 "电子技术实验 2"课程安排表

实验项目	实验学时	实验项目内容	实验目的	预习要求
逻辑门参数测试	2 学时	与非门功能、传输特性、扇出系数、传输延迟等	辨认器件、搭建测量环境、对比分析测量结果、解释实验现象	下载并阅读 74HC00 和 74LS00 的 datasheet,了解相关的参数
逻辑门功能测试	2 学时	集电极开路门、三态门的功能测试,用三态门构成总线	辨认器件、就如何测量高阻态搭建测量环境,分析测量结果	下载并阅读 74LS03 和 74LS126 的 Datasheet,了解器件的参数和功能
ISE 及 Verilog 基础	2 学时	熟悉 ISE 集成开发环境、完成 3-8 译码器和 8 选 1 多路选择器设计	如何用硬件描述语言实现一个数字电路。掌握设计流程	安装 ISE 集成开发环境,设计一个与非门,仿真验证
组合逻辑 1	2 学时	完成两个 4 位二进制数的加减乘除运算,用 LED 灯显示计算结果	用自顶向下或自底向上,搭积木的方式搭建数字系统	设计加减乘除运算器和 4 选 1 多路选择器,仿真验证。搭建简易计算器并仿真验证
组合逻辑 2	2 学时	完成两个 4 位二进制数的加减乘除运算,用动态数码管显示计算结果	辨识 C 语言程序与 Verilog 语言程序的不同。用并发执行的思想去分析硬件描述语言	仿真验证动态数码管显示程序,调用组合逻辑实验 1 中的模块实现简易计算器设计
时序逻辑 1	2 学时	设计一个频率从 1～9 999 Hz 可变的方波信号发生器	实现一个较为复杂的组合逻辑电路和时序逻辑电路组成的系统	要求编写 4 个按键修改方波频率的程序,编写方波发生器程序,构成系统后仿真验证
时序逻辑 2	2 学时	完成 D/A 转换器 AD7303 的驱动设计,即时序设计	分析 D/A 转换器的时序,用有限状态机描述较为复杂的时序过程	分析仿真波形和 D/A 转换器时序波形的一致性
综合设计	2 学时	函数信号发生器设计。用 4 个按键进行频率设置,两个逻辑开关切换波形	通过一个较为完整的设计实例掌握数字系统设计的方法。建议采用直接数字频率合成技术(DDS)控制频率	分析函数信号发生器的特点、设计原理,如何产生波形、频率如何控制,结合前述实验中的成熟模块设计信号发生器的系统结构,先分模块验证,再进行系统验证

2)课程总目标——设计函数信号发生器

实验课程一开始就告诉学生数字电子技术实验课要完成函数信号发生器设计,从 FPGA 实验开始每一个实验都是围绕函数信号发生器做准备的,例如,ISE 及 Verilog 基础中的多路选择器、组合逻辑实验 1 中的运算器、组合逻辑实验 2 中的动态数码管显示、时序逻辑实验 1 中的简易人机界面、时序逻辑实验 2 中的 DAC 转换时序设计等,有了这些成熟的模块,就为完成信号发生器的设计做出了一些必要的准备。

3) 预习

从 FPGA 实验开始,每一次实验都是一个相对比较完整的设计性实验,如果不做预习,仅靠课堂 2 学时实验是不可能完成设计的,所以我们通过微信公众号提前告知学生下次实验的内容,预习应该达到的要求。要求学生必须对设计中所有模块进行仿真验证,然后对整体设计做仿真验证,只有验证通过了才能进行下载调试。

4) 现场教学

每节实验课都要有课前 10~15 min 的讲解,重点讲解设计方法、设计步骤、设计原理,强调 Verilog 语言的特点和设计规范。尽量避免使用变量概念,而是直接用导线、寄存器这样具有电气性能信号的概念。什么时候定义导线,什么时候定义寄存器,要解释清楚。模块化程序设计是 Verilog 语言的骨骼和架构,通过简单的举例快速展示自顶向下或自底向上的模块化程序设计方法。要求顶层程序中仅仅描述模块之间的连接,顶层中不包含具体的硬件描述语言。有限状态机是 Verilog 语言的灵魂。结合如何用 4 个按键设置方波信号的频率来介绍有限状态机,用有限状态机来分析简易人机界面的工作状态,将复杂的问题分解成学生容易理解的顺序模式。在实验过程中,对出现的共同问题,随时给予讲解。

5) 相互讨论

课程中设计的每个实验都有一定难度,只有把每一次实验都做好,才能保证后面实验的顺利进行,每次实验都是上一次实验的提升和晋级,没有上一次实验模块和设计经验的支持,要完成好本次实验就很困难了。鼓励同学之间相互讨论,但杜绝照抄,尽量避免用同一个程序来验收,为此每次实验都会适当变化实验内容,不同班级验收的内容是不同的。

6) 答疑和开放实验室

函数信号发生器的设计必须用到示波器,开始计划是在最后一个实验周前的周六和周日全天开放实验室,并给同学们提供答疑。结果实验室全天爆满,晚上到 12 点同学们还不愿意走。为满足同学们的需要,改为最后一个实验周除有实验课外,实验室全天开放。

7) 作品验收

要求每个同学验收时提前做好以下准备:

(1) 设计报告;

(2) DAC 仿真时序;

(3) 搭建测试环境并测量和记录相关指标,验证所实现的功能;

(4) 录制 3~5 min 的演示视频;

(5) 就 RTL 级顶层原理图讲解系统功能及设计思路;

(6) 回答提问。

8) 实验报告批改

"电子技术实验 2"仅有 16 学时,开设了 8 次实验,实验为一人一组,基于 Verilog 语言的数字系统设计部分,每次都是一个综合设计实验,每次实验都是上次实验的一次进阶,实验难度不断升级,为了减轻学生的学业负担,只要求写三个实验报告,前两个关于门电路的特性和功能实验要求手写实验报告,综合设计按照要求提供详细的设计报告。综合设计报告要求关注以下几点:

(1) 设计报告是否规范(提供设计模板);

(2) 设计原理是否清晰描述;

(3) 关键模块的时序仿真分析;

(4) 测量、测试记录及分析;

(5) 资源利用分析;

(6) 总结。

往往一个实验教师要带多个班,对于综合设计这样的实验验收,如果验收后再去批改实验报告就很难想起该同学到底完成得怎么样,所以我们对综合设计报告的批阅和作品验收同时进行,当面指出设计报告存在的问题,对于设计报告中问题比较多的同学要求其重写。

8 实验报告要求

设计报告要求包括以下几个部分:

(1) 摘要。简述设计目标,如何设计和设计结果。

(2) 前言。

(3) 函数信号发生器的工作原理,任意频率信号的产生方式,根据实际电路参数和 DDS 的工作原理推算频率控制方法。

(4) RTL 顶层原理图及其对应的设计说明。

(5) 仿真时序图及其解释。

(6) 实验结果与测量数据的误差分析。

(7) 实验总结。

(8) 设计过程中出现的问题及其解决方法。

(9) 参考文献。

(10) 附录:实验结果图,程序源码(主要看代码编写是否规范)。

9 考核要求与方法

在数字电子技术实验中大面积开展以设计为导向的实验教学,为广大学生提供了展示聪明才智的平台和机会,考核方式和方法也做了比较大的改变。

(1) 以设计作品的完成情况并参考前面每次实验的完成情况作为"电子技术实验 2"的成绩。该实验课的目的就是要培养学生的数字系统设计能力。有些同学进入角色慢,但能持之以恒,尽管前面实验完成得不够快,不够完整,但最后的作品完成得很好,我们就以最后验收的成绩作为其本门实验课的成绩。

(2) 基本功能要求(成绩:B+):输出正弦波,且频率可变,频率变化范围:1~9 999 Hz;

(3) 提高功能要求:(完成如下第(1)项得 A,在(1)基础上完成其他任一项得 A+)

① 可以输出正弦波、方波、三角波、锯齿波;

② 扩大频率调节范围:0.1 Hz~系统所能达到的最高频率;

③ 可以改变输出波形的幅度;

④ 可以改变波形的直流偏置。

（4）设计报告：设计报告不完整、不规范者实验成绩不能得 A。

（5）实验数据：无测量数据和无测量结果分析者实验成绩不能得 A。

（6）创新设计：未采用 DDS，但通过推演，从控制采样点和采样点之间的时间间隔来控制信号发生器的频率；采用 ROM 表存放波形数据；采用信号发生器 IP 核；采用除法 IP 核；采用 ChipScope 进行逻辑功能分析；采用 ModelSim 进行行为仿真。上述采用不同设计方法的同学均可适当提高实验成绩。

10　项目特色或创新

FPGA 具有高速并行的特点，这点微处理器是无法比拟的。选择用 D/A 转换器基于 DDS 设计函数信号发生器，这样通过完成一个较为复杂的数字系统设计可以提高学生对数字系统设计的认知和实践能力，该实验案例具有以下特色：

（1）设计性：每一次实验都是一个相对完整的数字系统设计，每一次实验都是一次挑战。

（2）递进性：每一次实验都是上一次实验的提升和进阶。

（3）创新性：只给思路、通用设计方法和设计规范，不设定答案，激发学生的创造力。

（4）综合性：本设计从软件使用、模块设计到系统调试，涵盖数字系统的完整设计流程。

（5）工程性：以电子工程常用测量仪器为背景，通过设计函数信号发生器，了解仪器、仪表的设计原理、方法和步骤。

（6）成就感：掌握 Verilog 数字系统设计方法。该设计作品可以写入学生毕业简历中。

3-11　多权限安全门禁系统的设计（2019）

参赛信息表

案例提供单位	西安电子科技大学		相关专业		通信工程专业
设计者姓名	康槿		电子邮箱	jkang@xidian.edu.cn	
设计者姓名	许卫东		电子邮箱	wdxu@xidian.edu.cn	
设计者姓名	刘焕峰		电子邮箱	hfliu@xidian.edu.cn	
相关课程名称	数字电路与逻辑设计		学生年级	大二	学时（课内＋课外）	10 学时
支撑条件	仪器设备	直流电源，万用表			
	软件工具	无			
	主要器件	LED(4 色各一个)，光敏电阻(4 个)，电阻(150 Ω×4,1 kΩ×4，还可提供一些其他阻值的产品供同学选择)，面包板(1 块)，杜邦线(40 根左右)，实验板一块(有 8 个 2 输入与非门，4 个 4 输入与非门，16 个非门，至少 3 个可供显示结果的 LED)			

1 实验内容与任务

项目设计的内容主要是制作一个读卡控制门禁系统的原型。该系统能够通过读取卡片上的编码信息,区分不同权限的用户。每张卡片可以进入 3 个不同实验室中的一个或者多个,这 3 个实验室的安全等级分别为低(实验室 1)、中(实验室 2)和高(实验室 3)。低权限用户只能访问低等级实验室 1,中权限用户可以访问实验室 1 和 2,高权限用户可以访问所有(3 个)实验室。

每组同学会分到一组编码和安全等级的参数表,见表 3-11-1。系统可以被分为 3 个电路子系统:①采用 5 V 电源驱动的 4 个 LED 工作电路;②采用光敏电阻检测卡片上的编码信息电路;③用于控制门禁系统的数字电路。

每一个子系统都将被分别搭建和检测,其中前两个电路搭建在面包板上,而数字电路则使用制作好的电路板,包含基本的逻辑门。在最终的展示前,这 3 个子系统将集成一个完整门禁控制原型系统。

表 3-11-1　门禁卡片编码表示例

读卡器编码表									
红(A3)	橙(A2)	黄(A1)	绿(A0)	ID 号	权限	\multicolumn{4}{c}{可进入实验室}		
1	0	0	0	8	低	Ⅰ			
1	1	1	1	15	低	Ⅰ			
0	0	1	0	2	低	Ⅰ			
1	0	1	0	10	低	Ⅰ			
1	1	0	0	12	低	Ⅰ			
0	0	0	1	1	中	Ⅰ	Ⅱ		
1	0	1	1	11	中	Ⅰ	Ⅱ		
1	1	0	1	13	中	Ⅰ	Ⅱ		
1	0	0	1	9	中	Ⅰ	Ⅱ		
0	0	1	1	3	中	Ⅰ	Ⅱ		
0	1	0	0	4	中	Ⅰ	Ⅱ		
1	1	1	0	14	高	Ⅰ	Ⅱ	Ⅲ	
0	1	1	0	6	高	Ⅰ	Ⅱ	Ⅲ	
0	0	0	0	0	高	Ⅰ	Ⅱ	Ⅲ	
0	1	0	1	5	高	Ⅰ	Ⅱ	Ⅲ	
0	1	1	1	7	高	Ⅰ	Ⅱ	Ⅲ	

每组分配不同的参数,首先检查 LED 驱动电路和光敏电阻检测电路的功能。再依次检查低、中、高权限用户读卡的门禁控制结果。低权限的逻辑设计难度较低,中权限次之,高权限需要进行逻辑化简并综合优化所有权限用户,且需要插接约 40 根杜邦线,需要一定的数

字逻辑知识和工程实验中必需的耐心,难度最高。

2　实验过程及要求

(1)设计简单的 LED 驱动电路,理解并验证 LED 驱动电压、驱动电流等参数的含义。

(2)设计光敏电阻检测电路,理解并验证光敏电阻的特性;设计卡片并验证读卡效果。

(3)理解数字逻辑芯片对输入电压范围的参数说明,并能根据这些参数设计合理的参数值。验证芯片输入逻辑 0 和逻辑 1 的电压范围。

(4)根据项目需求和每组分配的卡片编码表,获得真值表并进行化简。

(5)将模拟电路子系统与数字电路子系统集成为一个完整的功能原型。

(6)能够完成一个较复杂的系统并进行演示。

(7)完成分组演讲,要求对每个子系统进行介绍,并演示不同权限的读卡效果。每位同学都要针对老师提问进行现场答辩。

(8)撰写设计总结报告。

3　相关知识及背景

这是一个运用数字和模拟电子技术解决现实生活和工程实际问题的典型案例,需要运用 LED 简单驱动、光敏电阻检测、真值表化简及参数设定等相关知识与技术方法。并涉及逻辑电平电压范围,参数标定及复杂电路差错等工程概念与方法。

4　教学目标与目的

本项目综合运用理论课中关于逻辑函数与逻辑化简等知识,实现一个符合设计要求的门禁原型系统。同学们将会深入理解并演示电压驱动,LED,LDR,逻辑关系等概念,同时掌握如何将多个子系统合成为一个大而复杂的系统的能力。

5　教学设计与引导

本实验是一个比较完整的工程实践项目,需要经历学习研究、方案设计、实现调试、设计总结等过程。在实验教学中,应在以下几个方面加强对学生的引导:

(1)项目导向:学习理解项目需求,了解项目背景并讨论方案设计。本设计中要理解不同权限的门禁工作要求,能够将项目需求转换为模拟、数字电路设计问题。项目背景需要在最终的演示中做流利的介绍。

(2)强调阅读器件手册:本项目不提供详细的实验操作手册,只提供必要的安全提示、项目需求和各种器件手册。学生需要根据器件手册中参数的要求,例如点亮 LED 所需电流范围要求设计具体的电路参数并选择器件。

(3)强调模拟、数字电路的区别与联系:项目原型由模拟、数字多个子系统集成而成,既要看到模拟信号和数字信号的区别,又要看到模拟、数字电路作为整个系统一部分的相互联系。特别是要强化数字信号的逻辑电平范围的概念。

(4)开放性设计:没有参考电路和统一的卡片,学生可以根据自己的理解开放式设计卡片的形式、卡片的读取方式、电路的实现形式。评价以功能合格为主。

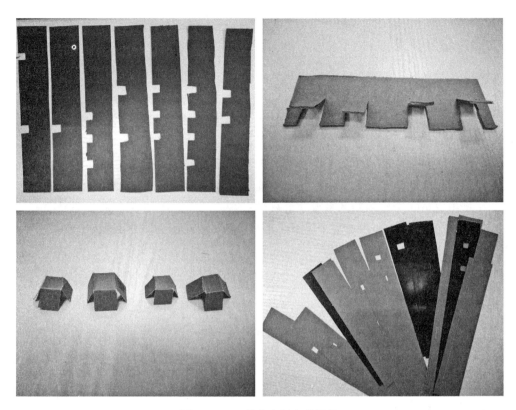

图 3-11-1　学生自制卡片展示

(5) 设计有难度,测试看效果。需要根据实验室所能够提供的条件设计电路,搭建门禁系统。由于数字电路模块只提供了有限的与非门,所以在多数所给参数的设计过程中要求①能够发现低安全等级实验室对应的所有用户,并进行优化。②能够对中高安全等级的结果进行联合优化,并尽可能地共用一些逻辑组合。理解工程中的最优就是可实现的最合适的设计。

(6) 在实验完成后,要求学生以项目演讲、答辩的形式进行交流,在讲述时需要从系统角度解释项目背景,系统划分,解释技术设计方案。

在设计中,要注意学生的自主性;在给定项目说明和参数后,不需要详细解释每一步的做法,而是通过一些问题来引导学生自行摸索。在测试时,每一步只针对当前的设计目标,例如在检查低安全等级用户时,只测试前 5 个 ID,而不考虑整体,给学生时间自己发现设计中的问题并一步一步修正原有设计。在实验进行中,允许学生质疑参数的可实现性,但是必须进行充分的论证,例如进行化简和各种共用优化后仍然不能达到要求。根据实际教学经验,每 50 组随机参数中会出现 2~3 组需要调整 1 个参数,但总体来说,绝大多数可以在有限资源内实现。

6　实验原理及方案

主要包括:实验的基本原理、完成实验任务的思路方法,可能采用的方法、技术、电路、器件。

1）系统结构(图 3-11-2)

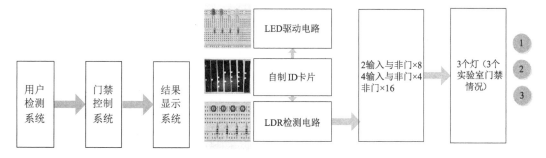

图 3-11-2　系统组成框图　　　　　　图 3-11-3　系统实现方案

2）实现方案

首先,卡片检测系统由 LED 驱动电路和光敏电阻检测电路组成,要点是选择合适的分流电阻参数,保证相等的亮度,并根据实验光照环境,调整光敏电阻串联电阻的参数,保证在对应卡片信息位为 0,不透光时,输出参考点的电位在逻辑 0 电压范围内;对应卡片信息位为 1,透光时,输出参考点的电位在逻辑 1 电压范围内等。卡片的输入方式可以采用直插形式,也可以采用遮盖形式。

其次,输出信号通过逻辑门实现逻辑关系。特别注意输入数字信号的电位范围。中高权限逻辑化简有

图 3-11-4　学生作品实例

一定难度,需要尽量设计使用相同的中间变量,同时只有 4 个 4 输入与非门和 8 个 2 输入与非门,因此,化简时需要计算资源的使用量。

7　教学实施进程

本项目实验共 10 个学时,分为 5 次实验课:

第一次实验课

分发并指导学生熟悉实验器材,包括实验室安全须知、面包板的使用以及逻辑电路板针脚的使用。解答学生关于实验要求的问题。让学生熟悉 LDR 与 LED 器件原理,并能简单实现相关电路。验收 LED 灯驱动电路。

第二次实验课

解答学生关于具体实验操作中出现的问题,学生开始设计用户卡片和检测模式,并利用 LDR 和 LED 电路实现检测。验收读卡结果。

第三次实验课

学生已熟悉器件并理解实验要求。学生开始根据所分配真值表逐步实现实验要求。要求学生依次完成三组不同权限门禁控制系统的功能,并分批验收。这节课已经开始有同学完成部分实验。验收低权限用户门禁功能。

第四次实验课

对所有逻辑关系综合化简,这节课主要为分批验收试验结果,并记录。大部分同学能够在这节课上完成所有的实验。验收中权限用户门禁功能。

第五次实验课

验收高权限用户门禁功能。项目原型宣讲演讲,现场答辩,上交报告。

1)需注意的问题

(1)导线有限,部分组参数无法用有限资源实现时可以调整个别值;

(2)为保证实验的独立性,要求不同的小组按照所分配的不同的真值表实现电路;

(3)实验室自然光对 LDR 器件有影响,需提醒同学们注意;

(4)完成实验时间与提交实验报告时间间隔稍短,个别同学反映实验报告完成仓促,应提前下发报告要求。

2)验收要点及参考问题

(1)LED 驱动电路部分:

① 电阻在 LED 驱动电路中起什么作用?

② 如果电路中没有电阻或者电阻太小会发生什么?

③ 如果电阻太大呢?

④ 为 LED 选择一个工作电流,并计算一个适当的阻值,假设 5V 电源。

⑤ 绘制 LED 驱动电路的电路图。

⑥ 如果两个具有不同正向导电电压的 LED 并联,然后连接到一个共同的限流电阻上会发生什么?

(2)LDR 检测电路部分:

① 当光发生变化时,LDR 如何与电阻结合以产生电压变化?

② 卡片检测器驱动数字逻辑电路需要多大的电压摆动幅度?

③ 如何选择电阻与 LDR 作为分压器?

④ 在没有光和环境光条件下,LDR 的电阻范围分别是多少?

⑤ 什么值的电阻适合你的 LDR 分压器电路?

⑥ 什么外部因素可能影响一个试图检测 LED 开或关时的检测电路?

⑦ 如何补偿这些外部因素?

(3)门禁控制部分:

① LED 和 LDR 电路功能是否正确?布线是否美观?

② 所有用户代码能够按照参数表上的要求控制门禁系统吗?

③ 学生们对他们的系统解释得如何?

8 实验报告要求

实验报告应突出自己的工作和实验完成后的讨论,不需要重复实验资料中已有的内容,需要有针对本组参数表的真值表和卡诺图的化简过程(可手写拍照),需要反映每个组员的工作内容和比例,教师会根据此比例打分。

实验报告需要反映以下工作:

(1)实验需求分析;(2)实现方案论证;(3)电路设计与参数选择;(4)实验数据记录;(5)技术问题回答;(6)实验结果总结。

9　考核要求与方法

进行过程评价和过程监督。过程考核分为五个部分,最终进行产品宣讲,包含主要功能和实例介绍。每位同学需要完成随机问题的答辩,并书写报告。满分 100 分。

1) 过程考核

(1) LED 电路功能检测(10 分)　第一次课

(2) LDR 电路功能检测(10 分)　第二次课

(3) 低权限用户门禁功能检测(10 分)　第三次课

(4) 中权限用户门禁功能检测(10 分)　第四次课

(5) 高权限用户门禁功能检测(10 分)　第五次课

2) 产品宣讲(10 分)

第五次课。时间 2~5 min。要求宣讲中明确产品背景和应用场合,给出部分有效实例演示,表达流畅,逻辑清晰。

3) 问题答辩(10 分)

第五次课。老师提出相关技术问题,学生现场回答。

4) 实验报告(30 分)

实验报告的规范性与完整性,并需要回答所有思考题。

10　项目特色或创新

项目的特色在于:项目背景的工程性,知识应用的综合性,实现方法的多样性。

(1) 工程性:背景为日常生活中实际问题,有一定难度和复杂性,每组参数不同,按照项目要求进行开放设计。

(2) 综合性:由读卡、判定、指示系统构成的完整的门禁原型,综合模电、数电知识。

(3) 实现多样性:电路设计、读卡部分卡片样式、化简都可自行设计。

(4) 锻炼学生质疑能力:部分参数表无法完成,需要主动提出,并进行合理论证。

电子电路综合设计

4-1　音乐彩灯控制电路的设计（2017）

实验案例信息表

案例提供单位	华中科技大学电信学院		相关专业	电信,通信,光电,自动化,电子	
设计者姓名	王振	电子邮箱	wangzhen@hust.edu.cn		
设计者姓名	汪小燕	电子邮箱	wangxy@hust.edu.cn		
相关课程名称	电子线路设计实验测试	学生年级	大二	学时(课内+课外)	64(课内32+课外32)
支撑条件	仪器设备	信号源、示波器、电源、电脑			
	软件工具	PSpice			
	主要器件	电阻、电容若干,运放 NE5532,功放 LM386			

1　实验内容与任务

（1）设计一个音乐放大与彩灯控制相结合的电路。

（2）要求输入的音乐信号的输入电平峰峰值不大于 50 mV。

（3）将音乐信号进行适当的功率放大后驱动音箱发声。

（4）同时设计一个 3 组彩灯的控制电路,每组彩灯个数不少于 3 个,规定红灯组对音乐信号中的频率成分为 0~300 Hz 的信号作出反应,黄灯组对音乐信号中的频率成分为 500~1 500 Hz 的信号作出反应,绿灯组对音乐信号中的频率成分大于 2 000 Hz 的信号作出反应,每组灯亮的个数对应于相应频率成分的信号幅值。

2　实验过程及要求

（1）学习了解功率放大器的设计方法;

（2）学习了解功率放大器的测试方法和调制方法;

（3）学习功率放大器自激现象产生的原因和解决方法;

（4）学习了解滤波器的种类,以及相应滤波器的设计方法;

（5）学习滤波器设计的 EDA 辅助软件的使用方法;

（6）学习电路仿真软件 PSpice 的使用方法;

（7）将设计的滤波器电路使用仿真软件验证对应频段的滤波效果;

（8）搭建功率放大电路，并测试放大后的信号的相关指标；

（9）搭建三组滤波电路和信号强度指示电路，并验证对应频率段的滤波指标和信号强度指示方式的正确性；

（10）将所有的分级电路组合，验证整体效果；

（11）撰写实验设计报告。

3 相关知识及背景

本实验需要学生掌握的知识有：查找资料和文献检索的方法，一般放大器的设计与测试方法，功率放大器的设计与测试方法，功率放大器产生自激的原因分析和排查方法，滤波器的概念和分类，滤波器的设计方法，滤波器设计软件的使用方法，PSpice 仿真软件的使用方法，针对电路实现特征的电路验证方法，实验报告撰写方法。

4 教学目标与目的

在较为完整的工程项目实现过程中引导学生了解音响放大电路和滤波电路的设计方法、EDA 辅助手段方式下的滤波器设计方法和电路仿真方法，综合电路的实现方法；引导学生根据需要设计电路、选择元器件，构建自己的电路系统，并通过测试与分析对项目作出客观评价。

5 教学设计与引导

本实验是一个比较完整的工程实践项目，需要经历学习研究、方案论证、系统设计、实现调试、测试标定、设计总结等过程。在实验教学中，应在以下几个方面加强对学生的引导：

（1）学习功率放大器设计的基本方法，查找资料对功率放大器芯片进行选型，查找设计范例。

（2）查找资料学习滤波器的分类及设计方法，查找相应的滤波器设计软件并尝试使用。

（3）学习 PSpice 软件的使用，并对设计出的滤波电路进行仿真测试，验证设计出的滤波电路是否达到要求。

（4）设计并组装功率放大电路，并通过信号源作为输入源的方式来验证功率放大器设计指标是否满足要求。

（5）三组滤波电路的组装，对应信号强度指示电路的组装，并通过信号源作为输入源的方式来输入不同频段的信号，同时调节信号强度的大小，验证滤波电路对相应频段信号的滤波效果及信号强度指示电路功能的正确性。

（6）将所有的分级电路进行级联组装，通过信号源作为输入源的方式来输入不同频段的信号，同时调节信号强度的大小，验证滤波电路对相应的带内频率信号和带外频率信号的滤波效果，同时验证信号强度指示电路功能的正确性。

（7）将输入的信号由信号源换成音乐信号，通过人眼观察和示波器 FFT 方式来测量对应的音乐韵律的一致性。

（8）在实验完成后，进行必要的数据整理和经验交流。

在设计中，要注意学生设计的规范性，如每个模块独立测试的时候指标要达到要求；在调试中,要注意工作电源供电方式对功率放大器的影响;级联过程中仔细分析产生干扰的原因并进行排查;在测试分析中,要分析系统的误差来源并加以验证。

6 实验原理及方案

实验原理:音乐信号通过前级电路进行适当的放大和阻抗变换后送入后级,功放电路将前级的信号继续放大到满足功率要求,滤波电路对相应的频率成分进行滤波和放大,各个灯组完成信号强度的指示。

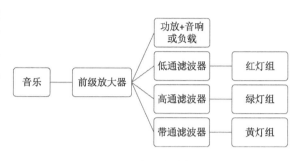

图 4-1-1 实现方法框图

首先,前级放大器可以采用 NE5532 作为运算放大器,进行阻抗变化和隔离,以及进行 10 倍左右的信号放大。

其次,可选择功率放大器 LM386 作为音乐放大功能电路的主要芯片,进行幅度在 20 倍左右的放大。选用 LM386 作为主要器件是因为:LM386 是一种音频集成功放,具有自身功耗低、更新内链增益可调整、电源电压范围大、外接元件少和总谐波失真小等优点的功率放大器,广泛应用于录音机和收音机之中,对于学生实验来说可以减少相应的自激现象的产生。

最后,滤波器选定后,根据对应滤波器的截止频率,可以通过相应的软件来设计滤波器,比如可以使用 TI 公司的在线滤波器设计器 WEBENCH 来完成,得到实现滤波器的参考电路以及电路元件的参数。

不同的灯组分别表示不同的频率成分,相应的信号强度指示电路是一致的,如果灯组是 4 个灯,可通过 5 个阻值相同的电阻分压网络来控制 4 个 NPN 三极管的基极,用以控制对应的 4 个 LED 的点亮或者熄灭。

7 教学实施进程

(1)任务安排:提前两周布置实验任务的概要要求。

(2)预习自学:学生需要自学功率放大器和滤波器的知识。

(3)现场教学:以一个有代表性的功率放大器芯片为例讲解功率放大器的设计方法,总结滤波器的分类,推荐滤波器设计软件。

(4)结果验收:信号源输入和音乐输入的方式相结合。

8 实验报告要求

实验报告需要反映以下工作:

(1)实验需求分析;(2)实现方案论证;(3)理论推导计算;(4)电路设计、参数选择、软件设计过程;(5)软件仿真和结果分析;(6)电路测试方法;(7)实验数据记录;(8)数据处理分析;(9)实验结果总结。

9 考核要求与方法

(1) 面包板电路验收：功能与性能指标的完成程度，完成时间。

(2) 实验质量：电路方案的合理性。

(3) 电路验收：功放电路功率、效率、无失真；滤波电路带内滤波效果，带外抑制效果；强度指示电路的正确性。

(4) 实验数据：测试数据和测量误差。

(5) 实验报告：实验报告的规范性与完整性。

10 项目特色或创新

项目的特色在于：查阅工作量大，知识应用的综合性强。

4-2 导盲避障游戏设计(2018)

实验案例信息表

案例提供单位		常熟理工学院	相关专业	电子科学与技术	
设计者姓名		徐健	电子邮箱	35129721@qq.com	
设计者姓名		吴正阳	电子邮箱	84935497@qq.com	
设计者姓名		夏金威	电子邮箱	610454398@qq.com	
相关课程名称		电子科学与技术专业创新课程1	学生年级	大一	学时(课内＋课外)	8＋24
支撑条件	仪器设备	万用表、电烙铁、充电宝等			
	软件工具	无			
	主要器件	红外测距传感器(模拟量输出)、电压比较器 LM393、三极管 S8050、蜂鸣器、二极管、电阻、电容、可调电阻等			

1 实验内容与任务

本实验要求每组同学设计一个导盲避障装置，并且每位同学戴上眼罩，使用该装置实现导盲应用的任务。

1) 实验任务

设计一套简易的盲人导盲装置，固定在每个组员身上，引导同学依次通过一个放置平板障碍的直通道，到达尽头后再返回，尽头处可由同组同学帮助转向。

2) 实验条件

(1) 直通或弯道，道长约 8 m、宽约 2.5 m。

（2）通道内随机竖直放置 1 200 mm×2 400 mm 尺寸的 KT 板作为平板障碍。

（3）每组队员应使用眼罩蒙住双眼，仿效盲人。

3）实验规则

（1）测试同学在起始区由同组同学辅助佩戴好导盲装置，导盲装置数量不多于 3 个。导盲装置可以佩戴在手臂、腿部和腰部等位置，也可手持。

（2）测试同学佩戴好遮眼罩，然后原地转 1 圈，准备好后计时开始，同组同学做好录像工作。返回至入口时，计时结束。

（3）测试同学通过通道时，每碰触障碍或通道，则判罚增加通过时间。

（4）导盲装置遇障应有提示音。

4）游戏场景展示

图 4-2-1　导盲现场测试图

2　实验过程及要求

（1）根据实验基本要求，做好预习及资料查阅工作，分析导盲避障应用的社会背景，了解实现导盲避障功能的主要方法。

（2）继续学习和熟悉红外测距传感器的功能、基本原理和应用方法，熟悉红外测距传感器的测距范围及相应的输出电压范围；熟悉电压比较器基本工作原理和典型应用电路的搭建。

（3）根据实验具体要求，提出导盲避障器设计应用方案，设计导盲避障器电路模块，分析该装置在应用过程中可能存在的问题。

（4）对导盲避障器进行设计、制作和参数调试，对测试过程中产生的问题进行分析。

（5）对测试过程进行记录，测试完成后验收作品，根据考核点进行综合评分。

（6）撰写设计总结报告，记录实验过程并作实验分析，或以海报的形式展现活动内容。

3　相关知识及背景

（1）课题模拟现实生活中的一个实际应用，倡导学生增强关爱社会，关爱盲人的责任感。

（2）实验过程中引导学生利用前期所学知识，主要包括红外测距传感器和电压比较器，构建一个简易的导盲避障装置，达到知识点重构和能力重塑的目的。

（3）通过游戏体验，不仅提高学生的实际设计能力，也对提升学生的专业兴趣起到积极作用。

4 教学目标与目的

（1）掌握利用红外测距传感器进行避障电路设计的方法。

（2）分组进行导盲避障装置电路设计，培养学生对知识的综合应用能力和协作能力。

（3）通过游戏体验，对设计方案进行反馈分析，进行创新思维和工程应用能力的训练。

5 教学设计与引导

1）实验项目设计理念

把握基础，注重实践，情境设置，寓教于乐。

2）教学方法和策略

（1）采用理实一体的教学方法：通过讲解、提问、解答、协作、现场指导等环节进行实验教学。

（2）设置提问互动环节：讲解后提出问题，请学生自己进行思考分析，并做出解答。

（3）现场指导：在游戏操作现场进行设计，学生提出设计方案并选取元器件，面对实际情景进行方案设计和调整。

（4）协作与问题探讨：通过小组协作，团队分工进行方案的相互交流和改进，有利于提高学生的团队合作能力。

3）教学设计

课程引入：

（1）游戏规则讲解：讲解游戏规则及如何进行游戏。

（2）导盲装置设计：电路装置应具有怎样的功能？

知识和技术点引入：

①红外测距基本原理；②测距与声光指示的设计；③便携式电源问题；④电路焊接与实际效果考虑；⑤游戏的策略与心理因素。

重要内容讲解：

（1）游戏规则解释：采用互动提问方式对游戏规则的疑问进行提问和交流。

（2）设计原理讲解（重点）：红外测距传感器；电压比较电路；声光报警模块；电源模块。通过问题提示学生结合前面的知识点、联系项目实际，进行系统的整合与设计。

（3）方案设计和装置搭建（难点）：引导学生要充分理解电路与设计目标的关系，提出方案。自行选取元器件，焊接和搭建电路。

电源的装配和设计很重要，可利用充电电池、干电池、充电宝等设备进行供电。在自由装配环节，教师及时解答学生的提问。

（4）游戏实验中,自主搭建场地,给每组调试时间;给学生准备眼罩,配备组员保护测试同学的安全。

（5）设计装置提交:本组游戏体验完成后,递交本组避障方案。方案应包括预采取的策略和装置设定位置示意图等。

教学反思:在课程的实施过程中,如何把握好具体的实施环节是值得不断思考和总结的。

（1）如何准确定位授课对象。课程针对的对象是低年级同学,其理论知识欠缺,如何在实践教学中对其进行有效引导,在教学内容和方式上进行改进,值得思考。

（2）在具体授课过程中,如何进行有效的课程管理和过程考核,需要进一步细化方案,另外课程的讲义、实践方案等的进一步细化,也需要花费不少精力,并在实践中不断完善。

（3）如何运用好网络资源,使之成为有效的训练和授课平台也是需要进一步筹划的地方。

6 实验原理及方案

导盲避障模块主要实现的是红外测距、信号比较和声音报警等功能,其测距电路可以沿用"红外测距传感器实验"的方案;避障装置具备声音报警功能,可使用蜂鸣器。另外,需要一个独立的电源装置进行供电。独立电源可以使用充电宝的 5 V 输出,也可使用 3 节干电池进行供电。如果使用 4 节干电池,可串联 1～2 个二极管,以保证输出的电源电压不高于 5.5 V。

避障装置的电路原理图如图 4-2-2 所示,S2 为红外测距传感器,U7A 为比较器 LM393,LS3 为蜂鸣器。图4-2-3为实物连接图。

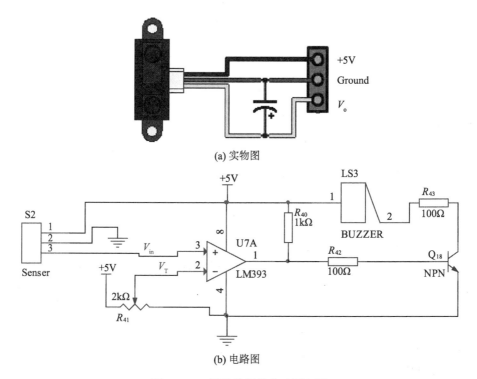

(a) 实物图

(b) 电路图

图 4-2-2 避障装置的电路原理图

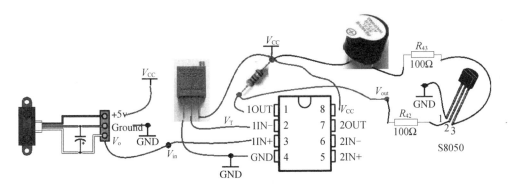

图 4-2-3　避障装置的实物连接示意图

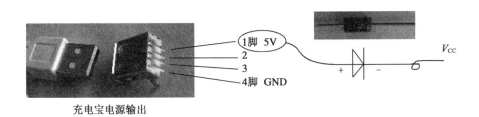

充电宝电源输出

图 4-2-4　便携式电源的 USB 接口

图 4-2-4 是便携电源部分(如充电宝的 USB 输出口)，USB 口作为独立电源输出，USB 座子的 1 脚为电源 5 V 脚，可串联二极管 1N5819 后输出。

实验后思考题：

(1) 有何种方法可以保证输出电压不超过 5.5 V?

(2) 在导盲过程中，希望该装置如何改进更有利于游戏的进行?

(3) 指出实际生活中该装置应用的局限性。

7　教学实施进程

本实验设计的主要思想是通过游戏情境的实际体验，将电子技术应用于实际项目，将先期基础实验的知识点进行迁移、重构和应用，有效促进学生专业学习的积极性，对培养学生的工程能力有着积极意义。

1) 教学实施进程

(1) 预习：学生通过网络课程下载讲义，对教材相应章节进行自习。提醒学生课程应该携带的相关用具。

(2) 实验课程引导：实验开始前对实验要求和基本原理作简要介绍，并按照实验设计要求对实验相关环节作提醒和说明。

(3) 实验过程一：分组进行实验方案设计和模块制作。

(4) 实验过程二：分组进行实验装置的测试、装置佩戴和导盲游戏过程，教师对游戏部分作记录并作评分。

（5）实物提交和验收：进行实物制作与设计验收。

（6）收集学生反馈，对学生遇到的问题作必要的总结。

（7）课后提交实验报告（电子版），对实验报告进行评分。

2）教学主要环节

表 4-2-1　教学主要环节表

教学环节	主 要 内 容	设 计 意 图
项目背景提出	1. 项目设计目标 2. 游戏规则	使学生面对一个实际的环境进行情境考虑
教学内容引出	1. 游戏设计的主要任务分析 2. 导盲装置的主要功能和原理分析 3. 相关知识点的组合，方案的整体设计，游戏实验及相关要求	结合实际的环境进行引导式教学，使学生关注相应目标，综合应用相应知识点完成设计
协作和讨论	1. 通过项目小组形式进行课题设计 2. 对实验实施过程中的相应环节设计作分析讨论和修改	发挥学生主观能动性，实现相互协作，提高工程应用能力和创新能力
游戏体验	1. 掌握避障装置的主要使用特性 2. 在游戏体验环节中面对实际情况解决问题	通过实际的游戏体验环节，锻炼学生面对实际环境提出问题和解决问题的能力
小结与作业	1. 思考本组方案的设计优缺点，是否需要根据实际情况进行改进 2. 思考如何更好地进行团队协作，进行项目设计改进	通过总结引导团队进行设计反馈和思考，巩固所学知识，提升对设计作品的认识

8　实验报告要求

实验报告需要反映以下工作：

（1）游戏实验的应用背景及需求分析，本实验团队分工及任务分配；

（2）现有导盲游戏装置的方案收集和比较；

（3）本实验项目中的导盲游戏装置设计方案和设计原理；

（4）导盲游戏装置的电路元件和接插件选择，参数调节和测试过程；

（5）学生进行导盲避障的游戏过程及图片；

（6）实验结果总结。

9　考核要求与方法

1）游戏评分规则（100 分计）

（1）评分资格，每人通过时间不超过 $180\ s$。

（2）记录每个成员通过障碍物的时间 t，时间记录以秒为单位。

（3）记录通过障碍通道时的碰撞次数。碰撞分为轻微碰撞和一般碰撞。轻微碰撞记

0.5 次,一般碰撞记 1 次。碰撞增加罚时。每次碰撞的罚时为 10 s。

(4) 总成绩为通过时间和罚时的总和。

(5) 所有队员完成游戏后,将成绩统一折算成百分制。

(6) 评分未尽事项由指导教师负责确定。

2) 实物设计与制作(100 分计)

(1) 基本方案与电路设计(40 分)。

(2) 方案创新(30 分)。

(3) 焊接与装置制作(30 分)。

3) 实验成绩(100 分计)

(1) 预习和实验报告(20 分)。

(2) 游戏评分(40 分)。

(3) 实物设计与制作(40 分)。

10　项目特色或创新

本实验是校本创新课程的典型实验案例,来源于光电设计大赛,实验案例以实际生活应用为背景,将课题进行知识点提炼、迁移,内化为适合低年级同学的创新课程项目,构建了一种工程性和应用性都较强的、比较接地气的、学生乐于接受的课程形式,让学生在参与过程中获得技术应用的实践经验,激发其创新思维。

4-3　阶梯波电路的问题诊断与解决(2018)

参赛选手信息表

案例提供单位		华北电力大学 北京市电工电子示范中心	相关专业		电气、电子、信息、通信、测控、自动化、电网等工科专业	
设计者姓名		樊冰	电子邮箱		fanbing@ncepu.edu.cn	
设计者姓名		孙淑艳	电子邮箱		sshy@ncepu.edu.cn	
相关课程名称		电子技术综合实验	学生年级	大二(下)大三	学时(课内+课外)	1 周
支撑条件	仪器设备	计算机、鼎阳 SDS 数字存储示波器(70 MHz)、RIGOLDDS 信号源、微机电源、UT56 万用表、面包板				
	软件工具	NI Multisim12				
	主要器件	DAC0832×1,LM324×1,74LS74×2,74LS00×2,74LS04×1,10 kΩ、5 kΩ、2.2 kΩ、1 kΩ、0.5 kΩ 电阻若干,100 pF 电容 1 个				

1　实验内容与任务

电子技术综合实验对学生的理论基础、动手能力、分析能力都有较高的要求,为了锻炼学生

在实践中发现问题并运用理论知识解决问题的能力,本实验设定的任务流程如图4-3-1所示:

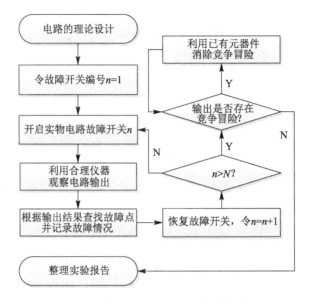

图 4-3-1　实验任务流程图

具体实验任务如下:

1) 基本任务

(1) 用D触发器和8位D/A转换器设计一个阶梯波产生电路,要求阶梯波阶梯数 $n = 6$,阶跃幅度 $0.7\ \mathrm{V} < \Delta V < 0.8\ \mathrm{V}$,画出电路图,无需搭接实物电路。

(2) 在实验板上依次开启 $N = 4$ 个故障开关,根据阶梯波电路的输出结果判断故障点范围,合理利用实验仪器设备查找故障点,并记录故障原因。

(3) 利用示波器观察阶梯波电路输出中的竞争冒险,分析竞争冒险产生的原因,论证是否可以通过数字电路设计来消除竞争冒险。

(4) 利用 RC 低通滤波器消除竞争冒险。

2) 扩展任务

设计一阶 RC 低通滤波器,要求根据竞争冒险产生的窄脉冲信号以及阶梯波阶跃信号的频谱特性,在电容值 $C = 100\ \mathrm{pF}$ 的条件下,选择合理阻值设计低通滤波器。

2　实验过程及要求

本实验包含理论课程学习、实物操作、报告撰写和答辩四个阶段。

要求学生两人一组进行实验操作与设计,共同拟定设计方案,分工合作完成实验任务。通过本实验收获以下知识及能力:

(1) 讲解同步时序逻辑电路设计原理及 D/A 转换器的工作原理;

(2) 结合数字和模拟电路中所学知识,针对电路存在的问题讲解几种解决方案,引导学生分析并确定设计方案;

(3) 结合题目要求查阅相关资料;

（4）利用 Multisim 软件进行仿真，自行设定故障并观察输出结果，研究如何发现和解决电路问题；

（5）在实物电路上进行操作，用示波器及其他设备观察输出结果，根据结果排除故障并解决竞争冒险问题，要求学生将理论计算与实验测量相结合，互为反馈，解决问题；

（6）按照要求进行实验任务，记录实验结果，并对结果进行分析和总结；

（7）进行作品展示、交流和答辩；

（8）整理设计文档，完成课程设计报告。

3 相关知识及背景

阶梯波在电子电路中应用广泛，设计方法较多，本实验通过数模混合方法设计阶梯波电路来锻炼学生理论联系实际、通过现象看本质的能力，实验任务的完成需要运用数字电子电路设计、D/A 转换、低通滤波器设计、信号频谱分析等多方面理论知识，同时需要学生掌握示波器、数码显示器、数字万用表等设备相关的实验知识和实验手段。

4 教学目标与目的

在实践教学中，电路连接后若输出结果不正确，学生经常会采取重新连接的处理方法，其原因是缺乏发现问题和解决问题的能力。本实验的教学目的是锻炼学生在实验结果不正确或不合理的情况下如何利用理论分析和实验手段解决实际问题，目标是提高学生理论联系实际的能力，利用所学理论知识分析实验结果，排除实验故障、达到输出指标。

5 教学设计与引导

电子技术综合实验是一个理论与实践相互反馈、不断修正和改进完善的过程，针对电子电路综合设计的特点，本实验被设计为一个理论与实践相结合、辅导与引导相结合、实物与仿真相结合、课内与课外相结合、基础知识与工程实践相结合的过程，需要经历理论学习、方案构思、电路分析与设计、实现调试、测试标定、数据总结、课程考核等过程。课程教学中，在以下几个方面加强对学生的引导：

（1）实验原理的掌握。掌握同步任意进制计数器设计的基本原理和过程，掌握 D/A 转换器的工作原理，理解竞争冒险产生的原因和消除方法，查找资料，了解与阶梯波及竞争冒险相关的信号频谱特性。

（2）课堂讲解同步时序电路设计中可能存在的几类问题，如何根据输出表现初步判定问题范围，如何利用实验仪器查找问题，讲解简单竞争冒险的消除方法，讲解如何用数学函数对阶梯波进行表示。

（3）组织学生对阶梯波产生电路可能出现的故障或问题开展研讨，讨论在某些典型故障下的输出表现以及采用何种实验手段发现故障点，讨论经 D/A 转换器产生的阶梯波阶跃电压幅度与D/A 转换器数字信号输入方式的关系，讨论如何用数学函数描述带有竞争冒险的阶梯波信号。

（4）对电路进行理论设计，并在仿真软件上进行实现。利用仿真软件灵活方便的优点，在同步计数器子模块可以采取互相训练的学习模式，学生自行设计错连、断线等电路故障，并要求同组其他同学进行故障排查和解决。这种学习模式有利于学生自己归纳和总结故障类型,快速积累解决故障问题的经验。在数模转换子模块,采用共同研究的学习模式,观察竞争冒险带来的波形畸变,引导学生利用数学方法研究畸变波形的频谱特性,为设计低通滤波器消除竞争冒险提供理论依据。

(5)在实物电路上进行故障排除。本实验电路(含故障开关、不含低通滤波器)由教师设计并嵌入实验板中,无需学生搭接电路。学生可先观察原始输出波形,然后分别拨动故障开关,再根据错误波形判断故障范围,利用实验手段分模块查找错误点并记录错误情况,教师在此期间可做适当引导。

(6)在实物电路上进行竞争冒险消除。在仿真分析的基础上,利用示波器观察竞争冒险脉冲宽度,并进行频谱分析,在元器件参数值有限的情况下,选择合理元器件完成低通滤波器的设计。期间,教师可引导学生通过理论设计、观察结果、修正设计、再观察结果的反馈互动模式进行实验。

(7)实验验收阶段。对学生实验结果进行验收,教师可提出一些问题,启发学生更深入的思考。

6 实验原理及方案

1)系统结构

本实验电路主要由三个模块组成,分别是同步计数器电路、数模转换电路和滤波电路。其中同步计数电路、数模转换电路以及两个模块之间的连接电路都安置有故障开关。系统结构如图 4-3-2 所示。

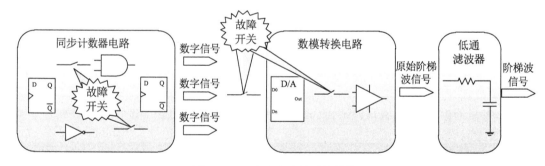

图 4-3-2 实验电路的系统结构

2)实现方案

本实验实现的总体方案如图 4-3-3 所示。根据阶梯波阶梯数目设计同步六进制计数器

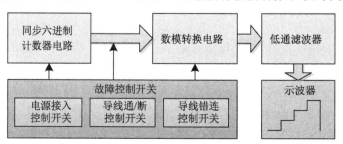

图 4-3-3 实验总体实现方案

模块,然后根据阶梯波阶跃幅度要求,将计数器模块输出的数字信号接入数模转换电路,将数模转换电路输出的模拟量接入低通滤波器消除竞争冒险。故障开关根据学生实验中常出现的问题分为三类:针对学生忘记接入电源或地的问题设置电源接入控制开关;针对连接导线管套内断裂而学生又忘记查验导线的问题设置导线通/断控制开关;针对学生经常将导线连接错误的问题设置导线错连控制开关。

各模块具体实现方案如下:

(1) 同步六进制计数电路

采用74LS74双D触发器和门电路设计状态为000—101循环的六进制计数器,并在电路中设置故障开关,故障开关的数量及位置可根据学生学习情况或难易程度来确定,本实验设定故障开关数目为4,在计数模块安置2个故障开关,类型分别为导线通/断控制开关(Key=1对应编号为1,以下类推)和导线错连控制开关(Key=2)。时钟电路采用单次脉冲源和连续脉冲源可切换电路,方便学生调试和观察连续波形。本模块的仿真电路如图4-3-4所示。

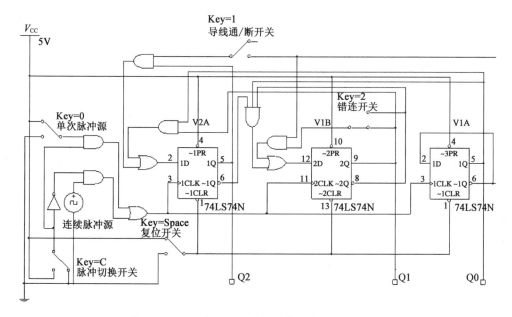

图 4-3-4　同步六进制计数模块仿真电路图

故障开关(Key=1)开启后,阶梯波变化如图 4-3-5 所示,通过观察波形,学生可以判断电路的计数部分可能存在问题,通过数码显示器观察计数部分,发现 $Q_2Q_1Q_0$ 始终在 100 和 101 之间循环,即 Q_2 没有按照设计在系统状态 101 之后从 1 回到 0,而始终保持为 1,理论设计中 $D_2=Q_1Q_0+Q_2\overline{Q_0}$,由于故障后的电路 Q_1 始终为 0,故判断问题出现在 $Q_2\overline{Q_0}$ 对应的与门输出上,用数字万用表或逻辑笔测量系统状态在 101 时 $Q_2\overline{Q_0}$ 对应与门的输出,发现其始终为 1,与设计不符,再检查该与门的输入状态,可发现与 $\overline{Q_0}$ 相连的输入端处于悬空状态,故判断该处导线断开。故障开关(Key=2)开启后,输出波形变化如图 4-3-6 所示,判别过程与故障开关 1 类似,这里不再赘述。

(2) 数模转换电路

本模块采用DAC0832数模转换芯片和LM423运算放大芯片构成,电路结构采用典型连接方法,$V_{ref}=-12$ V。该模块设置2个故障开关,类型分别为电源接入控制开关(Key=

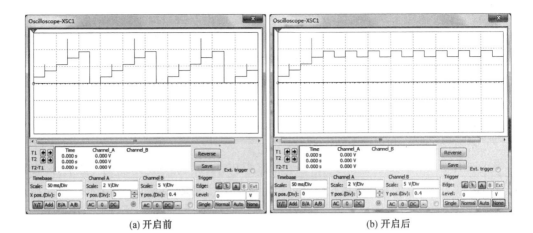

(a) 开启前　　　　　　　　　　　　　　　(b) 开启后

图 4-3-5　故障开关 1 开启后的输出波形变化

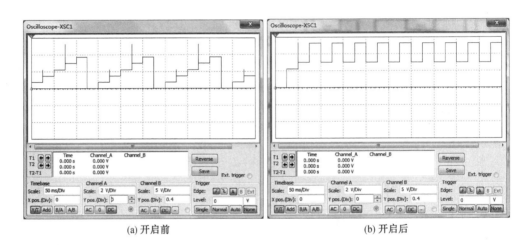

(a) 开启前　　　　　　　　　　　　　　　(b) 开启后

图 4-3-6　故障开关 2 开启后的输出波形变化

3)和导线错连控制开关(Key=4)。本模块的仿真电路如图 4-3-7 所示,由于仿真软件中没有 DAC0832 芯片模型,因此采用通用 8 位 DAC 模型,故障开关(Key=3)设置在$+V_{ref}$处(实物电路设置在 DAC0832 的 8 引脚处),故障开关(Key=4)为联动开关,设置在数字信号输入端。

故障开关(Key=3)控制连接电源的传输门,开启后传输门截止,电源从电路中断开,输出波形变为直线,无波形,此类情况可引导学生先检查所有芯片的电源和地是否正常接入,再判断其他可能出现的问题。故障开关(Key=4)开启后,输出波形变化如图 4-3-8 所示,先检查计数器模块,发现数字信号输出无误,然后仔细观察波形 $Q_2Q_1Q_0$,其规律为 000—010—001—011—100—110—000,与正确状态下的输出对比,发现错误波形是 Q_1Q_0 互换后的结果,说明数字信号接入有误。

（3）滤波电路

利用示波器观察竞争冒险,发现竞争冒险出现在 001—010 以及 011—100 状态转换时刻,冒险类型均为 1 态冒险,由于阶梯波要求输入数字信号必须是递进的,所以无法通过格

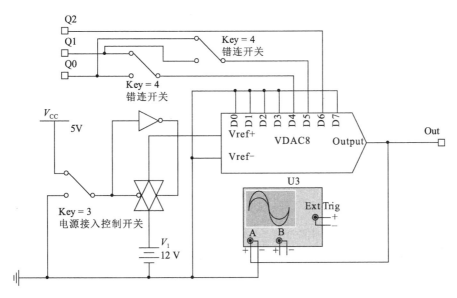

图 4-3-7 数模转换模块仿真电路图

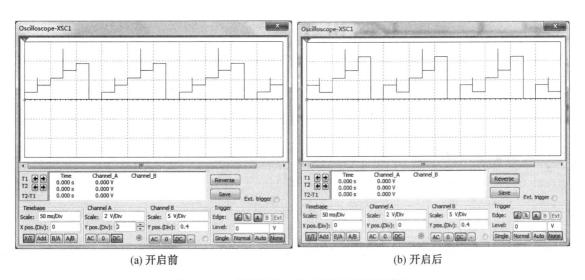

(a) 开启前 (b) 开启后

图 4-3-8 故障开关 4 开启后的输出波形变化

雷码的编码方式来解决竞争冒险问题,只能在数模转换电路的输出端利用滤波器来解决。将示波器水平灵敏度调至 50 ns/Div,可观察到本实验电路的竞争冒险脉冲宽度 $\tau \approx 16$ ns,竞争冒险出现处的波形可看作一个阶跃信号与一个矩形脉冲信号的叠加,根据傅里叶变换时域与频域的线性性质,其频谱等于两信号频谱之和,阶跃信号与矩形脉冲信号的频谱如图 4-3-9 所示。

本实验中阶跃信号为有用信号需要保留,矩形脉冲信号为竞争冒险信号,需要滤除。从频谱上看,两种信号的能量都集中在低频区,在设计低通滤波器时如果上限截止频率过高则两信号都被保留,失去滤波效果,反之,则会导致没有竞争冒险处的波形严重失真,因此需要设置合理的上限截止频率。在本实验中,矩形脉冲信号时域宽度很窄,其频谱的主瓣宽度很

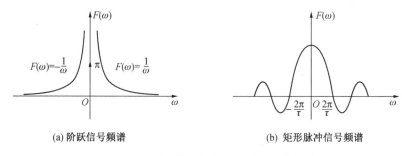

(a) 阶跃信号频谱　　　　　(b) 矩形脉冲信号频谱

图 4-3-9　阶跃信号与矩形脉冲信号的频谱

宽,第一次过零点的位置 $\frac{2\pi}{\tau} \approx 400$ M(rad/s),属于高频区;而阶跃信号的能量除 $\omega = 0$ 处的

冲激函数外,其曲线覆盖面积即能量,随着频率的增加以 $\ln(\omega)$ 的速度增加,每十倍频程约

增加 2.3,增加速度在高频区明显下降。针对此特征,在低通滤波器电容、电阻取值有限的情

况下,应使低通滤波器截止角频率 $1/RC$ 尽量在 40 M(rad/s)附近,既远小于矩形脉冲信号

频谱的主瓣宽度,又仅比 400 M(rad/s)小 1 个十倍频程,可以尽可能多地保留阶跃信号的能

量。本实验设定电容为 100 pF,则电阻取值应在 2.5 kΩ 附近。在电阻可选取值为 10 kΩ、

5 kΩ、2.2 kΩ、1 kΩ、0.5 kΩ 情况下,应选择 2.2 kΩ 电阻。在电阻取值为 10 kΩ、0.5 kΩ

和 2.2 kΩ 下阶梯波输出波形如图 4-3-10 所示。

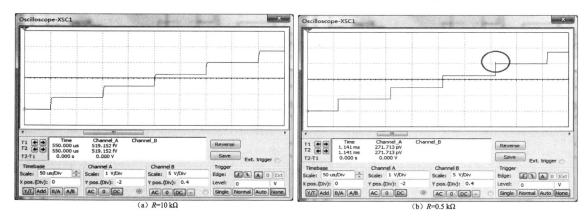

(a) $R=10$ kΩ　　　　　(b) $R=0.5$ kΩ

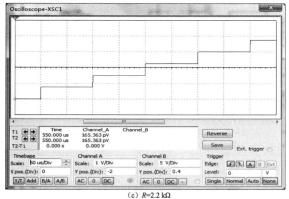

(c) $R=2.2$ kΩ

图 4-3-10　不同电阻取值下的输出波形

可以看出，$R=10\ \text{k}\Omega$ 时，由于低通滤波器上限截止频率偏低，导致波形出现失真，损失的信号能量偏多，信号跃变时出现弧顶；$R=0.5\ \text{k}\Omega$ 时，上限截止频率偏高，竞争冒险产生的信号能量过多保留下来，在 011—100 跃变时，依然存在幅度较小的竞争冒险信号；$R=2.2\ \text{k}\Omega$ 时，信号阶跃几乎没有弧顶，竞争冒险基本消除。

7　教学实施进程

(1) 发布设计题目，提出实验的基本任务和扩展任务；

(2) 根据设计题目查找相关参考资料，对设计要求进行分解和剖析；

(3) 结合数字和模拟电路中所学知识，讲解综合电路设计中的典型问题和解决方案；

(4) 结合题目要求查找相关资料；

(5) 利用 Multisim 软件进行仿真，在搭建仿真电路的过程中，分模块进行调试；

(6) 在实物电路上进行故障排除，分别拨动故障开关，再根据错误波形判断故障范围，利用实验手段分模块查找错误点并记录错误情况；

(7) 设计低通滤波器，消除竞争冒险，不选择扩展任务的同学可以通过不断尝试确定合理阻值和容值；

(8) 实验结果分析和总结；

(9) 提交实验报告，并进行简单答辩。

8　实验报告要求

实验报告是实验情况的总结，是将本次实验的数据进行分析和整理，以加深对理论知识和实验原理的理解，增强利用理论知识解决实际问题的能力；同时也锻炼学生撰写技术文档的能力，要求小组成员各自独立完成一份实验报告，要求如下：

1) 设计任务要求

2) 设计方案及分析论证

(1)方案分析对比；(2)系统结构设计；(3)模块电路设计；(4)算法流程设计。

3) 仿真过程(遇到的问题及解决方法)

4) 实物操作结果及分析

(1)故障查找及解决情况；(2)低通滤波器输出情况；(3)数据分析与结论。

5) 实验总结

(1)本人所做工作；(2)收获与体会；(3)对本实验的建议。

9　考核要求与方法

1) 考核要求

(1) 实验质量：电路方案的合理性，仿真电路原理图的规范性。

(2) 实践能力：故障判断的准确性、快速性，自主思考与独立操作能力。

(3) 实物验收：功能与性能指标的完成程度和完成时间，是否对电路进行探究性研究，答辩的情况以及演讲的条理性。

(4)实验数据：仿真实验结果的合理性、实物测试数据的正确性，实验数据的比较、分析和总结。

2)考核方法

(1)考核方法:以两人小组为单位进行实验任务,实验完成后,分别进行答辩,两人分别完成各自实验报告。

(2)成绩构成:总成绩=实物测评×50%+实验报告×30%+答辩表现×20%。

(3)答辩方式:提问涉及实验原理,技术方案,测试方法等。

(4)实物测评:故障查找准确率、故障排除时间、阶梯波输出波形质量。

10 项目特色或创新

本实验结合了实践能力训练与理论分析能力训练,针对学生平时实验操作中出现的问题进行实验开发,锻炼学生利用基础知识和实验方法去发现问题和解决问题的能力;同时将模拟和数字电路相结合,锻炼学生综合应用分析的能力;扩展任务需要数学和信号处理知识相辅助,锻炼学生跨课程的知识运用能力和文献查找能力。

4-4 多功能音乐系统设计(2018)

参赛选手信息表

案例提供单位		华中科技大学	相关专业		电子信息、通信	
设计者姓名		夏银桥	电子邮箱	xiayq@hust.edu.cn		
设计者姓名		陈 林	电子邮箱	lchen@hust.edu.cn		
相关课程名称		电子线路设计·实验·测试	学生年级	大二、大三	学时(课内+课外)	8+8或16+16
支撑条件	仪器设备	示波器、函数信号发生器、直流稳压电源、计算机、万用表				
	软件工具	PSpice				
	主要器件	LM324、NE5532、LM386、LA4102、M65831、LED灯、面包板				

1 实验内容与任务

根据所学的电路理论及电子线路技术基础知识,以集成运算放大器和低频功率放大器为主要器件,设计音乐放大系统,要求具有话筒前置放大、混合放大、音调控制、音量控制、功率放大等功能。

1)音响系统的基本要求

(1)话筒前置放大:放大器的作用是不失真地放大声音信号,实现阻抗转换。

(2)混合放大:将播放器输出的音乐信号与话筒的声音信号混合放大。

(3)音调控制:主要是控制、调节音响放大器的幅频特性,音调控制器只对低音频与高音频的增益进行提升与衰减,中音频的增益保持 0 dB 不变。

(4) 功率放大(简称功放):给音响系统的负载(扬声器)提供一定的输出功率。当负载一定时,希望输出的功率尽可能大,输出信号的非线性失真尽可能地小,效率尽可能地高。

2) 提高拓展要求

(1) 卡拉 OK 混响,使音乐显得更厚实,音色更丰满。

(2) 按照音乐频率高低来控制一组 LED 彩灯的显示,提高音乐的视觉感受。

(3) 按照音乐音量的大小控制一组 LED 彩灯的显示,提高音乐的视觉感受。

(4) 双通道立体声音响系统的实现,使音乐有较强的立体感。

2　实验过程及要求

(1) 实验课前,在中国大学 MOOC 网站认真观看学习本课程的实验视频,完成 MOOC 相关单元测试题,通过阅读实验教材和查阅其他相关资料,认真分析实验设计要求,选择合理合适的设计方案。

(2) 在搭建硬件电路前,对设计的电路进行仿真分析实现,确保设计的正确性。

(3) 电路搭建时布局要合理,避免级间干扰,尤其要做好功放电路的布局布线及其电源的滤波。

(4) 实验调试与测量,先进行单级性能指标的测量调试,然后整机连接调试。

(5) 实验验收,包括定量验收和定性验收,定量验收用信号发生器产生信号,测量整机性能指标;定性验收采用话筒和线路输入音乐,鉴赏系统的音质。

(6) 实验报告包括设计方案、电路分析、系统整机电路图、数据曲线及心得体会。

3　相关知识及背景

本实验是一个运用数字和模拟电子技术解决现实生活和工程实际问题的典型案例,需要掌握电路仿真、信号幅度放大、信号频率调理、功率放大等相关知识,灵活运用系统整机布局、电路搭建、调试的工程实践技能。本实验可以丰富、完善音响系统的音效,提高人们对音乐的视觉感受,主要运用在个人、家庭等小型场所。

4　教学目标与目的

本项目将相关学科知识进行了融合,软、硬结合,有利于学生对系统设计的整体把握,有利于引导学生运用多门课程知识进行系统设计、搭建和测量调试,提升其综合运用电路理论和电子线路技术等知识解决实际工程问题的能力。

5　教学设计与引导

本实验是一个综合性的系统设计项目,由多个单元电路组成,有基本系统实验要求,也有能力提升加分的系统拓展要求,是一个多层次的综合性实践项目。需要学生经历方案论证、系统设计、电路搭建、单级测试、整机调整、干扰消除等过程。在实验教学中,应在以下几个方面加强对学生的引导:

(1) 教师提前 1 至 2 周在课堂上布置并简单讲解实验要求,重点介绍系统框图、电压增益的合理分配、前置放大器、功放电源滤波等电路的设计方法。

(2)学生通过实验教材、PPT 和 MOOC 网站相关视频的学习,提前基本完成系统框图和各单元电路的设计,并对部分电路进行软件仿真设计。

(3)在设计过程中,教师要讲解系统设计的规范性、各级电路增益要合理规划、减小电路级间干扰的重要性及可以采取的措施。

(4)在电路搭建中,引导学生对电路进行合理布局、布线。

(5)在测量调试中,引导学生将理论和实践相结合,明确系统各性能参数的含义及正确的测试方法;根据实际电路确定如何减小干扰、如何进行合理滤波,如何进行整机联调。

(6)在验收阶段,组织学生以演讲、答辩、评讲的方式进行交流,了解不同解决方案及其特点,拓展学生的知识面。

6 实验原理及方案

1)系统框图设计

整机电路由话筒前置放大器、混合(混响)放大器、音调控制放大器、彩灯控制器、功率放大器组成,根据各级的功能及技术指标要求合理分配电压增益,分别计算各级电路参数,通常从功放级开始向前级逐级计算。根据技术指标要求,音响放大器的输入为 5 mV 时,输出功率为 0.5 W,总电压增益 $A_{v_{\Sigma}}\left(=\dfrac{U_{o}}{U_{i}}\right) \geqslant 640$ 倍(56 dB),系统原理框图如图4-4-1所示。

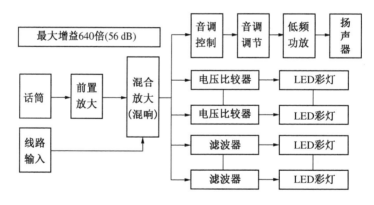

图 4-4-1 多功能音响系统框图

2)系统设计与论证

话筒前置放大、混合放大、音调控制放大级采用集成运算放大器,常用运放有 HA741、NE5532、LM324;常用的集成低频功率放大器有 LM380、LM386、LA4102。

HA741 与 LM324 的性能参数接近,NE5532 是低噪声运放,且 NE5532 的单位增益带宽($BW=10$ MHz)、转换速率远远大于 HA741。由于多级放大各级信号会互相产生干扰,合理布线,把级与级间的距离拉大是减小信号干扰的好方法,HA741 是单运放芯片,若每一级各用一个 HA741,则电路元件增多,电路板面积就会增大,不但不美观也不经济。LM324 是四运放集成电路,NE5532 是双运放芯片,芯片少、结构紧凑,占用电路板面积小,不仅美观而且经济。因此话筒前置放大、混合放大、音调控制放大级采用 LM324 或 NE5532。

考虑驻极体话筒的输出阻抗高,前置放大器采用同相放大器;混合放大采用反相比例加法器;音调控制级采用由运放构成的反馈型有源滤波器;音量彩灯采用多个电压比较器(不少于 3 个),由音量的大小控制彩灯;音调彩灯可以采用低通、带通、高通滤波器,也可以采用频率电压转换芯片 LM331 来实现由音频控制彩灯。

功放 LM380、LA4102 是双列直插 14 脚芯片,自带散热片,输出功率较大,但体积较大;LM386 只有 8 个引脚,外接元件很少,静态功耗低,广泛应用于便携式音响设备。

3) 音调控制

音调控制主要是控制、调节音响放大器的幅频特性。常用的音调控制电路有三种:(1)衰减式 RC 音调控制电路,其基调范围较宽,但容易产生失真;(2)反馈型电路,其调节范围小一些,但失真小;(3)混合式音调控制电路,其电路较复杂,多用于高级收录机中。为了使电路简单、信号失真小,采用反馈型音调控制电路。

音调控制器只对低音频与高音频的增益进行提升与衰减(±20 dB),中音频的增益保持 0 dB 不变。因此,音调控制器的电路可由低通滤波器与高通滤波器构成。将这两种电路形式组合在一起就可以得到一个完整的反馈型音调控制电路,如图 4-4-2 所示。

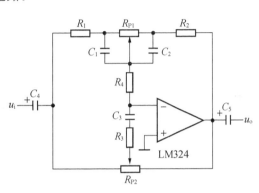

图 4-4-2　反馈型音调控制电路

4) 卡拉 OK 混响设计

卡拉 OK 电子混响器是用电路模拟声音的多次反射,产生混响效果,混响增加声音的深度和广度,使声音听起来显得更厚实有立体感,能让音色更丰满。三菱的 M65831 是数码混响延迟芯片,混响延迟时间可以由 4 位的拨码开关手动控制,延迟时间可以从 12.3～196.6 ms 之间选择。M65831 是普及型的消费产品,价格低,应用简单,混响效果很好,推荐使用。

性能指标更高一些的有三菱的 M65830 和雅马哈的 YSS216,数字延迟数码回声的效果要更好些,多用在专业级的卡拉 OK 机中做数字混响芯片。

7　教学实施进程

本实验教学实施进程包括:

(1)预习阶段:教师至少提前 2 周简要讲解实验内容,布置预习任务。学生至少提前 1 周通过 MOOC 视频网站及教材学习相关内容,并完成 MOOC 平台上的单元测验,课前用 PSpice 仿真所设计的电路。

(2)课堂教学阶段:教师重点讲解电路搭建的布局布线、测量调试的规则与方法,重点讲解功放电路电源的滤波,以及功放对前级电路干扰的排除方法;教师随时督促指导学生正确完成实验。

(3)学生实验阶段:学生结合个人特点制定实验方案,鼓励学生与学生、学生与教师相互讨论学习,电路搭建要充分利用课外时间完成,课堂上做调试、测量和验收。

(4)实验验收:采用电路性能参数指标的定量验收和歌曲音乐播放演示效果的验收两

种方式。

8 实验报告要求

实验报告需要反映以下工作：

（1）系统需求分析；（2）系统方案论证；（3）系统增益推导计算以及各级增益的分配；（4）电路设计与参数选择；（5）实验数据记录表格；（6）数据处理分析及特性曲线；（7）系统调试测量方法；（8）解答思考题；（9）实验心得体会、实验改进想法。

9 考核要求与方法

（1）实物验收：主要采用定性验收，功能与性能指标的完成程度、完成质量、完成时间。

（2）实验质量：电路方案的合理性，电路搭建的工艺。

（3）自主创新：功能构思、电路设计的创新性，自主思考与独立实践能力。

（4）实验成本：是否充分利用实验室已有条件，材料与元器件选择的合理性，成本核算与损耗。

（5）实验数据：各单元电路的测量数据表格和测量误差。

（6）实验报告：实验报告的规范性与完整性。

10 项目特色或创新

通过本次综合实验，软、硬结合，打破了各门课程之间的界限，学生充分运用了电路理论及电子线路技术基础的理论知识以及本实验课程掌握的实验技能知识，并将其进行了有机融合，促进了学生系统设计能力和调试能力的提高。

4-5　干式空心电抗器匝间短路故障在线检测系统(2018)

参赛选手信息表

案例提供单位	西安交通大学		相关专业	电气工程	
设计者姓名	赵彦珍	电子邮箱	zhaoyzh@mail. xjtu. edu. cn		
设计者姓名	邹建龙	电子邮箱	superzou@mail. xjtu. edu. cn		
设计者姓名	沈瑶	电子邮箱	shenyao1758@mail. xjtu. edu. cn		
相关课程名称	电路电磁场综合开放实验	学生年级	大二	学时(课内＋课外)	40
支撑条件	仪器设备	计算机,调压器,实验电抗器,稳压电源			
	软件工具	LabVIEW, Ansoft, Matlab 等			
	主要器件	NI 数据采集卡,面包板,电阻,电容,运放,蜂鸣器,LED 发光二极管等			

1　实验内容与任务

基于磁场探测法,对干式空心电抗器运行状态在线实时监测,当电抗器发生匝间短路故障时,给出报警信号。

(1) 干式空心电抗器匝间短路故障工频特性的研究。基于场路耦合法,建立干式空心电抗器正常运行状态与匝间短路故障状态的数学模型,采用工程数值分析软件 Ansoft 或工程编程软件 Matlab 分析计算正常状态和故障状态下电抗器的工频电磁场特性,确定匝间短路故障检测方法。

(2) 基于 LabVIEW 的干式空心电抗器匝间短路在线检测系统数据采集模块的实现。基于 LabVIEW 软件和 NI 数据采集卡 PCI6221 完成系统数据实时采集任务,能够对采集数据进行保存和管理。

(3) 干式空心电抗器匝间短路在线检测系统滤波及放大功能的实现。基于 LabVIEW 软件实现对采集信号的滤波功能;通过自行设计制作的印刷电路板实现信号放大功能。

(4) 干式空心电抗器匝间短路在线检测系统报警模块的设计与实施。基于 LabVIEW 软件及自行设计制作的硬件电路实现系统报警功能。

2　实验过程及要求

本实验内容需由 4 组同学协作完成,每组 2 人,每组完成基本任务中的 1 项。

(1) 查阅文献,了解干式空心电抗器的结构、工程应用及其匝间短路故障检测方法。

(2) 根据小组任务的需求,学习并掌握 Ansoft、Matlab、LabVIEW 等软件。

(3) 第 1 组分析计算干式空心电抗器在不同位置出现匝间短路前后电感、电流及磁场分布特性,探讨磁场探测法的可行性;第 2 组通过 NI 数据采集卡 PCI6221 实时采集探测线圈电压信号,基于 LabVIEW 软件实现采集信号的保存和管理等任务;第 3 组基于 LabVIEW 软件编程实现滤波功能,采用硬件方法实现模拟信号的放大功能;第 4 组完成报警模块软件及硬件的设计与实施任务。

(4) 系统连接及调试。

(5) 撰写实验总结报告,并进行 PPT 演讲汇报。

3　相关知识及背景

涉及互感电路分析计算方法、典型运放电路分析计算方法及应用、线圈自感与互感参数的计算方法、电磁感应定律的应用以及有限元数值计算方法等,融合了电路和电磁场两门课程的相关理论知识。两门课程综合在一起的实验是传统实验教学很少涉及的。本实验的开展可培养、提升本科生对实际工程问题的综合分析能力和自主创新能力。

4　教学目标与目的

面向大学二年级电气工程专业本科生,开设电路电磁场综合开放型实验,巩固互感电路、运放电路、磁场及电感计算等理论知识。培养学生对实际工程问题的分析能力、理论知识的综合应用能力、自主创新能力以及团队协作精神。

5 教学设计与引导

本实验面向大学二年级电气工程专业本科生开设,在第 4 个学期中期启动。学生已经完成电路课程及相关的电磁场理论知识的学习,参加实验的学生已具备较好的理论基础。相比较而言,学生们面向实际工程问题时查阅文献、综合运用知识的能力以及动手能力等还未能得到充分锻炼。因此,在实验教学中,应密切关注每个学生的实验进程,仔细进行引导,逐步提高学生自主学习和解决问题的能力。具体在以下几个方面进行引导:

(1)查阅相关文献的方法和途径。

(2)对目前在电气工程中常用的软件 Ansoft 和 LabVIEW 进行介绍。引导学生学习掌握应用软件仿真计算电磁场问题的方法以及利用虚拟仪器平台实现电路分析计算和测试的方法。

(3)电抗器匝间短路模型的建立。在实验室现场介绍电抗器实体,使学生对照电抗器结构后,思考并利用所学理论知识建立其电路电磁场模型。

(4)使用面包板搭建实现硬件电路的规则及注意事项。

(5)印刷电路板的设计规则及注意事项。

(6)开放实验的总结以及汇报。通过开放实验报告的撰写以及 PPT 形式的答辩汇报,锻炼学生撰写报告和演讲的能力。

(7)鼓励并引导学生对实验内容进一步凝练、总结,撰写科研小论文,投稿专业期刊。

6 实验原理及方案

1) 实验原理

干式空心电抗器是电力系统重要设备之一,主要作用有限制短路电流、滤除高次谐波电流、补偿无功功率等。它由多个包封并联构成,包封与包封之间留有散热气道,每个包封又由多层线圈并联构成,如图 4-5-1 所示。

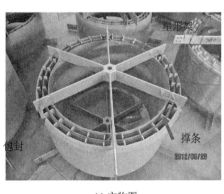
(a) 实物图

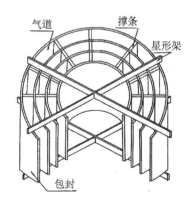
(b) 结构示意图

图 4-5-1 干式空心电抗器

正常运行时,由于电抗器上下结构对称,因此其磁场分布也上下对称。当电抗器线圈发生匝间短路故障时,会有短路环形成,如图 4-5-2 所示,根据电磁感应定律,短路环中会产生与原线圈电流方向相反且幅值远大于原线圈电流的感应电流,从而引起电抗器局部磁场显著变化,磁场分布不再呈现上下对称特性,如图 4-5-3 所示。

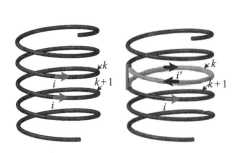

(a) 正常运行情况　　(b) 匝间短路故障情况

图 4-5-2　干式空心电抗器匝间短路环

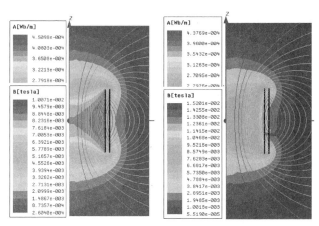

(a) 正常运行情况　　　　(b) 匝间短路故障情况

图 4-5-3　干式空心电抗器磁场分布

在电抗器外表面上下对称位置安装探测线圈,如图 4-5-4 所示,根据探测线圈的差分感应电压变化来判断电抗器磁场变化,进而判断电抗器是否发生匝间短路。当差分电压为零时,电抗器正常工作,当差分电压不为零时,电抗器发生匝间短路。一旦判断电抗器发生匝间短路故障,立刻给出报警信号。

2)　实验方案

实验分 4 个模块,分别由 4 组同学完成。每组同学均完成模块任务后再进行整个系统的连接及调试。

(1) 模块 1 的实验方案及步骤

对干式空心电抗器匝间短路故障工频特性的研究,探讨磁场探测法的可行性,具体为:

① 根据干式空心电抗器结构,分析匝间短路故障的物理过程,建立匝间短路故障前后的电路模型。

② 根据恒定磁场的有限元计算方法,应用 Ansoft 软件,计算电抗器匝间短路前后的层自感及互感参数。

③ 根据互感电路的计算方法,应用 Matlab 语言编程,分析计算电抗器匝间短路前后的电流分布及电感值的变化。

图 4-5-4　干式空心电抗器匝间短路故障的磁场探测法示意图

④ 根据涡流场的有限元计算方法,应用 Ansoft 软件,分析计算电抗器匝间短路前后磁场特性的变化,探讨磁场探测法的可行性。

(2) 模块 2 的实验方案及步骤

采用 NI 数据采集卡 PCI6221 实时采集探测线圈电压信号,基于 LabVIEW 图形化的编程语言开发环境,显示、保存及管理电抗器正常工作时以及发生匝间短路故障时的信号波形及相关数据。具体为:

① 为了调试本模块功能,首先基于 LabVIEW 搭建模拟信号生成模块,实现对探测线圈

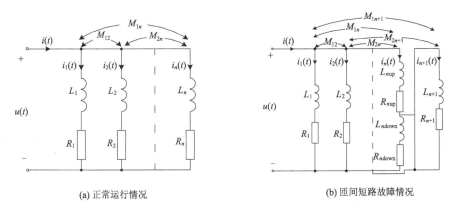

(a) 正常运行情况　　　　　　　　　　　　　　(b) 匝间短路故障情况

图 4-5-5　干式空心电抗器电路模型

电压信号的仿真模拟。

② 基于 LabVIEW 前面板,设计信号采集、显示及保存模块的用户界面(图 4-5-6)。

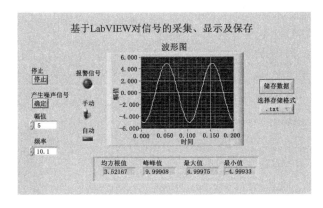

图 4-5-6　信号的采集、显示及保存模块的前面板

③ 基于 LabVIEW 后面板编制图形程序(图 4-5-7),实现信号采集、显示及保存模块的功能。显示模块可以给出探测线圈电压信号的实时波形、均方根值、最大值等;数据保存模块可以实现多种文件格式保存,例如:txt 格式、BMP 格式、Excel 报表格式等。

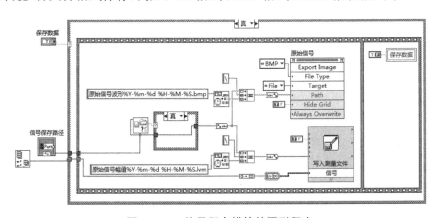

图 4-5-7　信号保存模块的图形程序

（3）模块 3 的实验方案及步骤

根据小波去噪理论以及 Butterworth 滤波器原理,基于 LabVIEW 软件功能对采集信号进行去噪和滤波,采用运算放大器设计信号放大电路对采集信号进行放大。具体为:

① 搭建模拟信号生成模块,并在其中添加噪声信号,实现对探测线圈电压信号的仿真模拟。

② 在 LabVIEW 前面板设计信号去噪和滤波前后的波形显示用户界面(图 4-5-8)。

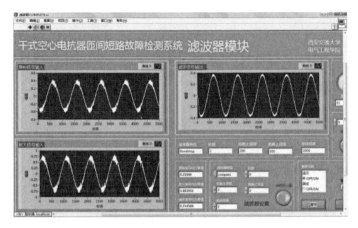

图 4-5-8　信号去噪滤波前后的波形显示用户界面

③ 在 LabVIEW 后面板编制图形程序实现信号的去噪和滤波功能。

④ 根据运放电路理论,设计比例放大电路,并在面包板上搭建电路实现信号放大(图4-5-9)。

（4）模块 4 的实验方案及步骤

基于 LabVIEW 软件及自行设计制作的印刷电路板实现系统报警功能。具体为:

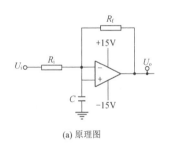

(a) 原理图

(b) 印刷电路板

图 4-5-9　信号放大电路

① 采用 LabVIEW 软件设计实现电抗器运行状态的显示。采用指示灯表征电抗器状态,并在电抗器匝间短路故障时,同时启动声音和灯光报警。

② 在面包板上搭建测试硬件报警电路(图 4-5-10(a))。

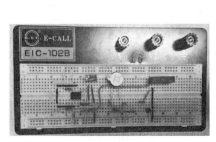

(a) 面包板

(b) 印刷电路板

图 4-5-10　报警电路

③ 绘制焊接印刷电路板(4-5-10(b))。

④ 测试印刷电路板。

(5) 系统各模块整合连接及测试

所有小组同学集中,将各自模块有机连接,在实验室进行整个系统的运行测试(图 4-5-11)。

图 4-5-11　系统测试现场

7　教学实施进程

教学实施进程如表 4-5-1 所示。

表 4-5-1　教学实施进程表

	角色安排	具体内容
第 1 阶段 第 7~8 周	教师任务安排(2 h)	(1) 介绍干式空心电抗器结构、应用、常见故障、匝间短路故障及其给电力系统带来的危害; (2) 现场演示干式空心电抗器匝间短路故障在线监测实验平台的实施过程; (3) 介绍查阅相关文献的途径和方法; (4) 发放实验任务书,并布置第 1 阶段任务
	学生自主学习(6 h)	学生通过查阅文献,完成文献综述,明确实验需要完成的任务,并制定学习及研究计划
第 2 阶段 第 9~10 周	教师验收及任务安排(3 h)	(1) 验收文献综述及学习研究计划,讨论研究计划的可行性; (2) 介绍工程软件 Ansoft、LabVIEW 等的基本应用,推荐相关参考工具书; (3) 布置第 2 阶段任务
	学生自主学习(5 h)	(1) 根据小组任务要求,学习 Ansoft、LabVIEW 等软件的使用方法; (2) 应用软件仿真计算恒定磁场、涡流场等电磁场问题; (3) 应用虚拟仪器搭建典型实验电路

(续表)

	角色安排	具体内容
第 3 阶段 第 11～13 周	教师验收及任务安排(3 h)	(1) 考核学生是否掌握了实验所需软件的应用,了解学生在软件使用中碰到的问题,并进行讨论解决; (2) 任务安排:教师详细介绍实验电抗器的电气参数及结构参数,布置第 3 阶段任务
	学生自主实验(9h)	(1) 应用 Ansoft 软件仿真实验电抗器匝间短路前后电抗器的工频特性,研究磁场探测法的可行性; (2) 基于 LabVIEW 软件设计并实现信号采集、保存及管理任务; (3) 基于 LabVIEW 软件设计并实现滤波及放大电路,在面包板上实现硬件放大电路; (4) 基于 LabVIEW 软件设计并实现报警电路,在面包板上实现硬件报警电路
第 4 阶段 第 14～15 周	教师验收(2 h)	验收学生第 3 阶段任务,了解存在的问题,讨论解决方法,根据完成情况,布置下一步的具体研究工作
	学生自主实验,撰写报告,准备答辩 PPT(6 h)	(1) 解决研究中的尚存问题,完善各自模块的实验内容; (2) 系统整合连接、调试; (3) 撰写实验报告,准备 PPT 答辩汇报
第 5 阶段 第 16 周	答辩验收(4 h)	(1) 学生现场演示系统运行及操作,采用 PPT 进行演讲汇报; (2) 师生讨论开放实验的收获以及对开放实验进一步开设的建议

注:该开放实验始于大学二年级第 2 学期的第 7 周,共 10 周,40 个学时。

8　实验报告要求

1) 实验报告内容

(1) 第 1 组实验报告应包含以下内容:

①工程背景;②Ansoft 建模、材料设置、边界及载荷加载等情况说明;③匝间短路前后电感、电流的计算结果;④磁场分布结果场图的分析研究;⑤干式空心电抗器匝间短路故障检测方法的提出;⑥实验总结、体会与建议;⑦参考文献。

(2) 第 2 组实验报告应包含以下内容:

①工程背景;②程序设计思路;③验证程序过程描述;④实验总结、体会与建议;⑤参考文献;⑥附件:LabVIEW 数据采集模块、示波器模块以及数据保存模块程序框图。

(3) 第 3 组实验报告应包含以下内容:

①工程背景;②程序设计思路;③验证程序过程说明;④硬件电路制作过程说明;⑤实验总结、体会与建议;⑥参考文献;⑦附件:LabVIEW 滤波模块程序;⑧附件:制作完成的实物照片。

(4) 第 4 组实验报告应包含以下内容:

①工程背景;②程序设计思路;③验证程序过程说明;④硬件制作过程说明;⑤实验总结、体会与建议;⑥参考文献;⑦附件:LabVIEW 短路报警模块程序;⑧附件:制作完成的实物照片。

2）实验报告要求

实验报告中的字体、图、表、参考文献等写作规范应参照西安交通大学本科生毕业设计论文写作规范(模板由教师提供给学生)。

9 考核要求与方法

该开放实验的考核方式为过程考核,考核时间、验收内容及评分标准表如表 4-5-2 所示。

表 4-5-2 考核时间、验收内容及评分标准表

	考核时间	验收内容	评分标准	得分
第 1 次	第 9 周	(1) 参考文献综述;(0.5 分) (2) 学习研究计划(0.5 分)	提交文献综述报告: 是 □ 否□ 提交学习研究计划: 是 □ 否□	
第 2 次	第 11 周	(1) 第 1 组:基于 Ansoft 软件的恒定磁场、涡流场仿真结果;(1 分) (2) 第 2、3、4 组:基于 LabVIEW 软件的典型电路实现及测量(1 分)	电磁场仿真结果是否正确: 是 □ 否□ 电路能否可靠实现要求的功能: 是 □ 否□	
第 3 次	第 14 周	(1) 第 1 组:电抗器匝间短路前后电流、电感及磁场特性变化的仿真结果;(2 分) (2) 第 2 小组:数据采集、保存及管理模块的实现程序;(2 分) (3) 第 3 小组:基于虚拟仪器的滤波电路实现编程以及硬件放大电路的搭建;(2 分) (4) 第 4 小组:报警模块的软件实现编程以及硬件电路的搭建实施(2 分)	根据仿真结果是否能论证磁场探测法的可行性: 是 □ 否□ 程序是否具有良好的可读性: 是 □ 否□ 程序是否能够正确实现各自模块的功能: 是 □ 否□ 程序界面是否便于操作: 是 □ 否□ 硬件电路搭建是否有条理,是否能够可靠工作: 是 □ 否□	
第 4 次	第 16 周	个人 PPT 演讲,实验报告(1 分)	答辩讲述是否清楚: 是 □ 否□ 报告撰写是否完整: 是 □ 否□	

注:该开放实验从第 7 周开始。

10 项目特色或创新

(1)科研成果转化为教学实验

将科研项目成果凝练为实验教学内容,激发学生学习兴趣,促进学生科研方法训练。

(2)电路和电磁场两门课程的综合性实验

涉及互感电路、磁场及电感等计算方法,融合了电路和电磁场的理论知识。

(3)面向工程应用,提升学生综合实践能力

可提升学生解决复杂工程问题的能力和自主创新能力,培养学生团队协作精神。

第五部分

电子系统设计

5-1 自动打靶机器人的设计与制作(2017)

实验案例信息表

案例提供单位	兰州交通大学		相关专业	物联网、自动化等	
设计者姓名	宫玉芳	电子邮箱	gyfang9811@163.com		
设计者姓名	姚晓通	电子邮箱	545323755@qq.com		
设计者姓名	化晓茜	电子邮箱	307713308@qq.com		
相关课程名称	单片机、模拟电子技术、数字电子技术	学生年级	大三、大四	学时(课外)	24
支撑条件	仪器设备	计算机、电源、信号发生器、万用表等			
	软件工具	Multisim、Protel 等			
	主要器件	单片机、光电探测模块、显示屏等			

1 实验内容与任务

根据已学知识,基于电动车设计并制作一个自动打靶机器人。当机器人瞄准时,激光器会发出激光脉冲,射向目标上的光电探测器,如果激光束击中目标,则能够显示靶环数。

(1)基础要求:标靶大小直径 30 cm,中心圆直径 2 cm;能够自动识别静态标靶,用激光束指向标靶中心,偏差不超过标靶中心半径 3 cm 的区域,机器人距标靶 1 m 以上。

(2)扩展要求一:通过液晶显示器实现靶环的自动显示。

(3)扩展要求二:控制移动小车自动识别标靶。

2 实验过程及要求

(1)尽可能多地查找满足实验要求的单片机、光电探测器,学习并了解不同器件的参数指标;先用软件设计仿真,比较选择最优方案。

(2)靶面识别方案的选择与论证。

(3)选择将环值信号转换为数字信号的方法,并将其以数字的形式显示出来。

(4)设计反馈控制电路对靶面中心加以修正,减少误差,达到设计要求。

(5) 构建一个简易的标靶,按照要求的距离进行打靶测试,测定打靶环数并控制误差。

(6) 撰写设计报告,阐明电路设计方案、实验过程中遇到的问题及解决办法、结果分析等。

(7) 展示作品,通过分组演讲答辩,学习交流电路制作经验及不同解决方案的优缺点。

3 相关知识及背景

激光打靶系统是模拟射击训练的典型案例,工作原理是采用激光脉冲来模拟枪弹的射击,系统包括激光发射部分、激光信号检测模块、打靶成绩处理和显示部分。当机器人瞄准时,激光器会发出激光束,射向目标上的光电探测器,如果击中目标,则激光束被光电探测器接收并转换为电信号,经电路处理能识别射击的弹着点,信号经处理编码后传输到计算机。

4 教学目标与目的

在模拟真实项目实现过程中引导学生夯实基础、拓展视野,根据工程需求设计多种方案,比较选择技术方案;引导学生根据需要设计电路、选择元器件,构建测试环境与条件,并通过测试与分析对项目做出技术评价;培养学生信息检索能力、团队合作及创新能力。

5 教学设计与引导

本实验是一个内容完整的小型工程设计项目,需要查阅资料、学习研究、分析与计算、方案论证、系统设计与调试、结果分析、设计总结等过程。在实验教学中,应在以下几个方面加强对学生的引导:

(1) 针对设计任务进行具体分析,充分理解题目,明确设计要求及每项指标的含义。

(2) 针对设计任务和要求,查阅资料,广开思路,提出多种解决方案,仔细分析每个方案的可行性和优缺点,加以比较,从中选择合适的方案。

(3) 可以简略地介绍反馈控制的基本原理,要求学生自学实现反馈控制的方法及参数的整定。

(4) 将系统分解成几个单元模块,明确每个模块的功能,先设计单元电路,然后将各个单元电路组合搭建成整体电路。构建总体框图,清晰地表示系统的工作原理,各单元电路的功能及相互关系。

(5) 引导学生考虑为什么要做这个实验。不仅仅是考查学生所学知识,更重要的是能用所学的知识来解决一个实际的工程问题,激发学生的学习热情。

(6) 根据所学知识选择元器件、确定参数并设计电路;讲解一些超出目前知识范围的技术方案,鼓励学生自主学习并尝试实现;对比不同元器件和电路之间的区别。

(7) 硬件设计应遵循结构紧凑,布局布线合理、规范等原则;软件设计应遵循结构清晰、可读性强、功能模块化编写等原则。

（8）注意焊接方法和焊接工艺,采用分级焊接、分级测试的方法,逐级排除问题。

（9）在电路设计、搭试、调试完成后,必须要用标准仪器设备进行实际测量,并记录测试结果。

（10）采用错误诱导式教学方法,尝试提出一些错误的要求或有意不强调某些注意事项,通过产生错误的结果引导学生思考错误的解决方法,使学生加深对相关知识点的理解。

（11）在实验完成后,可以组织学生以项目演讲、答辩、评讲的形式进行交流,了解不同解决方案及其特点,交流在实验过程中出现的问题及解决方法等,拓宽知识面。

在设计中,要注意学生设计的规范性,如系统结构与模块构成,模块间的接口方式与参数要求;在调试中,要注意工作电源、参考电源品质对系统指标的影响,电路工作的稳定性与可靠性;在测试分析中,要分析系统的误差来源并加以验证。

6　实验原理及方案

1）系统结构

本系统基于 STM32F103ZET6 单片机控制小车转动,主要由主控模块、光电探测模块、激光头模块、小车控制模块和显示模块等组成,系统总体框图如图 5-1-1 所示。

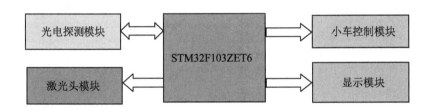

图 5-1-1　系统结构框图

2）实现方案

本设计采用半导体激光器和半导体面阵列探测器来模拟子弹射击和射击靶标,具有模拟逼真,精度高等特点。主要从信号处理部分来设计实现激光打靶系统,每次射击能精确的显示 5～10 环的结果及脱靶情况,每个环数又可分为 8 个偏移方向。该系统简单实用,既能保证训练的质量又能减少弹药的消耗,是理想的公安、军队等部门训练使用的模拟打靶系统。以 STM32F103ZET6 单片机进行实时处理,控制显示屏显示环数。

（1）标靶设计

把一个激光靶划分为 38 块探测器,中心 10 环为一块探测器;9、8、7、6 环分别有 8 块探测器;5 环有 5 块探测器。根据不同靶位上的探测器来判断所击中的位置,包括环数:10、9、8、7、6、5;偏离方向:上、下、左、右、左上、左下、右上、右下。若信号击中两块或四块探测器的交界,则只取其中一块为有效,记为有效的探测器满足以下条件:（1）环数高;（2）偏离方向为斜向(例如:上和右上两方向,选择右上)。

根据上述要求,以及硬件电路设计的需要,对靶位进行划分和编码,见图 5-1-2、图 5-1-3。

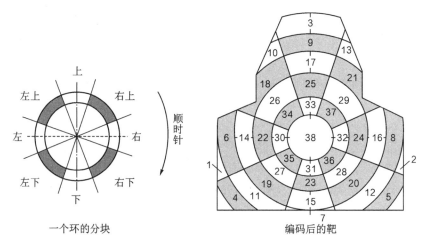

图 5-1-2　靶位划分与编号

	上	右上	右	右下	下	左下	左	左上
10环	38							
9环	33	37	32	36	31	35	30	34
8环	25	29	24	28	23	27	22	26
7环	17	21	16	20	15	19	14	18
6环	9	13	8	12	7	11	6	10
5环	3	—	2	5	—	4	1	—

图 5-1-3　靶位编码

（2）硬件设计

硬件系统主要分 3 大模块：主控模块、光电探测模块和显示模块，其中主控系统控制小车转动及编码信息的处理等；光电探测模块控制激光信息的采集和光电转换；显示模块显示打靶环值。

主控模块：这是系统的核心模块，主要完成逻辑计算与任务调度等功能。本系统采用 STM32F103ZET6 作为主控芯片，该芯片运算速度快，功率损耗低，抗干扰能力强，完全兼容传统单片机指令代码。

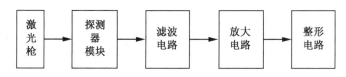

图 5-1-4　光电探测模块框图

光电探测模块：其工作原理是激光枪发出的激光束，打到光电传感器上，经光电传感器将光信号转换为电信号，因此激光的检测就是对探测器响应电信号的检测。该模块的框图如图

5-1-4所示。光电探测器的响应是一个单脉冲小信号,整个检测过程包括:信号放大、波形整形,检测输出是标准的脉冲数字信号。电信号经过信号处理后发送到STM32F103ZET6单片机中。

显示模块:触摸显示屏模块用于显示打靶环值。

(3) 软件设计

硬件是保障自动打靶系统的基础,而软件部分则是系统的核心,软件部分中功能模块和关键技术设计与实现对整个系统的性能有着极大的影响。本系统在基于 Keil4 的开发平台上,采用 C 语言编程实现系统的主要功能。系统的软件结构图如图 5-1-5 所示。

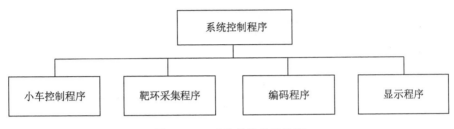

图 5-1-5　系统的软件结构图

小车控制程序:在软件设计中用 C 语言编程方式,采用 PWM 控制直流电机转动很小的角度,编程过程中采用主函数调用模块函数实现对应功能,其中小车控制流程图如图 5-1-6 所示。

TFT 显示程序:TFT 采用 C 语言的编程方式,提高了程序的集成度和可用性。TFT 编程流程图如图 5-1-7 所示。

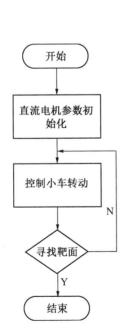

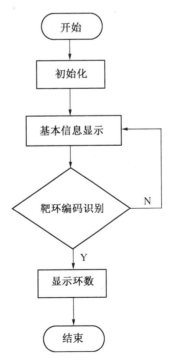

图 5-1-6　小车控制流程图　　　　图 5-1-7　TFT 编程流程图

(4) 实物图片(图 5-1-8、图 5-1-9)

图 5-1-8 履带车图

图 5-1-9 实物图

7 教学实施进程

在实验实施过程中的任务安排、预习自学、现场教学、分组研讨、现场操作、结果验收、总结演讲、报告批改等环节中,教学设计安排及重点工作有以下几点:

(1) 任务安排:结合实验目的,教师有针对性地布置预习任务,发送给学生,其中预习目标应明确并尽可能量化。

(2) 预习自学:学生按要求预习,完成预习目标,形成预习报告,提出疑问待课上与教师交流。

(3) 现场教学:教师对实验环节及注意事项做简明讲解,给学生留充足时间动手操作,此环节注重授课的简明扼要,对已经安排预习的内容不赘述。

(4) 分组研讨:根据课前预习及教师讲解,进行分组讨论并模拟实验进程,汇总疑问,教师对共性问题统一讲解。

(5) 现场操作:学生分组实验,按预先设计的实验步骤操作,教师做统一监督指导,此环节注重学生动手能力培养,尽量保证所有学生都能参与。

(6) 结果验收:实验进行中,学生对重要环节的实验结果应予以记录,验收时教师检查各组的过程结果及最终实验结果,综合评定。

(7) 总结演讲:教师对此次课程总体表现情况做总结,与学生交流分享,公布交报告时间。

(8) 报告批改:学生按时完成报告,教师从实验结果达标情况、课程理解程度、问题回答等方面,给出报告成绩。

8 实验报告要求

实验报告需要反映以下工作:

(1) 实验需求分析：正确理解项目要求。

(2) 实现方案论证：实验的蓝图，关系到实验的成败。

(3) 理论推导计算：科学的计算分析。

(4) 电路设计与参数选择：模型选择及参数计算。

(5) 电路测试方法：调试电路，纠错校正。

(6) 实验数据记录：表格合理，数据清晰。

(7) 数据处理分析：结果计算分析。

(8) 实验结果总结：误差分析、心得体会。

9 考核要求与方法

(1) 实物验收：功能与性能指标的完成程度、完成时间。

(2) 实验质量：电路方案的合理性，焊接质量、组装工艺。

(3) 自主创新：功能构思、电路设计的创新性，自主思考与独立实践能力。

(4) 实验成本：是否充分利用实验室已有条件，材料与元器件选择的合理性，成本核算与损耗。

(5) 实验数据：测试数据和测量误差。

(6) 实验报告：实验报告的规范性与完整性。

10 项目特色或创新

本项目具有一定的工程背景和实用价值，可模拟实战装备和训练方式，从而降低训练成本，提高训练效率。综合应用模拟电路、数字电路和单片机等知识，实验器件及电路设计多选择性，功能直观有趣。新知识的扩展学习，可开拓学生思路，培养学生综合应用能力和创新能力，增强学生分析与解决问题的能力；在完成作品的同时达到学以致用的目的。

5-2 光伏智能路灯控制器的设计(2017)

实验案例信息表

案例提供单位	南京邮电大学通达学院		相关专业	自动化	
设计者姓名	徐祖平	电子邮箱	xuzuping88@163.com		
设计者姓名	郭伟	电子邮箱	yz_guowei@163.com		
设计者姓名	周静	电子邮箱	600syzj@163.com		
相关课程名称	电子系统综合设计	学生年级	大三	学时(课内+课外)	16+16
支撑条件	仪器设备	示波器、万用表、电烙铁			
	软件工具	MPLAB、Multisim			
	主要器件	多孔板、光伏电池板、锂电池、MOS管、二极管、三极管、运放、阻容器件、PIC单片机			

1 实验内容与任务

1) 实验任务

设计并制作如图 5-2-1 所示的光伏路灯控制器,白天太阳能电池板给蓄电池充电,夜晚蓄电池放电为 LED 路灯提供电源。

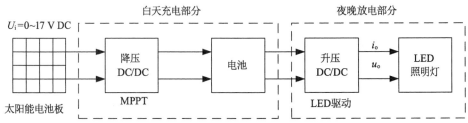

图 5-2-1 光伏路灯原理框图

2) 具体要求

(1) 输出电压 u_o:24～48 V 可调。

(2) 输出最大电流 i_o:2 A。

(3) LED 驱动可工作在恒压、恒流模式。

(4) 白天/夜晚自动切换。

(5) 具有过压、过流保护功能。

(6) 输出端具有防反插以及开路保护功能。

(7) 通过按键可实现恒压、恒流模式的切换;通过按键可更改输出电压、电流的参数,电压步进 1 V、电流步进 0.1 A。

(8) 充电、放电状态显示。

(9) 电池充电部分可实现 MPPT 控制。

(10) 提高要求:增加红外功能,可通过红外遥控器显示和更改系统设置。

(11) 其他。

2 实验过程及要求

1) 预习部分

(1) 按照学号 2 人一组,查找资料,熟悉 Boost、Buck 电路的工作原理。

(2) 熟悉 MPPT 的概念;掌握 MOS 管驱动电路的设计。

(3) 熟练使用单片机 PIC 16F1784 以及其开发平台 MPLAB。

2) 电路设计部分

(1) 充电部分:设计 Buck 电路,并设计防反充电电路。

(2) 放电部分:设计 Boost 电路,并设计负载开路保护电路。

(3) 采样部分:根据传感器的特点,利用运放电路设计合理的采样调理电路。

(4) 方案验证:通过仿真软件验证方案的可行性。

(5) 焊接、布线:焊接、布线要合理、整洁,并留有示波器测试点。

(6) 电路检查:用万用表检查电路是否存在连接错误、虚焊等情况,同时着重检查是否存在短路现象。

（7）调试：编写程序，分段调试。

3　相关知识及背景

光伏应用是当前工程应用的热点方向之一，LED 照明也已经被广泛应用。本课题运用所学的电子电路、单片机等理论知识，设计一个结合光伏充电电源以及 LED 驱动的实际工程，并涉及数据采样、恒流控制、MPPT、PI 控制等工程实际问题，将理论与实践相结合，贴近生活，同时又紧跟当前的研究热点。

4　教学目标与目的

本项目以实际工程为例，让学生掌握软硬件的基本设计方法，能运用所学的知识设计出合理的控制方案。培养学生的动手能力，使其可以熟练掌握常规测试工具的使用方法。在调试过程中培养学生发现问题、解决问题的能力。

5　教学设计与引导

（1）任务讲解、模块划分

本实验是一个综合实践项目，首先老师需要详细讲解实验任务，并对整个系统按照功能进行划分，引导学生根据功能模块的要求，选择最优的设计方案。

（2）设计方案

根据实验任务，学生查阅资料，自行设计方案。

（3）方案交流

以 PPT 的方式，每组学生到讲台讲述自己的设计方案、设计思路，并提出设计过程中出现的疑惑。老师和其他学生可以对设计者的方案进行提问，并提出自己的意见。各组同学相互交流，取长补短，完善设计方案。

（4）方案确定

修改方案，老师审批。

（5）搭建电路

审批合格，开始搭建电路。在此过程中，强调布局布线规范的重要性。

（6）调试

学生编写程序进行调试。

（7）验收

在验收过程中，除了看实验结果，老师还需根据实验现象向学生提问，学生负责解答。最终结合两者给出评分。

6　实验原理及方案

图 5-2-2 为本实验的系统原理图，主要包含主电路和控制电路两部分。

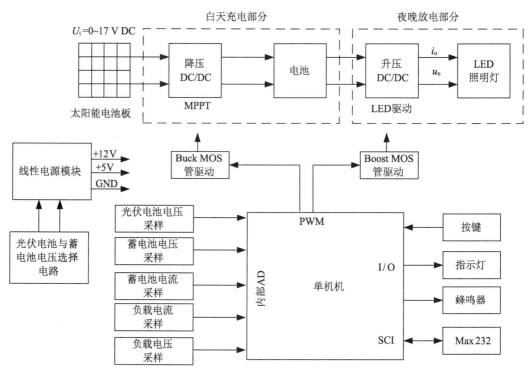

图 5-2-2 光伏路灯系统原理图

1) 主电路部分

(1) MPPT 充电部分

图 5-2-3 为基于 Buck 变换器的 MPPT 充电部分,充电时 Q_6 打开,Q_1 进行 PWM 控制,实现最大功率跟踪。当蓄电池电压高于光伏电池板电压时,Q_6 和 Q_1 关断,防止反充电现象出现。U_{6_3} 为光伏电池板的电压采样信号,U_{6_23} 为蓄电池的电压采样信号,电阻 R_{31} 的压降作为蓄电池的电流采集信号。通过判断 U_{6_3} 电压即可判断是否需要打开负载 LED。

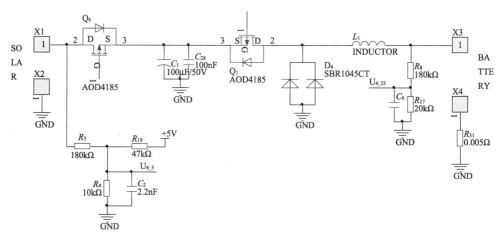

图 5-2-3 电池充电部分原理图

（2）基于 Boost 电路的 LED 驱动模块

图 5-2-4 为基于 Boost 变换器的 LED 驱动部分,可实现恒压或者恒流输出,其中通过 MOS 管 Q_3 可实现防止负载反插的功能。

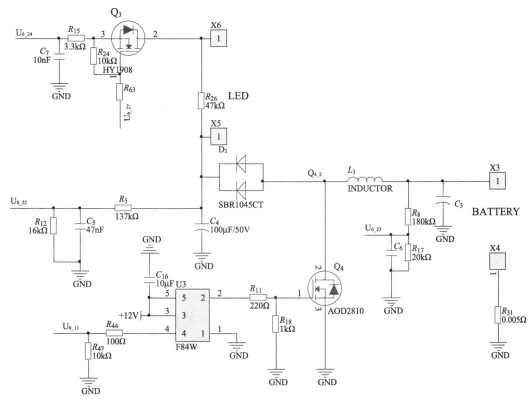

图 5-2-4　Boost LED 驱动原理图

2) 控制电路部分

（1）电源模块

由于系统中有太阳能电池和蓄电池模块,因此其都可以作为系统的供电来源,将太阳能电池板与蓄电池的电压进行比较,电压高的作为线性电源芯片的输入电压,其原理如图 5-2-5 所示。

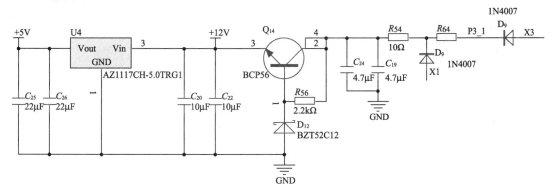

图 5-2-5　电源供电模块原理图

（2）电压、电流采样模块

电压采样如图 5-2-3、图 5-2-4 所示，先通过电阻进行分压，再通过运放电路进行调整，电流采集先通过采样电阻把电流信号转换为电压信号，同样经过运放进行调整后送给单片机的 A/D 端口。

（3）MOS 管驱动电路

MOS 管驱动采用 IR2117 驱动芯片，具体设计电路查看芯片手册进行参数配置。

7 实验报告要求

（1）实验项目名称。（2）实验内容及要求。（3）电路设计原理图。（4）电路工作原理分析。（5）参数计算过程。（6）软件流程图。（7）实验测试波形。（8）总结：①阐述设计中遇到的问题，分析原因并提出解决方案；②总结不同设计电路和方案的优缺点；③指出课题的使用价值；④实验的收获和体会。（9）参考文献。

8 考核要求与方法

表 5-2-1　考核评分表

评分内容	评分标准
方案设计（25分）	方案正确（15分）；电路图绘制整洁规范（5分）
	使用 Protel DXP 等专业软件设计电路原理图（5分）
电路焊接（5分）	布局合理，布线美观整洁
实验验收（40分）	充电部分（15分）、LED 驱动部分（15分）
	电源模块（2分）
	采样模块（2分）
	驱动电路（2分）
	外设部分（2分）
	整体电路功能实现（2分）
自主创新（20分）	实现扩展功能（10分）
	设计有创新之处并实现（10分）
实验报告（10分）	实验报告内容完整、格式规范（10分）

9 项目特色或创新

选择光伏路灯作为设计对象，更加贴近生活，可以激发学生的学习兴趣。增加 MPPT 控制可提高转换效率。

5-3 基于 Matlab 软件代码生成功能的 DSP 口袋实验板直流电机闭环调速实验(2017)

实验案例信息表

案例提供单位	重庆大学		相关专业	电气工程
设计者姓名	徐奇伟	电子邮箱	xuqw@cqu.edu.cn	
设计者姓名	赵一舟	电子邮箱	cquzyz@163.com	
设计者姓名	罗凌雁	电子邮箱	53149808@qq.com	
相关课程名称	微控制器及其系统	学生年级	大三	学时(课内+课外) 64
支撑条件	仪器设备	示波器、电源、电机		
	软件工具	Matlab CCS controlsuite		
	主要器件	数据线、RS232 线、F28027 口袋板、母板、驱动板、导线、开关、指示灯		

1 实验内容与任务

(1) 深入理解 TMS320F28027 的电机控制实际应用,从功能到应用,从理论到实践的飞跃。

(2) 理解并掌握用 PWM 控制电动机输入电压的原理。

(3) 理解并掌握 SCI 控制电机通信的原理,理解上位机通信的方法,实现串口的通信。

(4) 理解并掌握 eCAP 单元的电机转速采集功能,实现转速采集。

(5) 基于 Matlab/Simulink 搭建直流电机的控制模型,理解直流电机控制原理和控制方法。

(6) 掌握基于 Matlab/Simulink 的代码生成操作,并掌握在 Simulink 中配置 TMS320F28027 所用到的模块,根据实际需要进行参数设置。

(7) 在 Matlab/Simulink 中搭建模型,完成仿真验证。

(8) 基于 Matlab/Simulink 的代码生成功能下载程序到 DSP 电路板进行运行,验证模型的正确性。

2 实验过程及要求

在实验前,复习理论教学中关于电机控制所用到的 DSP 的功能模块和直流电机调速知识。

1) 实验过程

(1) 在 Matlab 中搭建模型,根据闭环调速要求合理设计模型;

(2) 以代码生成为手段验证控制模型的正确性。

2) 实验的具体要求

(1) 掌握配置 Matlab 和 CCS 软件的链接方法。

（2）在掌握代码生成基础上,实现直流电机的闭环调速模型设计。

（3）以代码生成为手段,根据电机控制的性能要求,基于 Simulink 设计闭环调速的控制模型。

（4）撰写设计总结报告,并通过分组演讲,学习交流不同解决方案的特点。

实验后,回忆代码生成的流程,思考代码生成和 C 语言编码的区别,比较不同小组实现闭环直流电机调速方法的异同,总结实验遇到的问题,基于自身实验的亲身感受完成实验报告。

3　相关知识及背景

以掌握代码生成为基础,用 Matlab 代码生成设计直流电机的闭环调速。基于 DSP 学习的难度,加之对 C 语言的要求,初学者很难快速入门 DSP 并用于工程实践。通过 Simulink 的模型化,可以降低代码错误率,在熟悉 Matlab 的基础上,会更加容易控制电机。通过直流电机的闭环调速控制,激发学生学习 DSP 代码生成的兴趣,同时也对控制电机兴趣更加浓厚。

4　教学目标与目的

通过学习 DSP 代码生成,引导学生了解 DSP 基于 Matlab 的代码生成,把握未来发展方向。而且代码生成还有诸多优点,比如节省开发周期、模型可读性强、易于程序移植和再开发等。通过模型的建立,培养学生们的工程化实验能力。

5　教学设计与引导

本实验是将 DSP 知识与 Matlab/Simulink 软件知识相结合,并进行应用的一个实践。需要熟悉软件配置、模型原理构思、模型建立、参数设置、仿真、烧写程序验证等过程。在实验教学中,应在以下几个方面加强对学生的引导:

（1）介绍学习代码生成的背景和意义,了解 DSP 多样的开发方式。

（2）确保软件配置正确后才能进行后面的电机控制模型搭建,避免后面模型错误检查会归因于软件链接上。

（3）以直流电机闭环调速控制为例,以代码生成为手段,解决配置过程中遇到的各种问题,如代码生成不成功,目标电路板连接不上等。

（4）在搭建模型的时候,使用 TI 提供的嵌入模型,采用 Matlab/Simulink 的模型化,实现电机驱动控制代码生成,提高开发速度。

（5）搭建模型的思路清晰、逻辑正确,是保证代码成功生成的关键,对 Simulink 的熟练程度有要求。

（6）引导学生构思自己的控制思路并建立模型。

（7）在实验完成后,可以组织学生以项目演讲、答辩、评讲的形式进行交流,了解不同解决控制方式的实现及其特点,相互学习对方的优点。

主要功能模块的搭建思路:

① 电机控制部分(图 5-3-1)

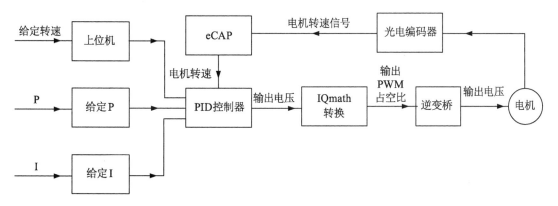

图 5-3-1　电机控制逻辑图

② 串口通信部分(图 5-3-2)

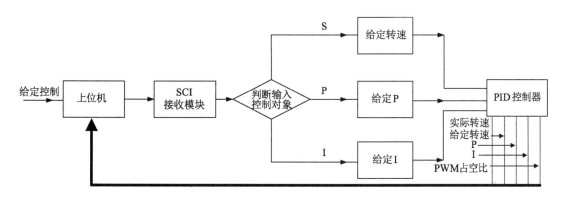

图 5-3-2　SCI 通信逻辑图

③ 按键控制部分(图 5-3-3)

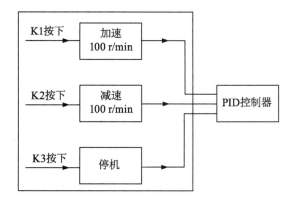

图 5-3-3　按键控制逻辑图

④ 电路驱动复位部分(图 5-3-4)

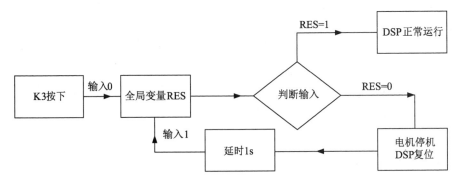

图 5-3-4　电路复位逻辑图

⑤ PWM 初始化部分(图 5-3-5)

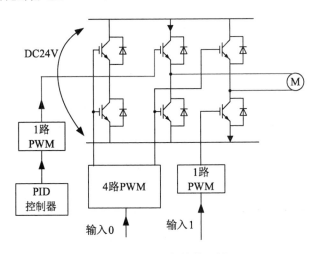

图 5-3-5　PWM 初始化逻辑图

⑥ 全局变量部分

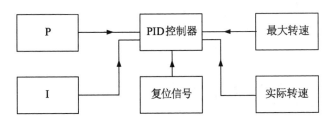

图 5-3-6　全局变量逻辑图

　　在实验中,要注意学生软件配置的正确性;在模型设计时,通过上面的电机控制分解部分对模块功能进行讲解和引导,注意控制思想的清晰且合理;在仿真中,要分析模型逻辑是否正确合理;在代码生成后,要分析结果的正确性并加以验证,以及错误的产生原因。

6 实验原理及方案

1）实验原理

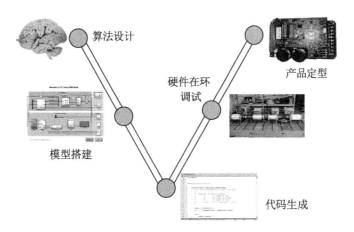

图 5-3-7　基于 **Matlab/Simulink** 模型化语言的 **V** 字形开发规范

当前 DSP 控制系统设计的发展方向是采用基于 Matlab/Simulink 模型化语言的 V 字形开发规范,如图 5-3-7 所示。其过程分别是算法设计—模型搭建—代码生成—硬件在环调试—产品定型,实现控制算法的快速开发和验证,大大缩短了设计调试时间。

2）实验方案

打破传统的手写 C 语言代码的开发 DSP 的方式,引用比较前卫的代码生成开发方式。为了快速高效地进行测试和验证,本实验采用模型设计技术进行调试。

软件离不开硬件支持,在模型搭建之前,必须对目标电路板的硬件电路了然于胸,在不清楚硬件连接情况下,及时查询电路图,避免软件出错。

在实验开始之前,软件的准备是必不可少的。根据实验室要求,安装以下所需要的各种软件:

（1）Matlab2014a,以及 TI 的 Simulink 模型下载;

（2）CCSV5 或者 CCSV6;

（3）controlsuite;

（4）Bios(根据 Matlab 的要求确定安装版本,TMS320F28027 要求的版本是 5.33.05 to 5.41.11.38);

（5）XDC Tools;

（6）VS2010 或者 Windows SDK7.1。

在软件安装好的前提下,根据实验指导配置 Matlab 和 CCS 的链接。

其次,在电机控制思想的指导下,根据实验要求,基于 Matlab/Simulink 的模型建立和控制算法的离线仿真,验证控制算法的正确性。如果仿真出错,注意排除问题。

完成模型仿真之后,自动生成代码,并下载到目标板上查看运行效果;如果代码生成失败需要检查软件配置是否有问题;若运行结果不理想,要检查模型的正确性。

最后,在确保配置无误后,再次对仿真模型进行编译和代码生成,并对设计的硬件控制系统进行程序下载,验收实验结果。

基于模型设计缩短了实验验证周期,节省了开发测试成本,并且易于程序移植和再开发。

7 教学实施进程

实验安排在理论课后面,实验前学生需要将课堂学习的理论知识付诸于实验当中。实验前,提出此次实验的实验目的和要求,然后让同学们分组讨论如何实现实验要求。然后教师再分析此次演示实验的各项模块工作原理,达到实现实验要求的目的。接着现场操作,演示代码生成驱动直流电机的调速。

演示后,要求学生自己在电脑上搭建模型,实现电机驱动的要求。学生完成实验后,进行现场实验验收,根据现场实验的效果,给学生打分。现场实验是检验学生的重要环节,也是需要关注的重点,特别是有的同学加入了自己的小特色,或者实现的功能更加完善,可以适当加分。

实验结束后,需要同学们提交实验报告,并鼓励同学上台分享自己的心得体会和对实验的改进方法。

实验后期,老师需要批改实验报告,将学生的临场实验验收成绩和报告两个方面成绩综合,给出学生该实验课的总成绩,记录在案。要特别注意学生在报告中提到的遇到的困难,方便老师在后续的实验中引导学生解决难题,并在以后实验时可以将同学们犯错误的地方分享给其他同学,利于他们避免一些弯路。

8 实验报告要求

实验报告需要反映以下工作:

(1) 实验需求分析:代码生成的意义和作用,还有驱动直流电机的方法。

(2) 方案原理解析:模型设计的根据,模型运行的逻辑要理解透彻。

(3) 模型选择:根据调速的性能要求搭建控制模型,兼顾实验要求,取最佳。

(4) 设计仿真分析:代码生成前的仿真验证通过性,并优化性能。

(5) 数据测量分析:将给定的控制速度和实际速度对比,进行误差分析。

(6) 数据处理:记录多组数据,并对此进行分析,思考控制方法的实用效果。

(7) 错误分析:实验过程难免遇到问题,纠错也是考验实验能力,要学会顺藤摸瓜,找出错误源头。

(8) 实验结果总结:反思错误的产生,在以后实验中规避,优化设计方案,力求完美,反省实验所得对以后的帮助。

9 考核要求与方法

(1) 实物验收:电机是否满足调速性能要求(比如,电机能正常启动停止,加速和减速),完成时间是否在规定期限内。

(2) 实验质量:Simulink模型的合理性、功能性、规范性和复杂性。

（3）自主创新：功能实现性、模型的有效性，自主思考与独立实践能力。

（4）实验结果：实验结果可行性，测试数据和测量误差。

（5）实验报告：实验报告的规范性与完整性，独立思考并总结，反省实验所得，以及对以后的帮助。

10　项目特色或创新

项目的特色在于：项目背景的工程性，知识应用的综合性，实现方法的多样性。

基于模型设计的 DSP 实验教学，可帮助学生建立控制算法快速原型开发的概念，为将来应用中实现从算法设计到设计定型的工程化提供解决方案。虽然代码生成是趋势，这方面教材和课程很少，应用到教学也是大胆的尝试。从代码生成入门 DSP，可免去编程的一些困难，还有节省开发周期、模型可读性强、易于程序移植和再开发等优点。

5-4　基于 SOPC 的便携式水下目标探测演示系统设计（2017）

实验案例信息表

案例提供单位	海军航空工程学院		相关专业	电子科学与技术等	
设计者姓名	汪兴海	电子邮箱	marshallplan@126.com		
设计者姓名	王成刚	电子邮箱	572021939@qq.com		
设计者姓名	毕　涛	电子邮箱	627503870@qq.com		
相关课程名称	电子技术综合实践	学生年级	大三	学时（课内＋课外）	40（20＋20）
支撑条件	仪器设备	示波器、直流稳压电源			
	软件工具	QuartusⅡ开发套件、Altium Designer			
	主要器件	运放、AD 芯片、FPGA 开发板、TFT 显示屏、充电宝			

1　实验内容与任务

（1）以背景磁场为测量对象，以磁通门磁力仪为传感器，设计基于 SOPC 的便携式水下目标探测演示系统。

（2）以充电宝为便携式电源，通过 DC-DC 转换电路设计±13 V 等直流供电电路模块。

（3）分析磁通门传感器输出数据特征，选择相应模数转换芯片，设计面向磁通门传感器数据采集的信号调理电路和模数转换电路。

（4）以 FPGA 为模数转换控制器件，设计基于 Verilog 的模数转换控制逻辑和基于 FIFO 的采样数据缓存逻辑。

（5）以 TFT 液晶显示屏为显示模块，以 NiosⅡ为显示控制软核，设计基于 SOPC 的背景磁场信息显示模块，并通过预设检测门限对背景磁场异常进行报警，实现对水下目标探测系统的功能演示。

2 实验过程及要求

(1)学习了解基于磁检测的水下目标探测基本原理,了解磁通门传感器的使用方法。

(2)学习 DC-DC 转换原理,查阅相关芯片和电路,设计基于 5 V 充电宝供电的便携式 ±13 V 等供电模块。

(3)利用 ±13 V 直流电压驱动磁通门传感器,通过示波器观察传感器输出信号,以记录实测电压信号的方式记录测试位置背景磁场强度。数据记录方式如下表 5-4-1 所示。

表 5-4-1 数据记录方式

序号	测试时间	测试地点	X	Y	Z	备注
1	2017-2-1; 14:00PM	北纬 37°31'46"; 东经 121°25'09"	0 V	−2.12 V	4.22 V	
2	2017-2-1; 15:00PM	北纬 37°31'50"; 东经 121°25'45"	0.02 V	−2.01 V	4.82 V	正下方有铁磁性目标

注:X:背景磁场水平向东方向分量;Y:背景磁场水平向南方向分量;Z:背景磁场垂直向下方向分量。

(4)根据传感器输出信号特征,查阅相关模数转换芯片技术手册并确定 AD 芯片型号,设计传感器数据采集电路(提示:根据传感器数据范围和 AD 芯片输入测量范围设计基于运放的前端信号调理电路;根据 AD 模块供电要求和 FPGA 主板接口分配设计 AD 模块和 FPGA 主板的接口电路)。

(5)在前期 QuartusⅡ软件使用和工程设计培训的基础上,设计基于 Verilog 的模数转换控制逻辑,并通过 FPGA 内置 FIFO 对采样数据进行缓存。

(6)回顾基于 NiosⅡ软核的 SOPC 系统设计方法,学习 TFT 液晶显示模块使用方法,在深入分析 TFT 液晶模块相关接口函数的基础上,完成基于 SOPC 的 TFT 显示驱动逻辑和程序设计。

(7)将磁通门传感器、模拟电路、片上数字逻辑电路、NiosⅡ软核程序进行联合调试,设计基于 SOPC 的水下目标探测演示系统,并预设目标预警门限参数。

(8)搭建简易演示环境,将铁磁性目标在磁通门传感器下方通过,模拟航空反潜,观察演示效果,并根据演示效果进行程序相关参数修正。

(9)记录测试数据,撰写设计总结报告,学习交流本项目对学员电子技术综合实践能力培养的心得体会以及改进意见。

3 相关知识及背景

这是一个综合运用电工理论(磁场检测)、模拟电子技术、可编程数字逻辑(Verilog 设计)、片上可编程系统(SOPC)解决军事工程实际问题的典型案例,需要运用磁场分析、传感器及检测技术、信号调理、模数转换、FIFO 缓存、SOPC 设计等相关知识与技术方法。并涉及测试精度分析、检测门限设置等工程概念与方法。

4　教学目标与目的

通过紧贴部队的工程案例,引导学生了解部队反潜手段和磁传感器知识,通过根据需求选择元器件、电路设计制作、可编程逻辑设计和片上系统构建与调试,以及测试环境构建及测试数据分析,提升学生电子技术综合实践能力。

5　实验教学与指导

本实验是一个锻炼学生综合运用电子技术解决部队实际问题的工程实践项目,需要经历学习研究、方案论证、系统设计、联合调试、测试分析、设计修正、设计总结等过程。在实验教学中,应在以下几个方面加强对学生的引导:

(1) 了解部队航空反潜的基本方法和磁传感器分类,学习磁通门传感器基本使用方法和注意事项。

(2) 搭建简易测试环境,结合示波器和直流稳压电源,为学生演示磁通门传感器检测铁磁性目标的探测效果,强化学生对磁传感器的感性认识。

(3) 通过现场演示,引导学生分析磁通门传感器输出数据的基本特征,为后续模数采样模块的电路设计提供数据依据。

(4) 分析磁通门传感器的供电要求,讲解 DC-DC 转换电路基本原理,简要介绍常用转换芯片的型号,要求学生自主查阅相关芯片资料,设计和制作磁通门传感器供电模块。

(5) 介绍模数转换电路设计的注意事项,讲解运放在模数转换前端电路中的应用,引导学生根据待测信号特征选取 AD 芯片型号,并根据 FPGA 开发板引脚接口,设计和制作模数转换模块。

(6) 复习基于 Verilog 的可编程数字逻辑设计和基于 Quartus Ⅱ 的片上 FIFO 调用方法,引导学生设计 AD 采样控制和缓存逻辑电路。

(7) 讲解 TFT 显示模块使用方法,分析 TFT 接口和控制函数,引导学生设计基于 Nios Ⅱ 软核的 TFT 控制逻辑。

(8) 综合分析系统各模块信号传递关系,引导学生构建 SOPC 系统,并进行软硬件联合调试,控制 AD 采样模块进行数据采样,并将数据显示在 TFT 屏幕上。

(9) 在联合调试完成后,将系统水平固定在木质平台上(桌面即可),将铁磁性测试目标(体积较大铁质物体,如铁扳手)在木质平台下方穿过,观察系统测试数据变化情况,分析并设置报警门限电压(如,在烟台市区实测地心方向传感器输出电压为 4.22 V,当下方有铁磁性目标出现时,电压变为 4.88 V,则报警门限电压可设为 4.3~4.7 V,具体数值根据待测目标类型而定)。

(10) 在项目完成后,可以组织学生以项目演讲、答辩、评讲的形式进行交流,了解不同解决方案及其特点,拓宽知识面。

在系统设计时,要注意设计的规范性,如系统结构与模块构成,模块间的接口方式与参数要求;在调试中,要注意分析实验室环境对测试结果的影响,电路工作的稳定性与可靠性等。

6 实验原理及方案

(1) 系统结构(图 5-4-1)

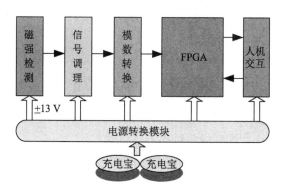

图 5-4-1 系统结构图

(2) 实现方案(图 5-4-2)

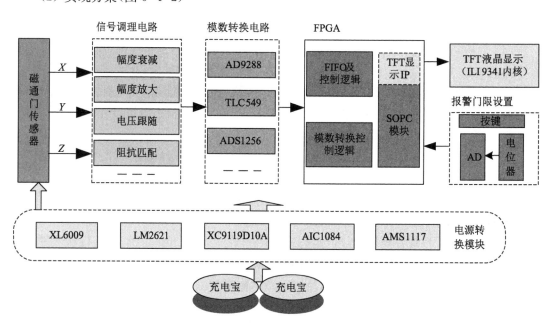

图 5-4-2 实现方案多样性选择框图

首先,对磁通门传感器输出的三个方向的电压信号进行信号调理,调理电路的设计方案受后端模数转换芯片的选型影响,可供选择的方案包括:幅度衰减、幅度放大、电压跟随、阻抗匹配。比如,模数转换芯片如果选择 AD9288,则传感器信号经过信号调理电路后幅度应该控制在 1 Vpp 范围内;再如,模数转换芯片选择 TLC549,则传感器信号经过信号调理电路后幅度应控制在 5 V$_{pp}$ 范围内。

其次,模数转换电路部分应根据待测信号的特征以及学生前期的工程基础进行选择;比如,传感器 Y 方向输出的电压可能为负,则应该考虑测试范围涵盖负电压范围的 AD 芯片;

再如,学生能够熟练应用 Verilog 语言设计状态机程序,则应优先考虑串行模数转换器件,简化线路连接。

在 TFT 液晶显示模块方面,学生根据教员提供的模块电路图、接口协议以及接口函数文件(C 语言),基础较弱的学生可以通过 FPGA 内置 Nios II 软核,通过 C 语言直接调用接口函数控制 TFT 显示,也可以自行设计基于 Verilog 的 TFT 显示控制逻辑生成 IP 核,实现对 TFT 的控制。

在电源转换模块设计方面,需要设计各模块工作电源供电电路,如磁通门传感器的 ±13 V、液晶显示模块的+5 V、+3.3 V,以及信号调理电路和模数转换电路模块的相关供电电压(一般为+10 V、+5 V、+3.3 V)。其中 FPGA 核心板自带 5 V 转 3.3 V、5 V 转 2.5 V、5 V 转 1.2 V 电路,无需学生设计。XL6009、LM2621、XC9119D10A 是常用的 DC-DC 升压芯片,AIC1084、AMS1117 系列型号是常用的 DC-DC 降压/稳压芯片,学生可根据其使用说明搭建需要的 DC-DC 电路。

报警门限设置模块主要为了实现手动输入报警门限电压,可通过按键直接输入数字量,也可通过电位器输入模拟量,经 AD 转换后输入 SOPC 系统。

7 实验报告要求

实验报告需要反映以下工作:

(1) 实验需求分析:包括项目设置背景、测试对象分析、显示数据构成等。

(2) 实现方案论证:包括总体方案论证和相关模块方案论证。

(3) 理论推导计算:包括信号调理电路相关参数计算、AD 采样速率以及片上缓存空间容量计算等。

(4) 电路设计与参数选择:包括 DC-DC 模块元器件选型与外围元件参数选择、AD 模块电路设计、信号调理电路设计与参数选择等。

(5) 电路测试方法:包括 DC-DC 模块电压测试、信号调理电路效果测试、AD 模块采样准确性测试、TFT 显示程序测试、门限设置电路功能测试等。

(6) 实验数据记录:主要包括上述电路测试过程中的数据记录。

(7) 数据处理分析:主要包括对实验记录数据的分析,以及对所测磁场强度常量与异常变量的分析,确定报警门限电平设置。

(8) 实验结果总结:总结项目完成情况,分析收获和不足,并提出对项目设置的改进意见。

8 考核要求与方法

(1) 实物验收 50%:功能与性能指标的完成程度(如磁场强度测量精度、门限设置准确度),完成时间。

(2) 实验质量 10%:电路方案的合理性,焊接质量、组装工艺。

(3) 自主创新 20%:功能构思、电路设计的创新性,自主思考与独立实践能力。

(4) 实验成本 5%:是否充分利用实验室已有条件,材料与元器件选择的合理性,成本核算与损耗。

(5) 实验数据 5%:测试数据和探测效果。

(6) 实验报告 10%:实验报告的规范性与完整性。

9　项目特色或创新

近两年,军队院校广泛开展"向打仗聚焦、向部队靠拢"教学改革活动,本实践项目能够将较为枯燥和零散的电子技术知识和装备科研结合、和军事热点问题结合,通过背景介绍调动学生兴趣,涵盖方案比较与选择、原理图绘制、电路制作、FPGA 设计、软硬件联调等多个环节,既锻炼了学生综合运用电子技术知识解决军事工程问题的能力,又能培养学生自学能力、工程素养和合作意识。

5-5　行李箱自主跟踪目标的超声波测控系统设计与开发(2017)

实验案例信息表

案例提供单位	天津大学		相关专业	测控技术及仪器	
设计者姓名	马金玉	电子邮箱	jinyu. ma@tju. edu. cn		
设计者姓名	马凤鸣	电子邮箱	mfm@tju. edu. cn		
设计者姓名	谢东晖	电子邮箱	xiedh@tju. edu. cn		
相关课程名称	数字信号处理、自动控制原理、测控电路	学生年级	大三	学时(课内+课外)	32+16
支撑条件	仪器设备	DSP28335 开发板,MC9S08QGB 开发板,计算机,示波器,信号发生器			
	软件工具	CCS5. 5,Codewarrior,Multisim, Altium Designer			
	主要器件	小车底盘(含万向轮/码盘等),直流电机,超声波收发器,LCD 液晶屏等			

1　实验内容与任务

设计和实现一套以应答式超声波定位为基础、能够自动跟踪声源目标的行李箱探测与控制系统。

1) 基本要求

(1) 行李箱以超声波脉冲询问、目标以超声波脉冲应答的方式对目标声源进行实时定位,数据更新率大于 10 b/s。

(2) 以数字方式显示目标相对于行李箱的坐标、方位角、距离;探测距离不低于 6 m、精度不低于 0.2 m,方位角测量精度不低于±3°;行李箱与目标距离 6 m 时,有效探测角度不小于 50°;距离 1 m 时,有效探测角度不小于 80°。

图 5-5-1　行李箱自主跟踪目标示意

（3）具备基本的运动控制功能：当距离大于设定阈值时，加速前进，反之减速前进直至停止；当方位角大于阈值时，做转向运动，降低方位角偏差；当探测不到目标时或当俯仰角大于阈值时（暂不具备爬坡功能），蜂鸣器报警。

（4）分析限制定向和测距精度的关键因素，有哪些是不可改变的、有哪些是可以消除或弥补的，分析比较不同方案的硬件、软件成本以及稳定性。

2）扩展功能

具备回声探测和规避障碍物的功能；具备在使用者旁边同步前进的功能，即具备近远场定向测量自适应切换功能。

3）提高功能

在多个目标中识别和跟踪单个特定目标的功能，即多个系统可同时互不干扰地工作；具备近远场脉冲长度自动调节功能，以实现测量盲区和精度的最佳配置。

2　实验过程及要求

（1）查阅资料，学习时延测距和声达时间差/耳间强度差测方位角的原理，推导计算公式，设计算法。

（2）调研超声传感器或换能器，注意器件的接收灵敏度、工作带宽、发射强度、指向性、输入和输出信号形式等关键的特征参数，分析各自驱动电路的特点。

（3）选定一种超声发射器和传感器，测试其基本的输入/输出响应，并设计放大、检波、滤波电路，通过仿真优化之后，搭建电路，测试不同距离、不同指向时的信噪比。

（4）设计应答器，在不同的探测距离和方位时，具备恒定的响应延时。

（5）采用软硬件结合的方式测量方位角，设计相应算法或电路，并进行分组讨论；改进之后搭建系统，测试方位角和距离的测量精度、线性度、探测距离。

（6）设计方位和距离的反馈控制算法和电机驱动电路；掌握 DSP 和单片机原理及开发编程，利用简易小车搭载上述硬件系统进行目标跟踪的测试和演示。

（7）撰写设计总结报告，并通过分组演讲和视频演示，学习交流不同解决方案的特点。

3　相关知识及背景

目前的自动跟踪行李箱有视觉、GPS 和回声探测等方法，视觉法软硬件开销大、成本高、对照明有要求；GPS 在室外效果较好；回声探测距离短、辨识度弱。设计和实现一套以应答式超声波定位为基础、能够自动跟踪声源目标的行李箱探测与控制系统，可以弥补上述不足。

涉及的知识和技能：数学建模与误差分析；功率放大、信号调理、模拟滤波器、精密解调电路设计；采样定理、欠采样的理解和应用；数字滤波器设计，通过分析系统响应优化激励信号；电机驱动与反馈控制；嵌入式系统设计；需求分析与资源分配，模数转换、定时计数器、总线等的运用；计算机辅助设计和仿真应用。

4　教学目标与目的

锻炼学生分析和解决工程问题的能力，即运用电路、信号处理、嵌入式系统设计等专业知识和数学、声学等基本原理，识别、分解和表达复杂工程问题；通过文献、器件、工艺、价格等调查研究以及灵活使用多种资源、工具进行预测、模拟、优化、验证,设计和开发出合理、可行的解决方案,并能体现创新意识。

5 教学设计与引导

本实验是一个涉及专业知识和技能比较全面的综合性实践项目,需要经历学习研究、方案论证、系统设计、测试标定、现场演示、设计总结等过程。在实验教学中,应在以下几个方面加强对学生的引导:

(1)工程开发思路的规范性

首先,介绍项目研究的意义和国内外研究现状,让学生对项目有一个基本的认识,对产品需求有一个准确的定位;其次,指导学生如何将复杂工程问题合理地分成若干个比较简单的子问题,分析这些子问题的相互制约关系,确定解决优先级和并行开发思路;最后,讲解开发各个子模块需要的专业知识、技能和工具,并布置知识和技能的学习、复习和练习任务。

(2)方案论证的充分性和效率

引导学生从工程实际需求中分析和提炼关键技术问题,并利用所学专业知识获得基本的结论,设计解决方案;对于所涉及的各个课程、技能给予必要的提示和限定,确保学生在正确和规范的途径上自由发挥;要求2~3人分为一组,对项目开发需求进行明确分工,对于每一子功能至少提出两种解决方案,答辩通过后选择一种实施。

(3)原理、方法、技能的创新性

在项目开发的各个环节采用启发式问题将学生一步步引向问题的本质,让学生自己选择解决方法、分析效果和成本;同时让学生亲身体会项目开发的严密性、条理性和现实性;引导学生发现所设计测控系统的不足,需要做哪些进一步研究和突破才能改进;在工程开发中,锻炼学生以解决工程问题为目的,学习新知识、新技能的能力以及善于利用各种辅助工具和资源的能力。

(4)实验进程的掌控

实验中,教师要经常巡视记录,掌握每个团队的实验情况、鼓励完成更多实验任务;在实验过程中,根据需要组织2~3次中期汇报,组织学生交流研发过程中遇到的困难和问题、解决途径、待解决的问题,了解不同解决方案及其特点,拓宽知识面和视野;老师重点了解学生在系统调试时解决问题的方法。

(5)资源获取引导

提供相关传感器、相似测控系统的网络资源的获取途径,提供个别指导,但要兼顾考核的需要。

6 实验原理及方案

1)系统结构

如图 5-5-2 所示,系统包括传感器、信号调理、处理器、电机驱动与控制、电源模块等几部分。其中传感器模块的超声应答器位于目标上,其余部分在行李箱上。信号调理模块包括:脉冲发生器与功率放大电路,用于驱动超声询问器;滤波放大和精密检波电路,用于检测探测回波包络,以降低后续采样和信号处理的负担;数字整形与逻辑组合电路用于将回波包

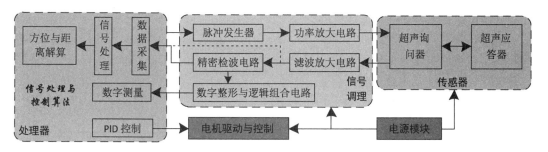

图 5-5-2 系统结构

络转化成包含相位或时延信息的数字信号,便于处理器直接测量时延和相位。处理器负责运行信号处理与控制算法,实现的功能有数据采集、方位与距离解算、数字测量与运动控制。

2)实现方案

(1)工作方式

系统的工作流程如图 5-5-3 所示。每次定位时,首先由行李箱发射询问超声脉冲,当目标的应答器识别到询问信号时,发回应答信号,行李箱接收应答信号,对应答信号进行软件和硬件方面的处理,实现对目标的定位、进而跟随。其中,利用回波的时延测量距离,利用耳间强度差和相位差测量目标方位角。

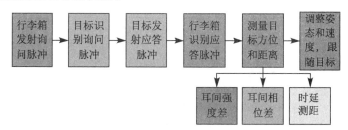

图 5-5-3 系统的工作流程

(2)测量原理

如图 5-5-4 所示,测量包括距离测量和方位角测量。距离测量依靠询问脉冲和应答脉

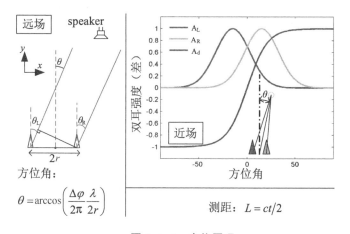

图 5-5-4 定位原理

冲的时延计算,该时延还需减去应答器的反应滞后时间。当目标在远场时,由于双耳的幅度差不明显,可利用双耳相位差计算目标方位角;当目标在近场时,由于双耳的相位差不再满足简化条件,相位差和方位角的关系变得复杂,而幅度比较大、幅度差随方位角变化比较灵敏,可采用双耳强度差测量目标方位角。

(3)信息获取(图 5-5-4)

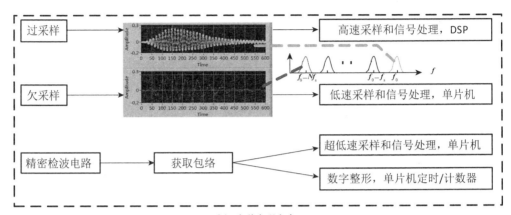

(a) 多种实现方案

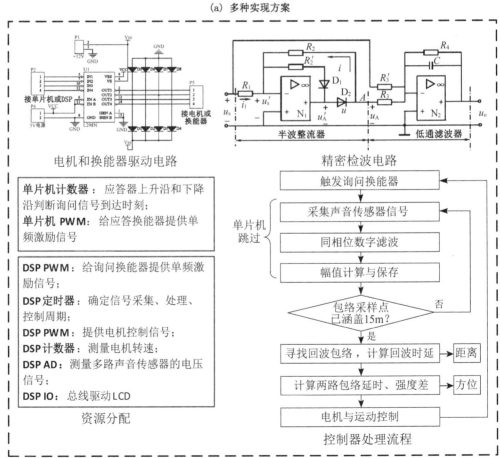

(b) 部分实现细节

图 5-5-5　信息获取技术路线

首先,在超声信号的发射和接收方面:发射器限定为谐振式超声发射器或换能器,限定谐振频率大于等于 20 kHz,以免对人造成伤害;超声接收器可以采用谐振式超声换能器,也可以采用宽频的 MEMS 麦克风;其中 MEMS 麦克风又分为数字输出式和模拟输出式两大类,对此不作限制。超声发射器的驱动方式可以采用功率型方波驱动也可以采用模拟功率放大器驱动。接收信号的初级放大电路需要注意所选择的传感器是交流输出(共振型换能器)还是直流耦合输出(麦克风)。

其次,在超声波包络、相位等信息获取方面,如图 5-5-5(a)所示,既可以采用全软件的方式,如 DSP 过采样高速采样和信号处理或者单片机欠采样低速采样和信号处理;也可以采用全硬件的方式,如精密检波电路、数字整形,利用单片机的计数器测量相位差和包络宽度差(对应幅度差);还可以采用硬件+软件混合的方式,即检波之后通过单片机的超低速采样和信号处理实现幅值和相位的测量。图 5-5-5(b)是部分实现细节,包括部分驱动和信号处理电路、资源分配、控制器处理流程等。

在测量结果的数字显示形式上,全部采用字符型 LCD 形式,采用标准接口驱动,显示信息量大、开发效率高,有助于项目顺利地按时进行。

(4) 运动控制

跟随目标的运动控制技术路线如图 5-5-6 所示。首先测量方位角和距离相对于设定值的偏差,按照如图所示的策略对行李箱的姿态、速度进行实时调整。行李箱的驱动可以采用步进电机也可以采用直流电机,功率放大器全部采用主流的专用集成芯片。由于采用了有速度反馈的电机,就可以对运动控制的偏差、滞后性、平滑性提出更加具体的指标要求。

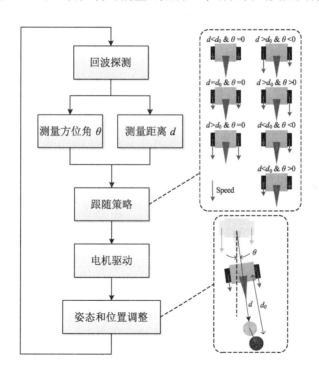

图 5-5-6　目标跟随控制技术路线

7 教学实施进程

表 5-5-1　教学实施进程表

实施环节	思路	目的	教师任务	学生任务	关注重点或细节
任务安排	提前设计好任务分割和多种实现方案,由略到详、由少到多逐步公布和引导	锻炼学生独立开发项目的能力和独立设计/甄选方案的能力,兼顾方向正确和自由发挥	介绍项目意义和研究现状,需求分析和任务分解,各子任务多个方案设计,确定公布策略	按照教师提供的项目背景,分析需求;按照教师提供的基本开发思路或原理进行方案设计	通过提问的方式了解学生的知识储备是否充足、基本思路是否合理,及时提醒学生需要补习和增强的知识、技能,及时指出问题并要求修正方案
预习自学	根据基本研究方案确定需要预习和自学的知识和技能,通过预习进一步完善方案	强化学生的专业知识和技能,帮助其自主改进方案,锻炼学生终身学习和学以致用的能力	布置需要复习的测控电路、数字信号处理、自动控制原理的相关章节,声学定位的必读文献,需要学会使用的软件	学习或练习教师布置的内容,并定期汇报经过学习对原方案有何改进或改变	通过开卷答题的方式获取学生的预习报告,检验学生对项目关键技术理解的成熟度、思考是否深入严密、方案设计有何改进、是否有错误,及时反馈更正
分组研讨	采用启发式问题将学生一步步引向问题的本质,让学生自己选择解决方法、分析效果和成本	加强工程开发思路的规范性训练,提高方案论证的充分性和效率,改进方案设计的合理性	组织研讨会,引导学生利用所学知识从工程实际中提炼和解决关键技术问题	2~3人一组,根据开发需求明确分工,对于每一子功能至少提出两种实现方案,答辩通过后选择一种实施	在讨论的过程中及时给予必要的专业提示和限定,确保学生在正确和规范的途径上自由发挥,保证每组方案都合理可行;判断解决问题的优先级和并行开发的思路是否合理
现场教学与操作	按照每个子任务方案的相似度分组进行,强调模块化制作、调试思路,设计各个子任务的技术指标和开发操作规范的考核办法,提前公布	锻炼学生动手能力和调试方法,锻炼并行开发能力,试制演示模块和样机;提升规范、有序、并行、合作的开发精神	经常巡视记录,掌握每个团队的实验情况,鼓励完成更多任务;根据需要组织2~3次中期汇报,让学生交流遇到的困难和解决途径	对于每个子任务选定一种方案通过搭建硬件电路、软件编程、机械结构设计实现对分立功能的调试,通过整体装配联调实现系统功能	教师重点了解学生在软件和硬件系统调试时解决问题的方法;掌控实验进程;帮助学生了解不同解决方案及其特点,拓宽其知识面和视野

（续表）

实施环节	思路	目的	教师任务	学生任务	关注重点或细节
结果验收与答辩	通过现场演示进行结果验收和指标考核;通过答辩判断学生专业知识或技能的掌握深度,考核学生的项目开发能力及该课程对其提升效果;提高学生整理和分析实验结果的能力、语言表达能力、项目进度书面报告能力、交流讨论能力	演示视频和实物的鉴定、指标的测试记录;组织答辩;做好答辩记录	制作演示视频和实物操作说明;撰写实验报告;制作答辩PPT;参与答辩;提出不足和改进方向	在工程开发中,锻炼学生以解决工程问题为目的,学习新知识、新技能的能力以及善于利用各种辅助工具和资源的能力。同时让学生亲身体会项目开发的严密性、条理性和现实性
报告批改	按照不达标、达标、优秀划分成绩等级	给出成绩,对本次教学经验进行总结,提出下一次教学改进计划	无	在结果验收和报告批改中,教师关注方案的科学性和创新性,系统工作的稳定性和精度

8　实验报告要求

实验报告需要反映以下工作:

（1）项目需求分析;

（2）实现方案论证及结论;

（3）理论推导计算与算法设计;

（4）电路设计与调试方案、过程、结果;

（5）实验数据记录与数据处理分析;

（6）系统子模块及整体调试运行的图表、程序、照片及分析、说明;

（7）成本核算、器件清单及损耗程度;

（8）对项目的总结及体会。

9　考核要求与方法

（1）方案设计是否经过了充分、有效的调研和思考,方案论证答辩时回答是否正确、清晰。

（2）功能构思、电路设计的创新性、正确性、合理性,自主思考与独立实践能力。

（3）实验过程中分析问题和解决问题的能力。

（4）是否充分利用实验室已有的软硬件条件,是否经过充分的调研、仿真、计算验证。

（5）实验质量:电路方案的焊接质量、组装工艺,软件代码的编写是否规范,系统装配是否合理。

(6) 实验数据：不同距离时方位角测试数据和测量误差；不同方位时距离测试数据和测量误差。

(7) 实物验收：现场演示或视频演示，完成时间。

(8) 实验报告：实验报告的规范性与完整性。

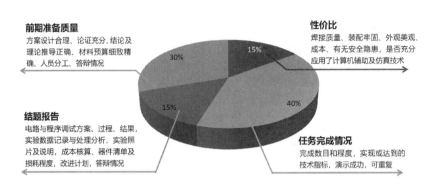

图 5-5-7　考核评分比例

10　项目特色或创新

(1) 采用"应答式"代替"回声式"定位，在原理上保证了测量精度，又增加了系统复杂度，将学生的精力更多地聚焦到系统的优化实施、专业知识的学以致用等方面。

(2) 通过外围电路和处理器的开放式配置，实现测量任务在软硬件之间灵活切换，充分体现了知识应用的综合性和实现方法的多样性。

(3) 实验内容针对实际的社会、工程需求，让学生在"用中学""用中研"，采用主流技术，如 DSP，规范开发标准，技术起点高。

5-6　智能电子导盲犬(2018)

实验案例信息表

案例提供单位	大连海事大学		相关专业	通信、电信、电科、光电	
设计者姓名	翟朝霞		电子邮箱	shirlyllei@126.com	
设计者姓名	金国华		电子邮箱	jingh@dlmu.edu.cn	
设计者姓名	谭克俊		电子邮箱	tankejun@dlmu.edu.cn	
相关课程名称	单片机原理与应用 单片机应用课程设计	学生年级	大三	学时(课内＋课外)	30

（续表）

支撑条件	仪器设备	计算机、J-LINK 仿真器、热转印机、腐蚀桶和腐蚀液、打孔机、打印机、示波器、稳压电源、万用表、电烙铁等
	软件工具	Keil-Uv5、IAR Embedded Workbench、Altium Designer
	主要器件	MK60DN512ZVLQ10 单片机，LD3320 芯片，XFS5152 芯片，OLED 显示模块，锂电池，HC-SR04 超声波传感器，红外循迹模块，双驱动履带式底盘小车，GPS 模块，电阻、电容、芯片座、按键、电池槽、孔板、焊锡、导线等

1　实验内容与任务

设计一款基于 K60 单片机的智能电子导盲犬。

1）基本要求

以 K60 单片机为核心，构建轮式移动型电子导盲犬，利用超声波模块和红外寻迹模块实现辨别道路情况，自主避障，语音播报/提示等功能，以及控制的自动化，基本实现辅助盲人出行。

2）提高部分

（1）使用定位和导航技术，进行路线导航。

（2）采用语音控制和语音合成技术，能够实现定位信息播报、障碍物语音提示、时间播报、装置运行状态语音提示等功能，实现人机交互。

（3）其他你能想到的任何发挥内容。

（4）利用 Altium Designer 软件绘制原理图，制作 PCB 板，焊接整个电路，下载程序到单片机中，制作成一个独立的单片机小作品。

2　实验过程及要求

（1）提前一周布置任务，要求学生做好预习，并学会相关软件及硬件的使用。

（2）查阅资料，尽可能多地查找满足实验要求的方案，分析比较各方案的优缺点，确定最优方案。了解方案中相关实验原理，及所用器件的相关原理和使用方法。

（3）按照所选方案，先设计出整体电路原理图，然后拆分细化原理图，对每个小部分进行进一步的完善和设计。在此环节学生可根据自身的能力选择独立完成实验还是分组完成。分组的目的是充分调动学生的主观能动性，发挥其自身能力和特长，培养其团队协作精神和沟通交流能力。

（4）列出元器件清单，领取所需元器件，搭建出完整的实际电路。

（5）利用 IAR Embedded Workbench 开发工具及 Keil-Uv5 进行软件开发，J-LINK 仿真器运行调试程序和硬件电路，直到实现所有实验要求。

（6）验收答辩：独立完成的学生完整介绍作品的原理和方案，进行实物演示，解答教师提出的问题。分组完成的学生先进行实物演示，然后分别介绍作品中本人完成部分的原理和方案，解答教师提出的问题，要求分组完成的同学对实验的整体原理也要有一定程度的认识。所有学生答辩结束后进行讨论，互相交流实验心得。

（7）撰写实验总结报告，要求用 Word 编辑并打印。

（8）提交材料：实验电路图、实验程序、实验报告。

3　相关知识及背景

　　智能电子导盲犬是学生比较感兴趣的题目，本实验基于 K60 单片机的电子导盲犬系统进行设计，需要综合运用模拟电路、数字电路、单片机原理与接口及各种传感器等相关知识，具体涉及 MK60DN512ZVLQ10 处理器、单片机串口通信、超声波、红外传感器、语音识别、语音合成、GPS 定位导航、显示原理、自主避障等；需要学会使用 IAR Embedded Workbench 开发工具、Keil-Uv5、Altium Designer 等软件工具；了解制作 PCB 板的过程；学会利用 J-LINK 仿真器调试程序及硬件电路、程序下载、焊接电路等技能。

4　教学目标与目的

　　本次教学采用学生感兴趣的题目，以学生为主体，要求学生综合运用所学专业知识，掌握 32 位单片机系统开发的整个流程，培养学生软硬件设计的能力（查资料了解芯片、构思设计电路、相关软件使用等）、实践能力（焊接调试、报告撰写等）、分析和解决问题的能力以及创新精神、团队意识和工程意识。

5　教学设计与引导

　　本实验是学生利用 K60 单片机设计一个单片机应用系统的过程，包括构思、设计、制作、运行、调试和实现等各个环节。在整个实验过程中，采用学生为主体，教师辅助指导的形式。

1）教学设计

　　（1）实验开始一周之前，进行一次 2 学时的课堂教学，指导学生充分利用图书馆、网络等资源查阅资料，了解实验相关原理，了解实验所用器件的原理和使用方法，学会使用相关软件工具。

　　（2）对 K60 单片机的主要特点、应用范围、内部结构等进行简单介绍。重点介绍本次实验所用到的相关功能。

　　（3）简单介绍实验中涉及的相关元器件及原理，如：超声波模块、红外传感器、语音识别、语音合成、GPS 定位导航、定位与路线规划算法等等。

　　（4）讲解单片机应用系统设计的一般思路和方法，提醒学生在软件设计和硬件设计中应注意的问题。

　　（5）演示讲解 IAR Embedded Workbench 开发工具、Keil-Uv5 的软件功能，开发环境，使用注意事项等。讲解仿真器相关知识，为学生演示如何利用 JLINK 仿真器运行调试程序和硬件电路，指出学生调试过程中的常见错误，避免因操作不当导致的实验结果无法实现。

　　（6）简单介绍 Altium Designer 软件的功能，给学生提供制作 PCB 板、焊接电路等的相关资料。

　　（7）提供学生常用元器件的参数及使用注意事项。

（8）介绍实验室中常用仪器的使用方法及使用注意事项,指出在实验室中做实验时需遵守的规则,重点强调用电安全。

（9）提出撰写实验报告的要求,给出实验报告模板,规范实验报告撰写格式。

2）教学引导

（1）学生查阅资料后,会提出不同的设计方案来完成实验要求,如果学生对方案把握不准确,要给予学生一定的指导,引导学生综合各种因素,最终确定方案。

（2）学生在制作实际电路时,会因为各种主观原因和客观原因导致得不出实验结果,例如导线断路、部分元器件损坏、操作不当等等。指导学生先调试单元电路,然后按照信号流的方向逐渐加入新的单元电路进行联调,最后进行整机调试。锻炼学生自己找错和纠错,培养学生的动手实践能力。

（3）JLINK 仿真器是学生新接触的硬件设备,所以调试电路过程中学生会出现很多问题,在实验中对学生出现的问题进行有效指导。

（4）在验收答辩阶段,教师对实验的知识点和实验各个环节出现的常见问题进行归纳和总结,对个别同学提出的疑惑进行解答。

（5）组织学生在答辩阶段互相交流经验,了解不同解决方案及其特点,拓宽知识面。

（6）提出撰写实验报告的要求,给出实验报告模板,规范实验报告撰写格式。

（7）对于制作 PCB 板的同学,介绍画板、制板过程,电路焊接技术及各个环节的注意事项。指导学生利用 JLINK 仿真器下载程序到单片机中。

6　实验原理及方案

1）实现方案

本实验采用 K60 单片机芯片进行智能电子导盲犬的设计,采用多路超声波测距传感器检测障碍物,辨别道路状况,并结合红外线反射式传感器检测道路边线,系统控制平台采集数据,使用讯飞语音芯片的语音合成和语音识别处理器,实现自主避障、定位导航、语音控制、语音播报/提示等功能,以及控制的自动化,基本实现辅助盲人出行。图 5-6-1 为系统结构框图,图 5-6-2 为外围电路原理图。

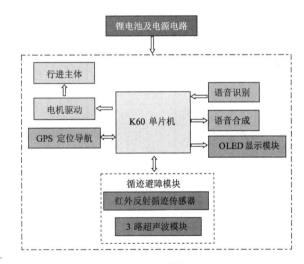

图 5-6-1　系统结构框图

主控处理器采用的是 ARM Cortex-M4 系列的 MK60DN512ZVLQ10 处理器,其性能强大,完全满足项目需求。

行进主体采用的是履带式底盘,能够极大提高行进主体的地形适应性,实用性极大。采用 9 V 直流电机,堵转力矩达 9 500 N·m,具有较大的驱动力,完全能够满足一般条件下对人体的适当力度的牵引。

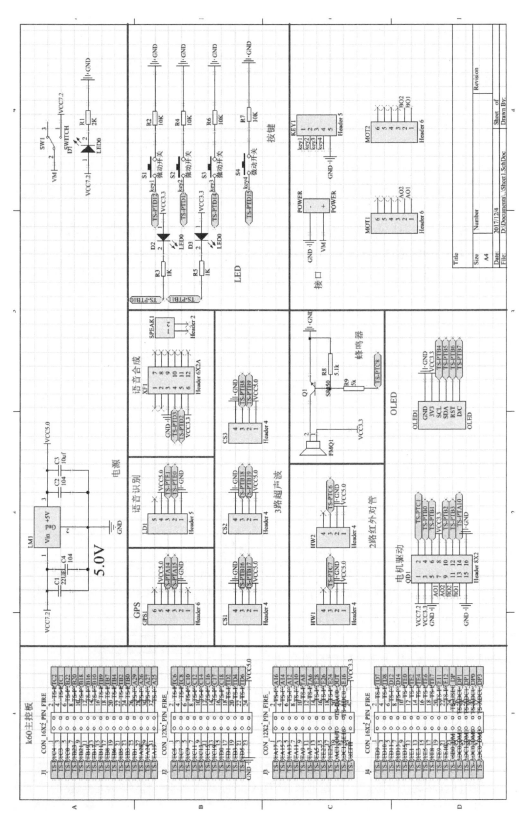

图 5-6-2　外围电路原理图

语音识别和语音合成部分采用 LD3320 芯片进行语音识别,能够识别预置的语音口令,从而可以实现通过语音对电子导盲犬的控制和交互。语音合成采用的是科大讯飞 XFS5152 芯片,能够实现任意中英文内容的语音合成,通过软件设计,能够实现定位信息播报、障碍物语音提示、时间播报、装置运行状态语音提示——等功能。

定位与路线规划,针对简单区域,设计了一种简易定位与路线规划算法。能够在简单区域内实现基本的定位和关键位置搜索,进行简单的定位与导航,可基本达到预期效果。

整个系统利用各传感模块和对应算法实现电子导盲犬的最终导盲功能。盲人将通过语音系统指令控制机器人,GPS 定位、避障、红外寻迹检测模块帮助机器人正确规划路径,实现安全行驶。系统在运行过程中可实现实时采集当前环境数据,语音提示盲人,检测机器人行驶路线,并在目标出现后正确判断目标的功能。

2) 方案原理

（1）主控系统

主控芯片采用了 Freescale 系列的 Kinetis K60 芯片 MK60DN512ZVLQ10,外设丰富,接口方便,尤其是具有多路 UART 串行接口,能够十分方便地与外设通信。主控系统负责处理定位信息、导航信息、道路信息和语音信息,并同时控制小车驱动系统、输出显示、语音合成、按键识别等模块,同时包含了电源系统。

（2）超声波避障及红外循迹模块

因为定位只能低精度的指示路线和方向,而对于具体的道路,电子导盲犬的路线指引就要依赖于道路识别与避障系统,道路识别与避障的任务在于识别障碍物和确定道路方向。我们采用了三个 HC-SR04 超声波传感器,超声波测距采用 I^2C 和 TTL 串口通信直接输出目标距离;盲区 1 cm,测较大平面物体最大量程达 7～8 m,分别安装在正前方和左右两边,分别检测三个方向的障碍物,并为路线制定提供决策依据。红外循迹模块能够检测道路边线,辅助进行沿边线前进。图 5-6-3 为超声波和红外模块布局图。

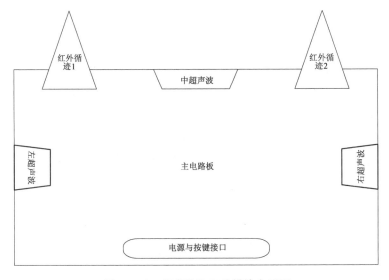

图 5-6-3　超声波和红外模块布局图

（3）行进主体及电机驱动

行进主体采用定制的 Doit 系列双驱动履带式底盘小车。尺寸为 185 mm×200 mm× 60 mm，采用两个 9 V、25 mm 直流碳刷电机，最大负载电流 1 200 mA，堵转力矩达 9 500 N·m，具有较大的驱动力，完全能够满足一般条件下对人体的适当力度的牵引。电机驱动采用的是 Toshiba 双电机直流驱动 IC TB6612FNG 驱动芯片。TB6612FNG 是 LD MOS 结构的输出晶体管，低导通电阻的直流电机的驱动器 IC。两个输入信号 IN1 和 IN2 可以选择 CW、CCW、短路制动和停止模式四种模式中的一种，从而能够有效控制小车实现前进后退，左右及任意角度转弯，并且具有转弯半径小，转弯速度快的优点。

（4）语音识别和语音合成

语音识别：采用 LD3320，LD3320 是一颗基于非特定人语音识别（SI-ASR：Speaker-Independent Automatic Speech Recognition)技术的语音识别/声控芯片。LD3320 芯片上集成了高精度的 A/D 和 D/A 接口，不再需要外接辅助的 Flash 和 RAM，即可以实现语音识别/声控/人机对话功能。并且，识别的关键词语列表是可以动态编辑的，这些为电路设计和软件编程带来很大便利。经过测试，该芯片识别准确率较高，在两米范围内能够比较好的识别语音内容，能够识别的关键词也是任意设置的。设计的语音识别口令包括：开始、停止、定位、播报时间。

语音合成：本项目同时采用语音合成技术，将提示信息通过语音合成芯片进行合成转换后通过喇叭播放出来，对盲人而言具有很高的实用性。语音合成采用的是科大讯飞的 XFS5152 中英文语音合成芯片，该芯片支持真人发音，支持 GB2312，GBK，BIG5 和 UNICODE 多种编码格式，一次最多可支持 4K 字节内容。主控通过串口将 UNICODE 编码的文本内容发送给 XFS5152，通过芯片的语音合成算法，产生音频信号输出。借助于该模块的强大功能，我们设计了地点信息播报、关键信息提示、障碍提示、语音报时等多种功能。

（5）定位检测系统

定位模块采用了 Beitian BN-280 GLONASS 双模定位卫星定位模块，同时支持 GPS 卫星、北斗卫星、GLONASS 卫星。使用时可任意两种组合，具有较高的定位精度，使用 NMEA-0183 输出协议。控制处理器通过 UART 串口通信方式与 GPS 接收机通信，将 GPS 模块串口输出的字节流进行处理，提取出测试点的地理信息（经度，纬度，UTC 时间）。模块支持的最大读取速率是 10 Hz，考虑到实际情况，读取速率为 1 Hz 已经能够满足本项目实际需求。采集的经纬度数据支持四位小数精度，大多数情况下多是在小范围内运动，经纬度数据不会有很大变化，因此定位时使用了全部小数位，提高定位准确度。图 5-6-4 显示的是两个地点的定位数据。

定位数据通过百度地图坐标拾取功能进行比对，结果还是比较准确的。读取坐标后，可以写入存储器，记录道路数据，从而也能够实现轨迹记录。定位的同时能够同步时间，精确到秒，这为后面的语音报时提供了时间基准。

（6）定位与路径规划

设计了一种简单的定位与路径规划导航，能够实现在小范围的简单区域内进行简单的定位与路径规划导航。大多数导航系统由两级规划组成，即局部规划（Local Planning）和全

图 5-6-4　定位信息显示模块

局规划(Global Planning)。

全局路径规划的主要方法有:可视图法、自由空间法、环境地图法和栅格法等。可视图法是将机器人视为一点,将机器人、目标点和多边形障碍物的各顶点进行组合连接,考虑实际情况我们初期是在进行定位与导航实现,结合实际效果,选择使用可视图法。将地点和障碍物均建模为节点,全局组成网络图,然后计算最优路径。在构建路网模式时,一般采用图论中的"图"来表示路网,然后通过图论中的网络分析来研究路径规划问题,构建道路网络的路网模型如下:

$$\begin{cases} G = (V, E, W) \\ V = \{v_i \mid i = 1, \cdots, v_n\} \\ E = \{e_{ij} \mid v_i, v_j \in V\} \\ W = \{w_{ij} \mid e_{ij} \in E\} \end{cases}$$

节点(Node/Vertex,记做 V):道路的交叉口或断头路的终点;

边(Edge,记做 E)/弧(Arc,记做 A):两节点之间的路段称为边,若规定了路段的方向,则称为弧。

边(弧)的权(Weight,记做 W):是路段某个或某些特征属性的量化表示,也称路段的权重或边的权重。

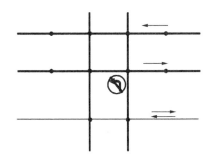

图 5-6-5　路网中的节点、边

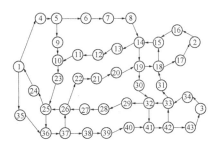

图 5-6-6　构建的路网结构图

邻接表是另一种常用的图的存储结构。路网作为一种特殊的网络,遵从一般的网络表达方法和存储结构,邻接表已被证明是网络表达中最有效率的数据结构,在最短路径算法中得到了广泛应用。因此本项目将采用基于邻接表的数据存储方式。

最经典的点对点间的最优路径规划算法有 Dijkstra 算法、Floyd 算法等。Dijkstra 算法是一个适用于所有弧段权重均为非负的最短路算法。它可以给出从某个节点到所有节点的最短路径。Dijkstra 算法采用了贪心技巧,在每一步都选择局部最优解以期望产生全局最优解。

基于以上思想,本项目设计的简易算法为:

① 设定一个活动区域范围,将范围内的所有关键地点,如十字路口、拐弯处设置为节点,测量节点的坐标和节点间距离,构建路网结构。

② 对在区域内的任意一点,采集 GPS 定位数据,读取经纬度,使用最近邻算法,确定该位置所属的节点。

③ 输入目的地后,查找内部数据库得到目的地所属节点,使用 Dijkstra 算法得出最短路径,确定当前位置与目标位置的最优路线。

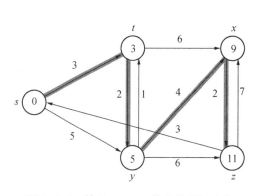

图 5-6-7　基于 Dijkstra 算法的最短路径

图 5-6-8　实际测试显示

(7) 线路归位算法

在自动导航过程中,导盲犬遇到障碍物可自动选择绕行,并根据绕行距离计算出航向的偏离程度,GPS 重新进行定位,依据原有导航路线数据,驱动机器人移动部分,重新回到原有路径。在道路边线循迹过程中,将利用红外循迹模块以及超声波模块判断道路边线,并根据检测信息使机器人始终保持在道路边线行驶。

7　教学实施进程

(1) 实验开始一周之前,进行一次 2 学时的课堂教学,目的是完成课题的布置与解析,指导学生查阅资料,讲解实验相关原理、器件的原理及使用、软件的使用等。

(2) 学生用一周的时间查阅资料,学习相应的实验原理、硬件和软件,设计实验方案。

(3) 学生利用一周的时间到实验室进行实验,实验室随时开放,学生可充分利用实验室的各项资源。实验过程以学生为主体,可相互讨论,教师辅助指导,充分培养学生的实践能力,分析和解决问题的能力,最终完成实物的制作。需要注意的是学生在实验之前必须对其电路的设计思路进行讲解,教师通过后方可领取元器件进行实物的制作,未通过的同学不能进行实验。

(4)实验最后一天进行验收答辩,学生制作5分钟的PPT进行总结演讲。独立完成实验的学生完整介绍作品的原理和方案,进行实物演示,解答教师提出的问题;分组完成的学生先进行实物演示,然后分别介绍作品中本人完成部分的原理和方案,解答教师提出的问题,要求分组完成的同学对实验的整体原理也要有一定程度的认识。所有学生答辩结束后进行讨论,互相交流实验心得。

(5)实验结束后学生利用一周的时间撰写总结报告,每个人的报告要独立完成,不得抄袭,若出现雷同,所有雷同报告的学生均无最终实验成绩。

8 实验报告要求

需要学生在实验总结报告中反映以下工作:

(1)摘要:说明实验的背景和主要内容,对如何实现实验内容进行概述。

(2)详述实验内容和要求。

(3)实验研究的目的和意义。

(4)提出满足实验要求的各种方案,论证其可行性。分析比较各种方案的优缺点,确定最终方案。

(5)具体阐述所选方案的实验原理,绘制原理图,确定元器件,选择参数等。

(6)实验软件设计过程,包括程序流程图、编译调试程序、硬件仿真过程等。

(7)实物制作和调试过程:如何制作实际电路,利用仿真器运行调试程序和硬件电路。使用的主要仪器和仪表,调试电路的方法和技巧,调试中出现故障的原因和解决方法。

(8)制作PCB板、烧录程序等过程。(提高)

(9)实验现象的描述和分析。

(10)发挥部分的实现与调试。

(11)实验总结,心得体会,设计方案有待完善之处及改进方法等。

(12)参考文献。

(13)附录:包括元器件清单和源程序。

9 考核要求与方法

1)实验考核

成绩=实验完成状况50%+答辩情况30%+实验报告20%。

2)成绩评定标准

(1)理论知识:是否对实验原理有清楚、深入的理解,方案设计的合理性,电路设计的规范性。

(2)软硬件操作:是否熟练运用IAR Embedded Workbench开发工具、Keil-Uv5软件及J-LINK运行调试程序和电路。

(3)实物验收:是否独立完成电路的搭建,是否制作PCB板,焊接质量,电路运行的稳定性,功能和性能指标的完成程度,完成时间,实物所用元器件选择的合理性,成本核算。

(4) 创新能力:电路设计的创新性,能否在借鉴别人方案的基础上,完善实验方案,提出改进方法。

(5) 实践能力:能否综合运用所学知识完成实验,充分利用实验室资源进行电路的检测和调试,分析和解决问题的能力。

(6) 答辩验收:是否清楚阐述实验设计的内容,熟练进行实物演示,回答教师提出的问题。

(7) 实验报告:撰写报告是否规范完整,文字表达是否简明清楚。

10 项目特色或创新

(1) 项目开发的工程性:实验要求学生利用 32 位单片机进行一次完整的系统开发,使学生了解产品开发思路和过程。

(2) 先进性和实用性:使学生接触到目前先进的单片机设计技术,为今后的项目开发打下基础,提高学生的市场竞争力。

(3) 综合性:综合运用模拟电路、数字电路、传感器等相关知识,培养学生的综合实践能力。

(4) 探索性:实验方案多样化,对多种方案进行探索论证,培养学生的创新精神。

(5) 互动性:师生之间、学生之间充分互动,以学生为主体,教师辅助指导,激发学生学习兴趣。

(6) 层次化:将实验内容分层次,采用层次化的教学方法和考核方式,以满足不同能力学生的实践需求。

5-7 基于自制数字舵机的运动控制实验(2018)

参赛选手信息表

案例提供单位		大连理工大学	相关专业	电类专业	
设计者姓名		巢 明	电子邮箱	chaoming@dlut.edu.cn	
设计者姓名		秦晓梅	电子邮箱	qinxm@dlut.edu.cn	
设计者姓名		王开宇	电子邮箱	wkaiyu@dlut.edu.cn	
相关课程名称		单片机原理及应用实验	学生年级	大二	学时(课内＋课外)	32/24
支撑条件	仪器设备	自研数字舵机,ST-LINK 编程调试器			
	软件工具	IAR 集成开发环境			
	主要器件	STM8S103K,L9110S,增量编码器,反射、对射光电开关等			

1　实验内容与任务

实验中使用自主研发的数字舵机模块。此模块结构件全部由电路板材料制作,直接在结构件上集成 STM8 单片机、按键、LED 指示灯、直流电机及驱动芯片、增量编码器,反射式光电开关等。

实验内容:引导学生编写控制程序,由简单的按键控制、协议控制逐步升级为具有恒速、定位停止功能的数字舵机。实验分为多个层次供不同水平和学时的学生选作:

(1) 层次一:编写按键控制与 LED 显示构成的人机界面,完成按键对舵机转动方向的控制。

图 5-7-1　自主研发的数字舵机模块和连接构件

(2) 层次二:编写通信协议,通过 SPI/UART 口控制舵机转动方向、角度的控制,测速。

(3) 层次三:编写一阶 PID 控制算法,实现在变化负载下的匀速转动。

(4) 层次四:使用多个舵机组成机械臂、机械人等,通过蓝牙/Wi-Fi/ZigBee 等方式遥控动作。

2　实验过程及要求

(1) 学习了解 STM8 单片机开发工具,数字舵机模块的机械和电路设计。

(2) 编写 LED 控制程序,用计时器实现秒闪烁。

(3) 编写按键查询程序,用按键控制 LED 灯,再将程序改为中断模式。

(4) 编写 PWM 输出程序,实现按键控制的电机起停、换向(层次一)。

(5) 编写串口/SPI 通信程序,控制电机起停。

(6) 设计指令集,实现驱动功率(PWM 占空比)、停止位置的控制(层次二)。

(7) 编写编码器脉冲中断和计时程序,通过串口/SPI 口输出计时值。

(8) 编写一阶 PID 控制算法,实时计算 PWM 值,将转速控制在指定值(层次三)。

(9) 验证蓝牙透传/Wi-Fi 透传/ZigBee 透传模块的通信功能。

(10) 自由设计,组合控制多个舵机(层次四)。

3　相关知识及背景

实验综合运用单片机和传感器技术,提供解决运动控制问题的实际案例。覆盖单片机的 GPIO、中断、计数器、定时器、UART/SPI、PWM 输出等基础知识,以及通信协议设计、PID 反馈控制等综合知识。进阶设计中提供一个汇编语言优化案例,将 112 机器周期的 C 程序优化为 14 个机器周期的汇编程序,加强学生对汇编语言执行效率的认识。

4　教学目标与目的

以一个完整的、实用的、具有扩展性的数字舵机控制程序开发为例,学习单片机的基础知识,并以通信协议设计、PID 反馈控制等内容扩展学生综合能力。汇编优化案例将 112 周期 C 程序优化为 14 个周期汇编程序,提升学生兴趣。

5　教学设计与引导

本实验的教学设计,以及配套的教学设备——自制数字舵机,开发初衷来源于教学中遇到的两个问题:

（1）教学中常见的执行器,如 LED 灯、蜂鸣器等,被广泛应用于各种课程的实验教学中。学生从电路、模电、数电等基础实验开始,到微机原理、单片机、FPGA、DSP 等实验,都是控制相同的、简单的执行器,容易出现厌倦心理。需要设计一种具有一定复杂性,具有科技感、时代感的可控执行器,以提升学生新鲜感、刺激提高其学习兴趣。

（2）基于研究型大学的教学理念,我们认为汇编语言对掌握处理器设计原理,理解计算机语言层次架构的作用是无法用高级语言替代的。但是在实践教学中确实面临汇编语言编程效率低下,学生在掌握 C 语言后对学习汇编的意义认识不足等问题。

试图解决以上问题的努力促使电路板材料构件拼接构成的数字舵机系统的产生。此系统涉及单片机的 GPIO、中断、计数器、定时器、UART/SPI、PWM 输出等基础知识,以及通信协议设计、PID 反馈控制等综合知识。在单个模块程序设计完成后,还可以组合成机械臂、机器人等运动机构,足以引发学生的学习兴趣,达到教师期望营造的科技感、时代感。

本套数字舵机系统创新性地使用电路板材料设计全部机械构件,电子线路可以直接焊接在构件上,拼接成控制电路和运动结构融于一体的舵机、机械臂、机器人等。不需要通常的模具加工或 3D 打印等技术支持,便于在实验室条件下方便地设计、制作、组装。

图 5-7-2　舵机构件和组成的 4 足机器人

本系统中采用 STM8S103K 单片机而不是更高级的 16 位或 32 位控制器,除了成本考虑以外,也刻意制造了一种性能有限的环境,迫使、引导学生使用汇编语言优化程序。进阶设计中提供一个汇编语言优化案例,将 112 机器周期的 C 程序优化为 14 个机器周期的汇编程序,教学中学生的反应可以用震惊形容,极大提高了学生对汇编语言执行效率的认识和学习兴趣。

以 SPI 总线接收、执行上位机指令为例,首先使用 C 语言进行编程。程序采用环形缓冲区保存接收到的指令,每个指令帧包含 ID、CMD 和 4 字节参数。指令帧结构定义如下:

```
* * * * * * * * * * * * * * * * * * * * * * * * * * * * * * * * * * * * *
typedef struct frame_struct
{
    uint8_t        ID;
    cmd_TypeDef    CMD;
    uint8_t        P1;
    uint8_t        P2;
    uint8_t        P3;
    uint8_t        P4;
}frame_TypeDef;
* * * * * * * * * * * * * * * * * * * * * * * * * * * * * * * * * * * * *
```

首先用 C 语言完成读取特定参数的程序,然后通过不同优化方法逐步提高程序执行效率。

(1) 优化前,112 机器周期

不考虑 stm8 的特点,按照标准 8 位单片机的风格,C 程序为:

```
* * * * * * * * * * * * * * * * * * * * * * * * * * * * * * * * * * * * *
*((uint8_t *)(&angle_desire)) = frame_buff[frame_bottom].P1;
*((uint8_t *)(&angle_desire)+1) = frame_buff[frame_bottom].P2;
* * * * * * * * * * * * * * * * * * * * * * * * * * * * * * * * * * * * *
```

frame_bottom 类型为 8 位有符号数,作为缓冲区的读取下标。此段程序进行两次 8 位数组操作,仿真运行需要 112 机器周期。

(2) 通过了解处理器特点初步优化,75 机器周期

考虑到 stm8 的特点,它具有一个 16 位的 X 寄存器,可以一次完成两个字节的读写,因此可以将两个 8 位操作合并为一个 16 位操作。C 程序为:

```
* * * * * * * * * * * * * * * * * * * * * * * * * * * * * * * * * * * * *
angle_desire = *(int16_t *)(&frame_buff[frame_bottom].P1);
* * * * * * * * * * * * * * * * * * * * * * * * * * * * * * * * * * * * *
```

此段程序将 P1 参数的地址(8 位无符号数指针)转换为 16 位有符号数指针,编译器会自动使用 16 位 X 寄存器搬移数据。对于纯粹的 8 位单片机,这种写法的效果与前面分为两个 8 位读写的效果是一样的,而通过预先了解 stm8 的寄存器设置等底层硬件信息,获得了初步的优化效果,仿真运行需要 75 机器周期。

(3) 通过观察编译生成的汇编语言,进行 C 语言优化,58 机械周期

观察编译结果,发现编译器会调用内联函数? sext16_x_a,将 8 位有符号数的数组下标统一扩展为 16 位有符号数。通过强制将 frame_bottom 转化为 8 位无符号数类型(最初用 8

位有符号数定义 frame_bottom 是因为环形缓冲区下标越界判断过程中会出现负数,而在这里已经可以保证引用的下标为正数)。优化后的 C 语句为:

```
* * * * * * * * * * * * * * * * * * * * * * * * * * * * * * * * * *
angle_desire = *(int16_t *)(&frame_buff[(uint8_t)frame_bottom].P1);
* * * * * * * * * * * * * * * * * * * * * * * * * * * * * * * * * *
```

可以看到汇编代码没有调用? sext16_x_a 函数,只是简单地把数组下标放入了 YL 寄存器就满足了后续乘法函数? mul16_x_x_w0 的入口参数。模拟运行结果需要 58 机械周期。

(4) 直接使用汇编语言优化,14 机械周期

通过观察以上 C 语句和汇编代码可以发现,编译器调用了? mul16_x_x_w0 函数,以 16 位乘法的方式将数组下标转换为实际地址。这是为了提高 C 程序的通用性,提高能处理的数组/矩阵的规模,理论上最大寻址空间可达 2^{32} 字节。但在此处的应用中,数组远小于 2^8 字节,计算下标时利用 8 位乘法指令就可以满足要求。因此利用编译器的嵌入汇编宏命令,在 C 程序中嵌入以下汇编代码完整实现数组寻址和数据搬移任务:

```
* * * * * * * * * * * * * * * * * * * * * * * * * * * * * * * * * *
asm("ldw x,frame_bottom");              //读数组下标
asm("ld a,♯6");                         //指令帧长度为 6
asm("mul x,a");                         //下标乘以 6 得到帧起始地址
asm("addw x,♯frame_buff+2");            //加上缓冲区基地址和 P1 参数的偏移量 2
asm("ldw x,(x)");                       //利用 X 寄存器间接寻址取得 16 位参数
asm("ldw angle_desire,x");              //赋值给 angle_desire
* * * * * * * * * * * * * * * * * * * * * * * * * * * * * * * * * *
```

经过汇编语言优化,仿真运行结果仅为 14 机械周期!

至此,教学中循序渐进地引导学生完成了一次具有实际工程意义的执行效率优化过程,将原程序由 112 机器周期缩短为 14 机器周期,基本避免了接收处理指令对电机转速控制算法的实时性的影响。在教学中发现学生对这个优化结果感到震惊,并增强了对汇编语言的兴趣。

6 实验原理及方案

如图 5-7-3 所示,每个舵机包括一个 STM8S103K 单片机作为控制器,可通过双键双灯组成的简易人机界面完成 ID 设置、状态设置和查询等功能。

STM8S103K 单片机的 PWM 输出通过 L9110S 芯片驱动一个减速比为 100∶1 的 N20 减速电机,可以实现正反转、功率控制的基本功能。N20 输出轴上安装了 100 线编码盘,可通过对射式光电开关对转速进行测量。此电机通过减速比为 20∶1 的蜗轮蜗杆结构驱动输出轴,不考虑摩擦损耗的输出扭矩约为 20 N·m(蜗轮蜗杆结构机械效率较低,实际扭矩小于此值)。采用蜗轮蜗杆结构的原因是便于布置机械和电路,并且其自锁特性可以在电机断电时保持位置,具有省电、发热低的优势。

舵机上还配置一个反射式光电开关,可用于测量主轴的零点位置,配合 100 线编码盘实

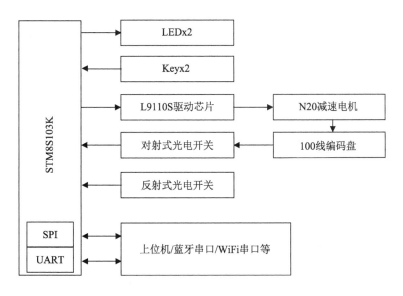

图 5-7-3 舵机单元系统框图

现绝对位置测量,定位精度理论值为 0.18°,受加工精度所限,实际精度较差。

为控制成本和缩小体积,STM8S103K 单片机使用了内部 *RC* 振荡器,工作在 16 MHz。系统使用 TIM1 的 3、4 通道做 PWM 输出,TIM1-＞ARR 寄存器设置为 10 000,因此 PWM 频率为 1.6 kHz。舵机单元电路板图如图 5-7-2 所示,面积为 65 mm×40 mm。

通常测量转速的方法是通过计数器统计单位时间内编码器产生的脉冲数。由于此系统中编码盘安装在减速 100 倍后的轴上,采用这种方法或因为计数时间过长影响控制频率,或因为计数时间短脉冲数太少影响测速精度。因此改为测量编码盘产生的脉冲宽度(时间),其倒数即表示速度。空载条件下 PWM 占空比与电机速度(脉宽计数值)的关系如图 5-7-4 所示。电机驱动电压为 12 V,图中可见 TIM1-＞CCR 寄存器至少为 3000,对应占空比为 30% 时电机开始转动。空载最高转速约为 60(°)/s。

通过各种机械结构可将多个舵机拼装为更加复杂的运动机构,如机械臂、多足机器人等。

本套数字舵机系统创新性地使用电路板材料设计全部机械构件,电子线路可以直接焊接在构件上,采用传统木工中的榫卯结构,拼接成控制电路和运动结构融于一体的舵机、机械臂、机器人等。由于不需要通常的模具加工或 3D 打印等技术支持,本系统可在实验室条件下方便地设计、制作、组装。全套机械零件中只有舵机主轴为非标定制件,其他机械零件均为量产标准件,成本较低。具有电路板设计制作能力的实验室可以方便地根据原电路板图扩充自己的机器构件,设计新机械结构。

7 教学实施进程

目前本实验题目主要用于课程中的综合设计环节,学生对单片机的基础知识已经有一定了解,教学的主要目的是以具有科技感、时代感的可控执行器,提升学生新鲜感,刺激提高其学习兴趣,提升综合设计的完成质量。

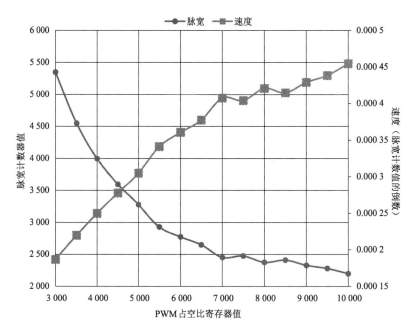

图 5-7-4　空载条件下驱动 PWM 值与脉宽/速度对应关系图

任务安排阶段,教师应首先演示数字舵机参考设计程序的执行效果,实现两个以上数字舵机组合运动控制等效果,让学生对任务目标有准确认识,提升学习兴趣。

在现场教学中以自由编程为主,开放学生讨论,教师可以提供编程思路、参考程序,通过辅助调试等方法加快任务完成进度。由于实验器材小巧,集成度高,辅助电路简单,价格便宜,可以发放给学生课下调试。

在结果验收中,因为最后实现效果相似,要注意鉴别学生是否有抄袭行为。因此需要以现场问答方式就器件原理、程序段落功能进行考核。

对于实现效果良好,学习兴趣较高的学生,可引导其自己设计运动机构,用舵机驱动,实现更丰富的功能。注意保存程序代码、录像等资料,作为样例,给下届学生演示使用。

8　实验报告要求

实验报告需要反映以下工作:

(1)实验目的,预期效果;(2)实验所用器件原理、电路设计;(3)程序流程图;(4)程序源代码和详细注释;(5)程序调试过程中遇到的问题和解决方法;(6)实验结果总结。

9　考核要求与方法

目前本实验题目主要用于课程中的综合设计环节,以实物演示、程序问答、实验报告方式考核。实际教学中可根据学时、学生水平等因素,调整学生自编程序和参考程序的比例,产生合适难度的教学实验题目。

(1)第一层次,完成基本的按键控制 LED,计时器实现秒闪烁,按键控制的电机起停,换向;

（2）第二层次,能够以 SPI/UART 等方式控制电机起停、驱动功率、停止位置等;

（3）第三层次,能够以算法计算 PWM 值,在负载变化时将转速控制在指定值;

（4）第四层次,能够以上位机控制两个以上的模块完成组合动作。

10　项目特色或创新

（1）创新使用电路板材料,榫卯拼接 3 维机械构件,元件焊接在构件上,实验室可制作。

（2）一个实际工程应用,覆盖单片机基础知识,以及协议设计、PID 控制等综合知识。

（3）一个优化例程,提升学生对汇编语言的兴趣。

5-8　智能驾驶自动泊车辅助系统（2018）

实验案例信息表

案例提供单位	华中科技大学		相关专业	电子信息工程	
设计者姓名	曾喻江	电子邮箱	zengyj@hust.edu.cn		
相关课程名称	智能硬件系统设计	学生年级	大四	学时（课内＋课外）	64
支撑条件	仪器设备	3D 打印机、机械雕刻机、稳压源、示波器、开关电源实验模块、基于麦克纳姆轮的底盘、J-LINK			
	软件工具	SolidWorks、Cura、Type31、KEIL、JSCOPE、Visual Studio、Matlab			
	主要器件	STM32 系列微控制器、DRV8701 驱动芯片、MP2451 开关电源芯片,SPX5205 线性电源芯片、直流电机			

1　实验内容与任务

实验项目的内容是在已有全向移动底盘机器人的基础上,设计实现一辆包含车载人工智能处理平台的智能驾驶车,并实现面向地面停车位的智能驾驶自动泊车辅助系统。当与停车位的距离不远时,智能驾驶车会探测停车位,只需按下自动泊车辅助系统的开关,智能驾驶车就会自动转向、加速或制动,实现自动泊车功能。

实验内容可分解为包含机械工程、电路与系统、嵌入式软件、计算机视觉等不同学科领域的实验任务,每个学科领域内也设计了分层次的实验任务。每位同学都可以选择符合自身专业背景和兴趣爱好的实验任务,并使用其他实验任务的标准模块,最终实现智能驾驶自动泊车辅助系统。这些实验任务包括:

（1）三维建模与 3D 打印;（2）平面 CAD 建模与机械雕刻;（3）整车装配;（4）直流电机驱动与反馈;（5）开关电源;（6）PID 负反馈;（7）基于麦克纳姆轮的底盘驱动;（8）图像分割;（9）相机位姿求解;（10）自动泊车。

2　实验过程及要求

(1) 尽可能广泛地了解智能驾驶领域热点问题和自动泊车辅助系统所使用的传感器方案,比较相应设计方案的优势与不足。

(2) 结合面向地面停车位应用场景,结合型材、板材特点与机械工程设计加工,广泛阅读、头脑风暴基于计算机视觉的智能驾驶自动泊车辅助系统设计要点,完成工业主流部件选型。

(3) 熟悉直流电机的驱动方法和 PID 负反馈算法,通过 PID 速度环来稳定控制各电机的转向和转速。了解 CAN 总线及其工作原理,学习麦克纳姆轮的运动原理,实现车载 PC 与嵌入式系统之间的通信接口,完成智能驾驶车底盘的平移、旋转基础动作的控制。

(4) 在车载人工智能处理平台上设计和实现基于 OpenCV 框架的基本计算机视觉算法。

(5) 设计全面有效的实地评测方案,撰写项目报告和答辩 PPT,面向包括业界评委在内的评委团充分展现智能驾驶自动泊车辅助系统。

3　相关知识及背景

智能驾驶是能够体现人工智能和机器人两大热点领域的热点应用,智能驾驶自动泊车辅助系统是最广为人知、收益最大的热门功能之一。实验项目在工业级部件基础上,提供了典型的机械工程、电路与系统、嵌入式软件、计算机视觉跨学科工程实验场景。

4　教学目标与目的

学生需要了解面向地面停车位的智能驾驶自动泊车辅助系统中对于机械工程、电路与系统、嵌入式软件、计算机视觉的工程需求,比较选择技术方案,构建测试环境与条件,通过测试与分析对项目作出技术评价,并能够充分阐述自己的产品。

5　教学设计与引导

本实验是一个十分完整复杂的工程实践项目,需要经历学习研究、方案论证、系统设计、实现调试、测试标定、设计总结等过程。在实验教学中,应在以下几个方面加强对学生的引导:

(1) 了解常见智能驾驶车,了解随着辅助驾驶功能要求的不同,在传感器选择、设计方法等方面的不同。

(2) 机加工实验过程中,要特别注意安全教育和安全流程的规范管理。

(3) 由于底盘的大部分机械结构和电路系统都是先行设计好的,所以学生需要在实验之前对该平台的硬件部分有比较全面的认识,包括安全使用注意事项、电源系统、悬挂减震式底盘、基于 CAN 总线的分布式电路、H 桥电机驱动电路和 PID 负反馈算法等。

(4) 由于手机自带相机的畸变已经经过校正,大部分同学并没有相机畸变的概念,因此通过对没有经过摄像头校正的图像进行观察,引导学生了解相机畸变。

(5) 由于本实验在 Ubuntu 平台下进行,需要同学们在实验之前对 Linux 操作系统有基本的认识,包括一些基本的操作指令,文件系统,了解进行软件编译需要的 cmake,gcc 等工具。

(6) 由于 OpenCV 视觉库函数功能较多,十分庞大,在实验教学过程中无法面面俱到地讲解库函数细节,要引导学生学习函数库的说明文档,学会通过文档查找需要的函数与功能,让学生不仅仅学会在本实验中需要用到的函数功能,还能在以后的工程实践中灵活地使用该工具。

(7)合理地为学生提供相关参考资料和示例代码,有助于学生养成良好的编程习惯并更好地使用 OpenCV 视觉库。

(8)车底盘是基于麦克纳姆轮进行设计的,其运动方式比较特殊,所以需要向学生介绍电机速度环反馈效果对平台运动控制的影响,必须在 PID 参数的整定完成之后再往后进行运动控制实验。

(9)由于底盘运动的最大功率较大,所以在测试过程中,需要先将底盘的四轮悬空,在底盘不接触地面的情况下进行测试。只有测试稳定后才允许底盘在地面上进行实际运动的测试。

(10)充分利用项目演讲、答辩、评讲的形式进行交流,促进学生对不同解决方案及其特点的了解。

6 实验原理及方案

智能驾驶车底盘整体结构、驱动电路结构、自动泊车辅助系统结构详见图 5-8-1~图 5-8-3。

(1)初步掌握 SolidWorks 简单零部件的建模,熟悉 3D 打印软件 Cura 的使用方法,熟悉 3D 打印机的使用流程。

(2)学会使用 Type31 生成刀路文件,熟悉雕刻机的使用步骤,了解不同材料板材对应的加工参数。设计并实现传感器安装件、电路保护件、整车装饰件。

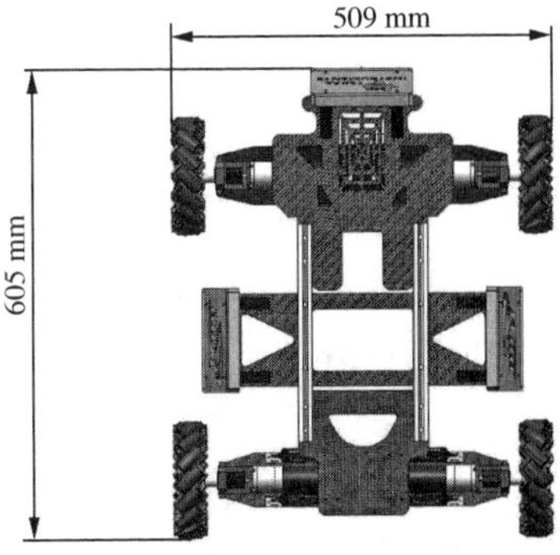

图 5-8-1 智能驾驶车底盘整体结构图

(3)使用相关工具完成智能驾驶车的悬挂、轮组、底盘、外设及个性设计件的装配,合理设计各种传感器的安装方式及位置。

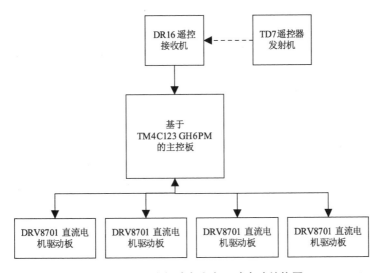

图 5-8-2 智能驾驶车底盘驱动电路结构图

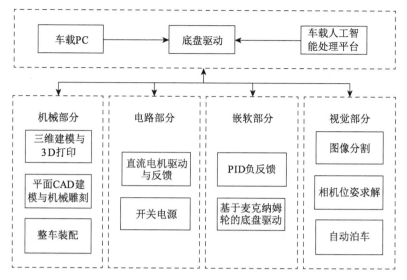

图 5-8-3　智能驾驶自动泊车辅助系统结构图

(4) 采用 H 桥驱动电路通过 PWM 控制电机的转向和转速,采用光栅式编码器通过正交方波信号得到电机的运动反馈信号,实现直流电机的驱动和反馈控制。

(5) 阅读开关电源相关的数据手册,根据给定的电源输出电压要求,计算并选取合适的反馈电阻,调试得到期望的开关电源输出电压值。

(6) 使用 PID 速度环的负反馈算法驱动直流电机,整定 PID 参数。

(7) 设计并实现麦克纳姆轮速度分解算法,通过模拟设定底盘的平移和旋转速度来构建智能驾驶车底盘运动控制系统。

(8) 对智能驾驶车传感器读取到的地面停车位图像进行基于颜色差别的阈值分割,提取分割后的图像轮廓,确定停车位边缘的四个角。

(9) 在图像分割结果的基础上,利用 Matlab 进行相机标定,调用 OpenCV,用 PnP 算法进行相机姿态的求解。

(10) 根据视觉算法解算出的位姿测量信息,控制智能驾驶车驶入停车位。

7　教学实施进程

整个实验项目可以分解为机械工程、电路与系统、嵌入式软件、计算机视觉等四个不同学科领域的 10 个实验任务。每个学生可以根据自身的专业背景和兴趣爱好选择对应的实验任务,并使用其他实验任务的标准模块最终实现智能驾驶自动泊车辅助系统。该实验项目鼓励学生跨学科组队以完成尽可能多的实验任务。

实验室提供"智能驾驶自动泊车辅助系统"基础平台,每个实验任务都会提供标准模块和大量的线上与线下学习资料。教师团队在讲解机械、电路、嵌软、视觉等部分的理论教学内容以外,会要求学生在课外广泛阅读教学资料,在实验室进行现场操作演示教学,组织跨学科分组研讨,鼓励学生课外时间进入实验室学习。所有实验任务都必须实物实地公开测试验收,鼓励学生自评互评。聘请助教进行辅导、答疑及辅助测评。

该实验项目内容前沿火热,需要与产业前沿对接,因此也特别重视实验项目成果的总结与答辩。学生实验项目评测结束以后,需要精心准备答辩材料,面对包括业界评委在内的评委团,充分展示自己的工作。鼓励学生采用包括但不限于论文、专利、社交视频传播在内的各种方式面向更多的受众展现、证明自己。

8 实验报告要求

实验报告需要反映以下工作:

(1)实验需求分析;(2)实现方案论证;(3)理论推导计算;(4)系统设计与参数选择;(5)系统测试方法;(6)实验数据记录;(7)数据处理分析;(8)实验结果总结。

9 考核要求与方法

每个实验任务都需要考核以下内容:

(1)实物验收:功能与性能指标的完成程度(如温度测量精度、控制精度),完成时间。

(2)实验质量:电路方案的合理性、焊接质量、组装工艺。

(3)自主创新:功能构思、系统设计的创新性,自主思考与独立实践能力。

(4)实验成本:是否充分利用实验室已有条件,材料与元器件选择的合理性,成本核算与损耗。

(5)实验数据:测试数据和测量误差。

(6)实验报告:实验报告的规范性与完整性。

整个实验项目完成以后组织答辩,需准备以下考核内容:

(1)测试视频:实验项目功能展示的科学性与完整性。

(2)答辩PPT:能否让听众充分了解、认可实验项目工作与贡献。

(3)项目附件:其他任何可以充分证明、支持实验项目工作价值的材料。

10 项目特色或创新

"人工智能"和"机器人"都是当前国家的重大战略需求。也是新工科建设背景下,包括电子信息类专业在内相关专业建设转型升级的重要方向。"智能驾驶自动泊车辅助系统"是能够充分体现人工智能和机器人两大热点领域的热点应用。该实验项目在本科阶段开设与推广,可提升学生解决复杂工程问题能力,是国内首创。

5-9 基于 Matlab / Simulink 软件代码生成功能的智能平衡车设计(2018)

实验案例信息表

案例提供单位	重庆大学电气工程学院		相关专业	电气工程及其自动化
设计者姓名	赵一舟	电子邮箱	cquzyz@163.com	
设计者姓名	罗凌雁	电子邮箱	luoly@cqu.edu.cn	

（续表）

设计者姓名	徐奇伟	电子邮箱	xuqw@cqu. edu. cn		
相关课程名称	智能平衡车设计	学生年级	大三	学时(课内＋课外)	32＋64
支撑条件	仪器设备	示波器、电源、电机			
	软件工具	Matlab/Simulink、Code Composer Studio(CCS)、Controlsuite			
	主要器件	XDS100V2 仿真器、F28069 口袋实验板、电池、直流电机驱动模块、陀螺仪模块、电压转换模块、电压检测模块、蓝牙串口模块、OLED 显示屏			

1 实验内容与任务

"智能平衡车设计"是建立在微处理器控制技术、电子技术、信号与系统、电力拖动自动控制系统等理论课程基础上的一门暑期综合实践课程。针对当下大学生培养过程中依然存在动手能力差、自主学习能力不强等问题,课程坚持加强科技实践环节,培养学生实践和创新能力的指导思想,充分利用学院现有本科学生开放实验室的优势,积极探索如何从以书面知识传授为主的教学模式转向以理论和实践综合培养为目标的教育模式,培养富有创新意识和实践能力的大学生。本课程旨在建立贯通电气工程及其自动化本科教学中主干课程知识理论的三学期制新型实践教学体系,使学生将所学理论课程在实践中加深理解;探索理论讲解＋工程实践＋创新探索三位一体的实践能力训练模式,着力提高学生工程素养和实践能力,促进学生创新意识的培养。

（1）基于 TMS320F28069 型 Digital Signal Processor(DSP)设计直流电机控制系统。

（2）理解并掌握陀螺仪模块、编码器等传感器的工作原理及其采样信号处理。

（3）利用 DSP 片内外设搭建闭环控制系统的硬件电路,掌握 DSP 最小工作系统及外设电路的设计方法。

（4）基于 Matlab/Simulink 搭建电机的控制模型,理解直流电机控制原理和控制转速的方法。

（5）掌握基于 Matlab/Simulink 的代码生成操作,并掌握在 Matlab/Simulink 中配置 TMS320F28069 型 DSP 的相关模块,根据实际需要进行参数设置。

（6）基于 Matlab/Simulink 搭建离散化仿真模型,并进行仿真验证。

（7）基于 Matlab/Simulink 的代码生成功能,将程序下载到目标 DSP 电路板卡中,验证控制模型的正确性。

2 实验过程及要求

实验前,复习微处理器控制技术、电子技术、信号与系统、电力拖动自动控制系统等理论课程,建立基于 DSP 设计直流电机调速控制系统的理论框架,自学陀螺仪模块、编码器等传感器的工作原理。

1) 实验过程

（1）在 Matlab/Simulink 中搭建模型,根据闭环调速要求合理设计离散化仿真模型。

（2）通过自动代码生成功能验证控制模型的正确性。

2）具体实验要求

（1）掌握配置 Matlab/Simulink 和 Code Composer Studio(CCS)软件的链接方法。

（2）基于代码生成功能设计直流电机的离散化闭环调速模型，完成智能车的自平衡。

（3）根据智能平衡车的控制要求，基于 Matlab/Simulink 设计加速、减速、寻迹、避障、蓝牙遥控等功能模型。

（4）分组进行智能平衡车测试比赛，并撰写设计总结报告。

3）实验后总结

总结代码生成的流程，思考代码生成和 C 语言编码的区别，比较不同小组实现智能平衡车控制方法的异同，思考实验遇到的问题及解决办法，根据实验的亲身感受完成实验报告。

3 相关知识及背景

为学生提供完善的电机控制算法快速原型开发平台，实现从算法设计到设计定型的工程化解决方案- DTP(From Development to Production)。电机控制 DTP 工程化解决方案的核心是基于模型的电机算法控制技术- MMC(Model-based Motor Control)，通过引入更加贴近工程实践的实验内容，使得学生可以更加深入理解 DSP 的工作原理。通过 Matlab/Simulink 的模型化设计，可以很好地提高系统开发效率和降低误码率。

4 教学目标与目的

通过串联多门本科教学主干课程的综合实验，使学生将所学理论课程融会贯通。通过引入更为贴近工程实践的实验内容训练，锻炼学生的动手能力，提高学生的工程素养和工程经验，并启发学生创造性地进行更具理论深度的研究。

5 教学设计与引导

本实验侧重培养学生了解智能平衡车从设计到装配的全过程，从而掌握电气控制系统的一般基础理论和简单结构工艺知识，对中等复杂程度电气设备的结构和原理有一个完整的概念。同时增强学生综合应用 DSP、传感器信号处理、数据观测和控制参数调试的能力，培养学生分析问题、解决问题的综合能力，在实际调试中理解理论原理，激发理论思考，使学生初步掌握本课程的工程设计方法和实际操作技能，并为后续专业课程的学习奠定基础。

根据学生自身特点和个性，采用"肯定-否定-肯定"的教学模式，把握培养过程的节奏，根据项目的进展和能力提升速度及时调整平衡车设计方案，采取灵活多样的培养方式，实施个性化教育。建立有效的激励机制，提高本科生从事创新活动的积极性，形成敢于创新、追求创新的学术氛围，促使创新人才脱颖而出。

教学设计的思路、目的：

（1）知识贡献：通过本课程的学习，使学生掌握扎实的电气工程学科基础理论与基本知识。

（2）能力贡献：通过理论学习和实验操作，使学生具备对各类基本电路、DSP 控制系统进行分析和设计的能力，培养学生电气工程领域所必须的专业技能；基于模型设计的发展与应用具有广阔的工程背景，通过理论分析与工程实例相结合的授课方式，培养学生分析并解决实际工程问题的基本能力;通过课堂讨论、设计评讲等,培养学生的组织协调、头口表达和交流沟通能力;智能平衡小车是众多专业课程设计应用的基础,与后续课程以及工程应用之间具有密切联系,通过布置相关联的拓展思考题,引导学生自行查阅文献资料、独立思考、解决问题,培养学生自主学习和获取知识的能力。

（3）素质贡献：新器件、新技术、新的应用需求的发展,也促进了基于模型设计的发展。通过这些背景知识的介绍,激发学生的学习兴趣,使其具有远大的理想、宽阔的视野、强烈的进取心。工程实践课程的显著特点是：理论严密、应用性强,具有广阔的工程背景。在整个教学过程中,通过启发式、研讨式的教学方法,潜移默化地培养学生善于思考、勤于钻研、富有探索和创新精神的专业素养;课程中涉及多学科交叉,基础概念多、分析方法多、系统性强,而授课对象是基础知识和工程意识都较为欠缺的一、二年级的学生,存在老师难教、学生难学的问题。通过激发学生兴趣、优化教学内容、改革教学方法和考核方法等方式,努力培养学生具有良好的心理素质,面对挫折和困难乐观向上的精神。

6 实验原理及方案

1）实验原理

当前 DSP 控制系统设计的发展方向是采用基于 Matlab/Simulink 模型化语言的 V 字形开发规范,如图 5-9-1 所示。分别是算法设计—模型搭建—代码生成—硬件在环调试—产品定型,实现控制算法的快速开发和验证,大大缩短了设计调试时间。

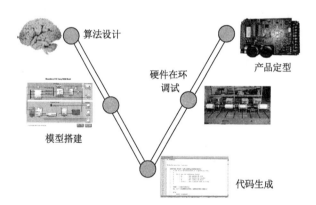

图 5-9-1 基于 Matlab/Simulink 模型化
语言的 V 字形开发规范

2）实验方案

打破传统的手写 C 语言代码开发 DSP 软件的方式,采用基于模型设计的代码生成方式进行控制系统的快速开发,在提高系统开发效率的同时也降低了系统软件的误码率。其中,控制系统的结构框图如图 5-9-2 所示,其中智能车设计的难点自平衡控制流程图如图 5-9-3 所示。

在调节调试各个子系统后,完成智能平衡车的组装,如图 5-9-4 所示。

在 Matlab/Simulink 软件中搭建平衡车功能模块及控制系统应用模型,生成.out 烧录文件,进行仿真及烧录,需要在实验中安装以下软件:

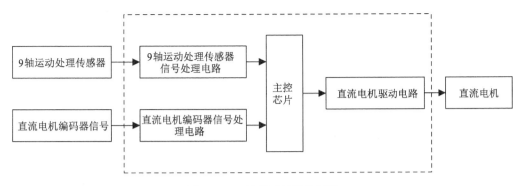

图 5-9-2　控制系统结构框图

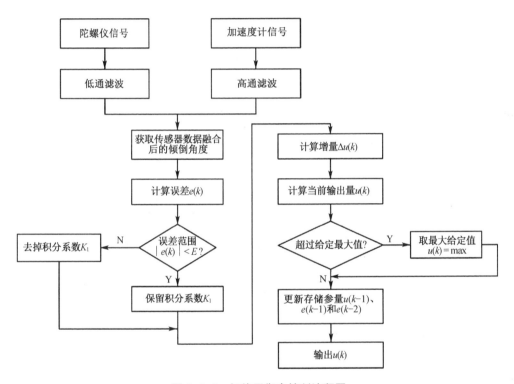

图 5-9-3　智能平衡车控制流程图

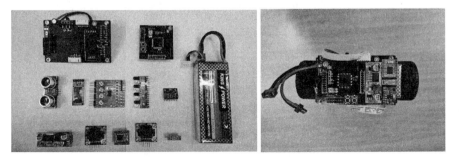

图 5-9-4　智能平衡车焊接与装配

（1）Matlab 2017a 及 NI 的 Matlab/Simulink 模型下载；

（2）CCS V6；

（3）Controlsuite。

软件安装后,根据实验指导书配置 Matlab/Simulink 和 CCS 的链接。

7 教学实施进程

本实践课程共有 32＋64 个学时,教学实施进程主要按以下四个步骤进行：

1) 前期准备

在实践课程开始之前,学生按要求完成实验分组(自由组队,每三名同学一组),分组完成以后,由指导教师布置智能平衡车的课程设计任务,使学生们明白课程的主要设计内容和设计难点,并要求学生根据任务提前复习微处理器控制技术、电子技术、信号与系统、电力拖动自动控制系统等理论课程,建立基于 DSP 设计直流电机调速控制系统的理论框架,自学和预习陀螺仪模块、编码器等传感器的工作原理。

2) 课堂理论教学(32 学时)

课堂理论教学主要分为以下四个专题：

（1）绪论(8 学时)

①实践类课程安全知识讲解、安全知识测试；②基于 DSP 的数字化控制介绍；③直流电机原理及驱动；④编码器原理。

（2）DSP 工作原理(8 学时)

①DSP 内部资源；②GPIO 功能；③三级中断机理；④PWM 输出功能；⑤ADC 采样功能。

（3）智能平衡车硬件电路设计(8 学时)

①DSP 工作系统设计；②接口电路设计；③传感器电路设计。

（4）基于 Matlab/Simulink 的代码生成模型化设计(8 学时)

①V 字形开发流程；②系统软件基本框架；③Matlab/Simulink 的代码生成模型设计。

3) 课外实践(64 学时)

学生分组进行智能平衡车的设计、焊接和调试,并结合现有平衡车完成感兴趣的扩展功能设计。

4) 结果验收

由指导教师对每组学生的平衡车进行测试、依照评分表进行打分,并进行趣味性测试比赛,表现优异的同学可以获得奖品。

8 实验报告要求

实验报告需要反映以下工作：

（1）实验需求分析：叙述代码生成的意义和作用,直流电机控制、传感器工作原理等。

（2）方案原理解析：分析基于模型设计的离散化控制系统原理,模型逻辑的严密性和整体性。

（3）控制模型设计：设计智能平衡车、寻迹等 Matlab/Simulink 模型,并且可以根据自已的理解增加其他辅助控制功能。

（4）设计仿真分析：代码生产前的仿真验证通过性，并逐步优化性能。

（5）问题错误分析：记录实验过程中遇到的各种问题，并将自己的解决方案和方案分析写到实验报告中。

（6）实验结果总结：对比分析基于模型代码生成方式与传统 C 语言设计控制系统的区别。

9　考核要求与方法

（1）实物验收：智能车能够保持自平衡，以及建立自平衡的反应时间。

（2）实验质量：Matlab/Simulink 模型的合理性、功能性、规范性和完善性。

（3）自主创新：功能实现性、模型的有效性以及模型的可读性和可移植性，自主思考与独立实践能力。

（4）实验深度：在智能平衡车的基础上，可增加加速、减速、停止、寻迹等功能。

（5）实验报告：实验报告的规范性与完整性，设计过程及实验调试总结。

10　项目特色或创新

本实验为学生提供了完善的电机控制算法快速原型开发平台，实现从算法设计到设计定型的工程化解决方案。通过 Matlab/Simulink 的模型化设计，很好地提高了系统开发效率、降低误码率。着重培养学生的综合设计能力、分析测试能力、科学创新能力和科学创新意识，推行启发式、鼓励式和问题-探究式的指导方式，把握控制培养过程的节奏，采用"肯定-否定-肯定"的培养模式，突出学生在学习中的主体性，引导本科生变被动性学习为主动性探究学习，激发他们参与科研实践的意识和发明创造的兴趣，启迪他们的发散性思维，拓展他们的专业学术视野，提升他们的知识综合应用能力、创新能力和工程实践能力。

5-10　自动追日太阳能发电系统设计(2019)

实验案例信息表

案例提供单位	南京邮电大学通达学院		相关专业	电气工程、自动化等专业	
设计者姓名	徐志伟	电子邮箱	xuzw@nytdc.edu.cn		
设计者姓名	丁旭东	电子邮箱	dingxd@nytdc.edu.cn		
设计者姓名	徐祖平	电子邮箱	xzp@njupt.edu.cn		
相关课程名称	控制系统课程设计	学生年级	大三	学时（课内＋课外）	32
支撑条件	仪器设备	万用表、数字示波器、电烙铁、焊锡			
	软件工具	Keil、Proteus、Protel 等			
	主要器件	光伏板、STC89C51、LM393、PCF8591、ULN2803、光敏电阻、28BYJ-48 型电机、18650 锂电池等			

1 实验内容与任务

设计一个自动追日太阳能发电系统,通过光敏电阻采集光照强度判断太阳方位,由步进电机驱动光伏板自动追踪太阳,将光能最大效率地转化为电能并储存以供使用。

1) 基本要求

(1) 设计出自动追日测光电路,能够采集光照判断太阳方位。

(2) 设计电机驱动电路,能够追踪太阳自动转动光伏电池板。

(3) 设计发电和储能电路,可以将光能转化为电能并存储在电池中。

(4) 设计供电电路,可以给本系统和外部设备稳定供电。

2) 提高要求

(1) 增加显示电路,由液晶显示器显示电压、电流和发电量等参数。

(2) 增加远程遥控功能,能远程和就地控制光伏电池板的转动。

(3) 增加自清洁、强风保护、冰雹大雪保护、夜间休眠等功能

2 实验过程及要求

(1) 预习和了解自动追日太阳能发电系统设计的过程,分析合理的太阳跟踪策略和太阳能发电设计理论。

(2) 开展自动追日太阳能发电系统总体设计,合理选择核心元器件或模块。

(3) 根据设计功能要求,设计各单元电路,设计光电电路、单片机控制电路、电机驱动电路、发电储能电路、供电电路等。

(4) 完成整个硬件电路的制作安装,并编写相关控制程序,对系统各模块进行联机调试,实现整机电路正常工作。

(5) 撰写设计总结报告,开展分组设计答辩,学习交流设计心得。

3 相关知识及背景

本实验设计的自动追日太阳能发电系统能自动跟踪太阳光线,保证太阳能电池板平面始终与太阳光线垂直,最大效率的利用光能进行发电存储以供使用,具有非常重要的工程应用意义。涉及光伏发电、储能技术、光电传感器技术、光电转化、模数信号转换、单片机控制、步进电机控制、参数显示、蓝牙技术等相关知识。

4 教学目标与目的

在完整的工程项目实现过程中引导学生掌握光伏发电、传感器技术、单片机、电机控制、蓝牙传输等知识。引导学生自主选择技术方案,体会项目实现的多样性,开展电路设计、编程、调试、实物制作等工作,训练学生的工程设计思维。

5 教学设计与引导

本实验是一个系统的工程设计项目,需要经历文献学习、方案论证、系统设计、实现调试、设计总结、讲演交流等过程。实验过程需给学生一些设计思路的启发,并在设计过程中给予适

当指导,鼓励学生进一步拓展功能。在教学过程中,应在以下几个方面对学生加强指导:

（1）学习太阳能自动追踪和光伏发电知识,了解自动追日控制方法、光伏发电技术、电机控制和单片机技术。

（2）围绕项目功能要求,开展光伏发电电路、自动追日电路、光电转换电路、AD转换电路、单片机控制电路,电机驱动电路的设计。

（3）简略介绍自动追光原理,引导学生组合多个光电传感器设计自动追日光电电路。

（4）在电路设计完成后,采用Proteus软件进行仿真,并根据仿真结果改进实验电路。

（5）根据系统所要实现的功能,编写完整的C语言程序,并进行调试,测试各项功能的完成度。

（6）对各个模块进行测试,组装为成品后再进行测试,检查是否满足预先所设想的效果。

（7）在实验完成后,组织学生以项目演讲、答辩、评讲的形式进行交流,了解不同的实现方案及其优缺点,扩宽知识面。

整个实验过程中注意学生设计的规范性,包括设计方法、电路绘制、电路搭建和调测等方面;注意方式方法的指导,调试过程中要引导学生观察光强、光照角度等对系统指标的影响,对电路稳定性和可靠性的影响。

6 实验原理及方案

1）系统总体结构

图5-10-1是系统的总体设计方案,主要模块包括:光伏发电和储能电路、电能供应电路、单片机控制电路、光电转换电路、AD转换电路、电机驱动电路等。具体方案是阳光照在光敏电阻上,通过光电转换变成电压值,输入AD转换电路进行转换,然后进行AD电压采样,输入单片机经处理后通过驱动芯片控制步进电机的正反转,使光伏板始终与太阳光线垂直,保持最大效率发电,并将电能存储在电池中,给系统自身和外部设备提供电源。

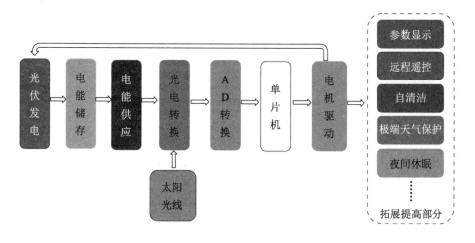

图5-10-1 系统总体设计方案

2）实现方案

（1）光伏发电和储能电路

图 5-10-2 为光伏发电和储能电路,光伏板将光能转化为电能,经过 DC/DC 转化电路将电能存储在 18650 锂电池中。

(2) 供电电路

18650 锂电池电压为 3.7 V,经过升压模块转换为 5 V 电压供系统内部使用,同时设置 USB 接口供外部设备,如手机、风扇、LED 灯使用。供电电路如图 5-10-3 所示。

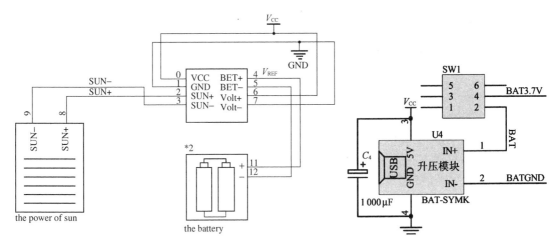

图 5-10-2　光伏发电和储能电路图　　　图 5-10-3　供电电路图

(3) 光电转换电路

图 5-10-4 为光敏电阻分布图,其中光敏电阻 A 对左方光线进行检测,当光线集中于光敏电阻 A 时,单片机控制驱动芯片驱动电机 M1 转动,使得电池板跟随光线左转。光敏电阻 B 对右方光线进行检测,当光线集中于光敏电阻 B 时,单片机控制驱动芯片驱动电机 M1 转动,使得电池板跟随光线右转。光敏电阻 C 与 D 对太阳垂直角度的变化进行检测,并将检测到的光线变化信号传输给单片机,单片机进行进一步处理后控制驱动芯片驱动电机 M2 的正反转,从而实现电池板垂直角度的调整。光电转换电路如图 5-10-5 所示。

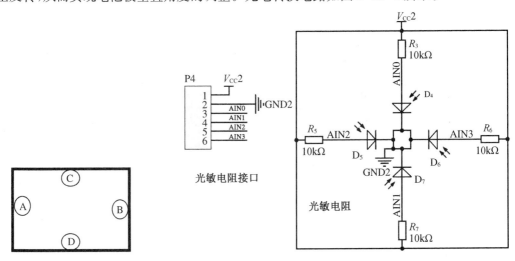

图 5-10-4　光敏电阻布置　　　图 5-10-5　光电转换电路图

（4）模数转换电路

图 5-10-6 为模数转换电路,光电转换电路所得到的信号为模拟信号,采用模数转换器将其转换为数字信号。模数转换电路包括信号输入、模数转换、模数电压采样和信号输出部分。

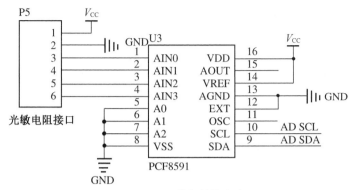

图 5-10-6　模数转换电路

（5）单片机控制电路

图 5-10-7 为单片机最小系统。选用 STC89C51 单片机,LED1、LED2 两个指示灯分别代表自动模式和手动模式;TX、RX 是串口通信接口即程序下载接口;KEY1～KEY5 代表 5 个按键,其中一个是手动和自动模式之间的切换,另外 4 个是手动模式下,手动控制电机的上下左右 4 个方向的转动。

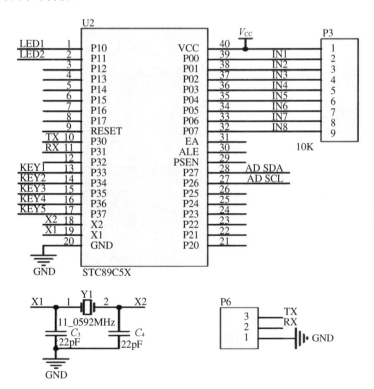

图 5-10-7　单片机最小系统

（6）步进电机驱动电路

本系统选用28BYJ-48 型电机,电压为 DC5V～DC12V。当对步进电机施加一系列连续不断的控制脉冲时,它可以连续不断地转动。驱动芯片采用的是 ULN2803,ULN2803 与步进电机的电路原理图如图 5-10-8 所示。该电路为反向输出型,即输入低电平电压,输出端才能导通工作。

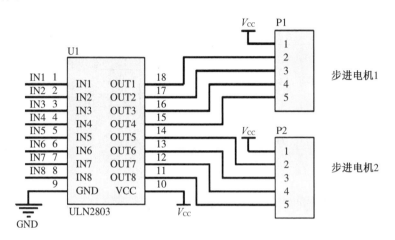

图 5-10-8　步进电机驱动电路原理图

（7）单片机外围电路

① 按键电路

图 5-10-9 为按键电路。S1 是手动和自动模式之间的切换,默认为自动模式,S2,S3,S4,S5 是手动模式下,利用手动按键来控制步进电机的正反转。

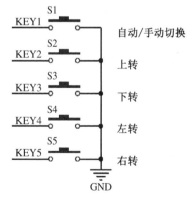

图 5-10-9　按键电路图

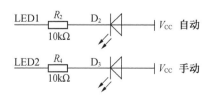

图 5-10-10　指示灯电路图

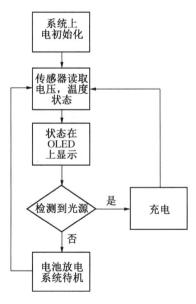

图 5-10-11　光伏发电和储能流程图

② 指示灯电路

图 5-10-10 为指示灯电路,系统默认为自动模式,接通电源后 LED1 亮,当按下 S1 按键时,切换成手动模式,LED2 亮。

(8) 系统软件设计

① 光伏发电和储能流程图如图 5-10-11 所示。

② 主程序模数转换

光电转换的电压值输入到 AD 模块后,经过 PCF8951 芯片里的电压采样,最后输出数字信号,再把信息传送给单片机,从而控制步进电机正反转。流程图如图 5-10-12 所示。

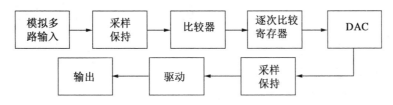

图 5-10-12 AD 模块流程图

③ 驱动电路子程序

图 5-10-13 为驱动电路程序流程图。本设计共有上下左右 4 个光敏电阻,在光照下就会产生电压,上边电压大于下边电压,或者手动模式下按下向下的按键,水平电机反转;若下边电压大于上边电压,或者手动模式下按下向上的按键,水平电机正转。同理,左边电压大于右边电压,或者手动模式下按下向右的按键,方位电机右转;若右边电压大于左边,或者手动模式下按下向左的按键,方位电机左转。

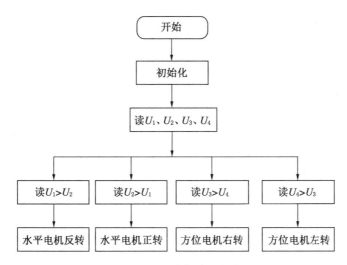

图 5-10-13 驱动电路程序流程图

(9) 系统实物平台搭建

机械部分主要由光伏发电板、转动轴、底座和步进电机等构成,光伏板由电机驱动,可使光伏板在水平方向和垂直方向上自由旋转。控制部分主要由单片机控制电路、光电转换电路、AD 转换电路、电机驱动电路、储能和供电电路等构成。跟踪系统机械结构用螺丝把一个控制方位的步进电机固定在底座上,然后在步进电机上安装转动轴、固定水平方向步进电机,在步进电机的转轴上安装光伏板和光敏电阻等部件。

(10)学生作品示例见图 5-10-14

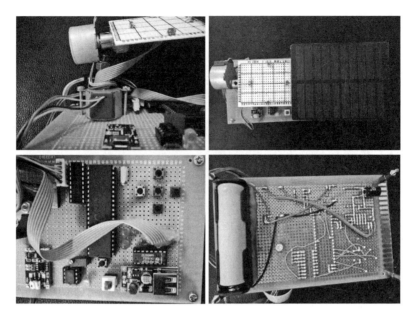

图 5-10-14 学生作品示例

7 教学实施进程

(1)介绍实验内容,布置设计任务;(2)查阅资料、理解电路硬件及程序设计知识;(3)完成各个模块电路设计及程序设计;(4)讲述装配、焊接方法及调试要求;(5)焊接电路板,完成相关电路及程序调试;(6)作品整体验收;(7)撰写报告、演讲答辩、讲评。

8 实验报告要求

实验报告需要反映以下工作:

(1)实验目的和意义;(2)实验任务分析;(3)总体方案及系统结构设计;(4)各模块电路图设计;(5)系统程序设计;(6)实验结果总结。

9 考核要求与方法

(1)实验报告:报告内容的规范性、实验报告与实验结果的一致性。

(2)实物功能:各实物电路模块功能的实现程度。

(3)实物质量:元器件的布局,焊接质量、布线美观。

(4)实验成本:实验耗材和元器件的成本。

(5)自主创新:电路和程序设计的创新性,自主思考与独立实践能力。

(6)演讲答辩:PPT 内容展示、表达能力、应变能力和回答的准确性。

考核评分表如下:

表 5-10-1　考核评分表

实验名称：<u>自动追日太阳能发电系统设计</u>　学生姓名：_____　学号：_____

考核项目	评分项目	单项分值			得分	小计	备注
		好	中	差			
实验报告 （20分）	报告规范性、排版	2	1	0			
	电路图	5	3	0			
	程序设计	5	3	0			
	程序调试	5	3	0			
	报告与实验结果一致性	3	1	0			
实物功能 （30分）	系统功能实现	8	5	0			
	光伏发电和储能电路	4	2	0			
	供电电路	2	1	0			
	光电转换电路	3	2	0			
	模数转换电路	3	2	0			
	单片机控制电路	4	3	0			
	步进电机驱动电路	3	2	0			
	单片机外围电路	3	1	0			
实物质量 （10分）	元器件布局	3	2	0			
	焊接质量	4	2	0			
	布线美观	3	2	0			
实验成本 （10分）	元器件清单	3	1	0			
	是否损坏仪器	4	2	0			
	元器件及耗材费用	3	2	0			
自主创新 （20分）	功能创新	10	6	0			
	电路/程序设计创新	5	3	0			
	自主思考能力	5	3	0			
演讲答辩 （10分）	PPT 内容展示	3	2	0			
	表达能力	2	1	0			
	思路清晰、应变能力	2	1	0			
	回答的准确性	3	1	0			
教师签字：							

10　项目特色或创新

自动追踪太阳发电系统是世界范围内的研究热点。本实验涉及较多的内容：光伏发电、光电传感器、单片机、模拟电路、数字电路、电机控制、C 语言知识,可锻炼学生综合应用知识的能力。

5-11　人体颈部弯曲状态实时监测系统的设计(2019)

实验案例信息表

案例提供单位		重庆大学		相关专业		电气电子类	
设计者姓名		王　唯	电子邮箱	cqu_ww@126.com			
设计者姓名		陶成伟	电子邮箱	717036393@qq.com			
设计者姓名		肖　馨	电子邮箱	2300811805@qq.com			
相关课程名称		单片机测控系统综合设计	学生年级	大三	学时(课内)		32
支撑条件	仪器设备	电脑、液态金属电路打印机、固态电路快速打印机、LCR 电桥、数字示波器、万用表、电路焊接工具等					
	软件工具	Altium Designer、Proteus、MDK、打印机配套控制软件					
	主要器件	STM32F103CBT6、ADS1220、迪文串口屏、J-Link 仿真器					

1　实验内容与任务

(1) 完成 STM32 内部 ADC 实验：根据提供的单通道 ADC 采集例程,完成 2 通道 ADC 定时采集实验要求。

(2) 可穿戴式柔性传感器的设计：设计一种可穿戴式的人体颈部弯曲度检测传感器,可贴合人体颈部表面随动测量其弯曲度。

(3) 数据测控系统的设计：以颈部弯曲度检测传感器为对象,以 STM32 为核心控制单元,设计数据采集和处理系统,实现传感器数据的实时监测。

(4) 应用性功能性设计：通过迪文串口屏上位机实时模拟显示被测对象弯曲度状态动画。

2　实验过程及要求

(1) 复习单片机原理及应用(STM32)的基础知识,完成基于 STM32F103CBT6 的片内 ADC 的测控系统基础实验,要求完成 2 路外部通道定时采集实验。

(2) 以电阻式应变片传感器电路为基础,设计并制作可测量人体颈部弯曲度的柔性可穿戴传感器,要求单个传感器尺寸小于 3 cm×15 cm,弯曲极限为±45°以上。

(3) 以直流电压源单臂电桥为基本测量电路,结合 ADC 芯片 ADS1220,设计上述传感器测量电路(含滤波、放大),建立测量电路数学模型并分析。测量电路最低要求:弯曲度测量范围为 $-30°\sim+30°$,测量精度为 5°。

(4) 以 STM32F103CBT6 为核心控制单元,通过编程实现传感器测量电路数据采集(SPI 总线方式)及处理、上位机通信(串口方式)等,实现上位机实时模拟显示被测对象弯曲度状态动画的功能,最少实现 13 帧动画模拟。

(5) 为供电方便,采用 5 V 手机充电器 USB 供电方式,需要设计板载电源系统。

(6) 拓展部分:基于上述功能要求,设计新应用功能并实现,例如多路弯曲度采集处理、颈部姿势矫正提醒功能等。

(7) 撰写设计总结报告,并通过分组汇报进行考核。

3 相关知识及背景

人体颈部弯曲状态实时监测系统这一项目,是基于人体姿态捕捉技术提出的,主要可应用于人体运动状态监测、仿人动画制作、可穿戴式健康医疗设备、机器人训练等。该项目是一个综合了传感器技术、电路原理、数/模电技术、单片机控制设计及通信技术等基础课程知识,去设计实现具有趣味性、创新性功能的单片机测控系统综合设计的典型案例。引入最新的柔性传感器制备技术和电路板快速打印技术,激发学生设计兴趣。设置技术难点,模拟实际应用产品开发环境,引导启发学生进行应用型开发,训练学生实际应用设计思维和动手实践能力。其中:

(1) 针对柔性可穿戴传感器的设计和制备:采用了最新的柔性电路制造平台,该平台采用液态金属材料与柔性硅胶基材,学生可自行设计并制作柔性传感器电路。

(2) 针对系统电路的设计:采用了最新的电路板快速制造平台,该平台采用低熔点固态金属与 ABS 塑料基材,通过增材方式实现 PCB 板的快速制作,学生可自行设计并全程制作硬件电路。

(3) 针对传感器数据的采集和转换:学生可通过对传感器及测量电路的设计和分析,将传感器技术与电子电路设计技术应用到实际工程中,并通过片内 ADC 和片外 ADC 的实验分析对比,灵活掌握 ADC 的工程应用设计技巧。

(4) 针对传感器数据处理与上位机动画模拟:学生需要通过对 STM32 编程以及硬件接口设计实现微处理器对外部数据的读取、转换、划分、映射以及上位机的显示、虚拟按键捕捉等,其中涉及控制策略设计、数据标定、数据处理、数据转换、数据控制、SPI 总线和串口通信等知识。

4 教学目标与目的

(1) 在电子系统设计知识点训练方面:主要训练学生掌握传感器的设计、基本测量电路的设计、单片机片内 ADC 的使用、小信号模数转换电路的设计、基于 STM32 的控制系统设计、基于 SPI 总线和串口通信的设计、基于液晶显示屏的上位机控制等知识的灵活应用。

(2) 在综合能力训练方面:将经典测控电路设计基础知识与先进电子电路实现技术相结合,设置实际工程应用设计难点,训练学生对新技术和新知识的掌握能力、实际工程应用综合设计能力与动手实践操作能力。

(3) 在创新创业思维培育方面：引入创新性电路制造技术,激发学生学习兴趣,拓宽学生创新创业眼界,引导学生拓展设计思维。

5 教学设计与引导

本实验是一个创新性系统设计工程实践项目,学生需要经历对电路制造新技术的学习、整体方案设计、模块化功能设计实现、系统调试、试验测试、设计总结等过程。在实验教学中,应从以下几个方面加强对学生的引导：

(1) 基于 STM32 内部 ADC 的资源介绍、控制方法学习,主要是多路外部通道 ADC 的定时采集实现,要求学生完成 2 路外部通道定时采集实验。

(2) 能够测量人体颈部弯曲度的柔性可穿戴传感器贴片的设计,引导学生采用应变片设计原理,并采用最新的液态金属柔性基材打印技术实现其结构。柔性应变片的电阻值会随人体颈部活动产生的机械形变而发生变化,即可通过一定的方法转化成颈部弯曲度的测量数据。

(3) 引导学生采用直流电压源单臂电桥作为基本测量电路,实现传感器原始物理信号到电信号的转换。根据精度要求设计电桥参数,通过对传感器及电桥的数学建模计算、输出测试与标定实验,分析其输出信号。

(4) 测量电路原始信号杂波可采用硬件低通滤波器滤除,讲解低通滤波器的设计,引导分析滤波器输出信号。

(5) 根据信号测量精度和变化范围分析结果,以及硬件低通滤波器输出信号类型分析结果,对比 STM32 内部 ADC 与外设 ADC(以 ADS1220 为例)的区别,引导选择基于 ADS1220 的实现方案。通过分析可发现,经过直流电压源单臂电桥和低通滤波电路输出的信号为毫伏级别的差分信号,STM32 内部 ADC 是无法处理的,所以需要用到外设 ADC(例如 ADS1220)。此时,为学生提供 STM32F103CBT6 最小系统和 ADS1220 外设电路,如图 5-11-1 所示,所有 I/O 口均引出接口,并分析讲解其设计原理。

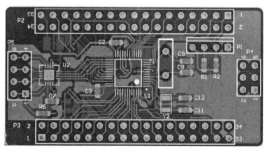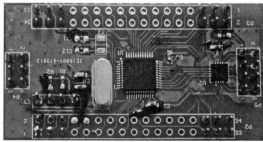

图 5-11-1　给学生提供的 STM32 核心板和 ADS1220 外设电路

(6) 讲解 ADS1220 的功能应用和设计使用方法,引导学生采用 SPI 总线方式对 ADS1220 进行控制,并对其输出数据进行读取并输入给 STM32。

(7) 引导学生对 STM32 采集到的 ADS1220 的输出数据进行分析和处理,主要是数据格式的处理、数据转换、数据与弯曲度的标定方法等。为学生提供基于串口通信方式的迪文串口屏(含动画图片库)以及 J-Link 仿真器,如图 5-11-2 所示。

图 5-11-2　给学生提供的迪文串口屏和 J-Link 仿真器

（8）布置整体测控系统编程任务，包括 ADS1220 的控制及数据拉取、转换、划分、映射，以及上位机迪文串口屏的动画显示、虚拟按键捕捉等，要求完成上位机实时模拟显示被测对象弯曲度状态动画的功能。

6　实验原理及方案

（1）系统结构

人体颈部弯曲状态实时监测系统结构图如图 5-11-3 所示，其包括柔性传感器、测量电桥、低通滤波器、ADS1220 电路、STM32 核心板、迪文串口屏以及电源系统。

（2）实现方案

传感器贴片采用栅线式电阻应变片结构，该类传感器轴向灵敏度较高，适用于测量顺应轴向变化的弯曲度。传感器贴片实物如图 5-11-4 所示。传感器贴片尺寸设计小于 3 cm×15 cm，以适应应

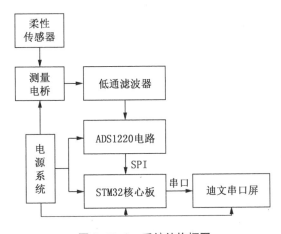

图 5-11-3　系统结构框图

用场合。通过传感器电阻值与弯曲度标定实验，得到原始数据标定测试及结果，如图 5-11-5 所示。

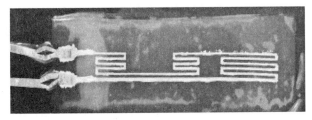

图 5-11-4　传感器贴片实物

传感器基本测量电路采用直流电压源单臂电桥，其电路原理图如图 5-11-6 所示。

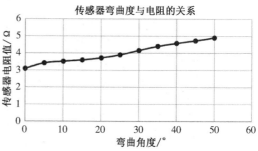

传感器弯曲度与电阻的关系

图 5-11-5　传感器电阻值与弯曲度标定测试及结果图

测量电桥输出电压可表示为：

$$U_{\circ} = E\left(\frac{R_2}{R_1 + R_2} - \frac{R_4}{R_3 + R_4}\right)$$

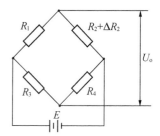

在不考虑温度变化对电阻影响的前提下，若电路中 R_1、R_3、R_4 的阻值固定时，R_2 的常态电阻能使无形变时的力达到平衡，即输出电压为零，因此可以得出无形变时的力的平衡条件为：

$$R_1 \cdot R_4 = R_2 \cdot R_3$$

图 5-11-6　直流电压源
单臂电桥模型

当金属线路拉伸时，R_2 上的电阻变化为 ΔR_2，则电桥的输出电压为：

$$U_{\circ} = E\left(\frac{R_2 + \Delta R_2}{R_1 + R_2 + \Delta R_2} + \frac{R_4}{R_3 + R_4}\right) = E \cdot \frac{(R_3/R_4)(\Delta R_2/R_2)}{\left(1 + \frac{\Delta R_2}{R_2} + \frac{R_1}{R_2}\right)\left(1 + \frac{R_3}{R_4}\right)}$$

设桥臂比 $n = R_1/R_2$，由于 $\Delta R_2 \ll R_2$，分母中 $\Delta R_2/R_2$ 可以忽略，上式可以简化为(其中 E 可选择 3.3 V)：

$$U_0' \approx E \frac{n}{(1+n)^2} \cdot \frac{\Delta R_2}{R_2}$$

提供的 AD 转换芯片方案是基于 ADS1220 的。ADS1220 是一款精密 24 位模数转换器(ADC)，所集成的多种特性能够降低系统成本并减少小型传感器信号测量应用中的组件数量。该器件具有通过输入多路复用器(MUX)实现的两个差分输入或四个单端输入，一个低噪声可编程增益放大器(PGA)，两个可编程激励电流源，一个电压基准，一个振荡器，一个低侧开关和一个精密温度传感器。此器件能够以高达 2 000 次/s 采样数据速率执行转换，并且能够在单周期内稳定。针对噪声环境中的工业应用，当采样频率为 20 S/s 时，数字滤波器可同时提供 50 Hz 和 60 Hz 抑制。内部 PGA 提供高达 128 的增益。此 PGA 使得 ADS1220 非常适用于小型传感器信号测量应用，例如电阻式温度检测器(RTD)、热电偶、热敏电阻和阻性桥式传感器。该器件在使用 PGA 时支持测量伪差分或全差分信号。此外，该器件还可配置为禁用内部 PGA，同时仍提供高输入阻抗和高达 4 V/V 的增益，从而实现单端测量。如图 5-11-7 所示，为测量转换电路原理图，包括测量电桥、低通滤波器、ADS1220 及其驱动电路。

采用 SPI 总线方式对 ADS1220 进行控制，并对其输出数据进行读取，再输入给 STM32。对 STM32 采集到的 ADS1220 的输出数据进行分析和处理，主要是数据格式的处

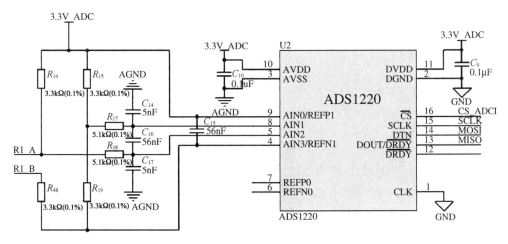

图 5-11-7 测量转换电路原理图

理、数据与弯曲度的标定等。采用串口通信方式控制和接收迪文屏输入/输出数据,以实现上位机和下位机的通信,实现上位机实时模拟显示被测对象弯曲度状态动画。系统程序控制流程图如图 5-11-8 所示。

通过硬件电路设计制作和软件程序设计开发,可以实现弯曲度实时采集模拟动画显示功能,系统功能测试演示如图 5-11-9 所示。

7 教学实施进程

(1)教学实施进程如表 5-11-1 所示。

表 5-11-1 教学实施进程表

教学时间(课内)	教学内容
第 1～4 学时	引导学生复习单片机原理及应用(STM32)的基础知识,指导学生完成基于 STM32F103CBT6 的片内 ADC 实验(2 路外部通道定时采集)
第 5～8 学时	提出人体颈部弯曲状态实时监测系统,分析系统功能要求,组织讨论技术路线
第 9～12 学时	指导学生完成柔性传感器的设计、制作与标定测试
第 13～16 学时	指导学生完成测量电桥的设计与滤波器的设计,并进行分析。引导学生分析 STM32 片内 ADC 在该项目上实现的可行性,提出 ADS1220 方案,引导学生学习基于 ADS1220 的 ADC 电路设计(向学生发放 STM32 最小系统和 ADS1220 采集电路的集成板)
第 17～20 学时	指导学生完成电源系统、测量电桥、外设 ADC、主控电路的制作
第 21～24 学时	指导学生编程完成 STM32 对 ADS1220 的数据读取,并进行数据采集测试和标定测试
第 25～28 学时	指导学生使用迪文串口屏及其动画实现方法,布置剩余编程任务(向学生发放迪文串口屏)
第 29～32 学时	指导学生进行系统综合调试,检查项目完成结果

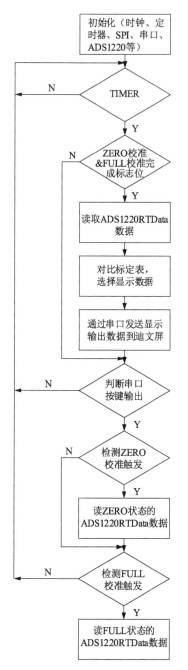

图 5-11-8 系统程序控制流程图

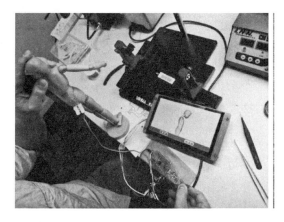

(a)

(b)

图 5-11-9 系统功能测试演示

（2）分组形式：1 人 1 组。

如图 5-11-10 所示，为教学现场。

(a)

(b)

图 5-11-10　教学现场

（3）实验室提供资源

① STM32 最小系统和 ADS1220 采集电路的集成板（1 人 1 份）；

② 迪文串口屏（带动画图片库，多组公用）。

（4）学生完成部分

① 基础 STM32 的 ADC 实验：2 路外部通道定时采集实验；

② 柔性应变电阻传感器的设计、分析与制作；

③ 电桥测量电路的设计；

④ ADS1220 采集转换电路的设计；

⑤ 电路电源系统的设计；

⑥ 基板电路与核心集成板、迪文屏、传感器、电源等外部接口的设计；

⑦ 基板电路的整体设计与制作；

⑧ STM32 与 ADS1220、迪文串口屏的通信和控制策略通过编程实现。

如图 5-11-11 所示为主控电路板。

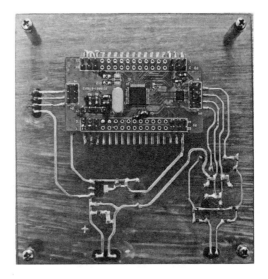
图 5-11-11　主控电路板

8　实验报告要求

实验报告需要反映以下工作：

（1）项目背景及意义。（2）系统功能分析。（3）整体方案设计。（4）各功能模块设计。（5）硬件设计。（6）程序设计。（7）系统功能调试记录。（8）成品展示及验收。（9）设计思路及设计方法总结。

9 考核要求与方法

采用最终答辩和实物展示的考核方式,考核内容与考核标准如表 5-11-2 所示。

表 5-11-2 考核内容与考核标准

序号	考核内容	考核指标	分数
1	基于 STM32F103CBT6 的片内 ADC 实验	完成 2 路外部通道定时采集实验	5
2	柔性传感器的设计、制作与测试	尺寸小于 3 cm×15 cm,弯曲极限为±45°以上	10
3	测量电桥的设计与制作,滤波器的设计分析	测量范围为−30°～+30°,测量精度为 5°,滤波器的计算分析	10
4	ADC 方案分析与 ADS1220 电路的分析	片内 ADC 与片外 ADS1220 性能对比,ADS1220 的设计详解,包括模式控制、输出控制、数据解析等	15
5	整体主控电路的设计与制作	电源电路、电桥电路、各个外接接口、与集成板接口的设计、制作与焊接	15
6	STM32 对 ADS1220 的控制与数据采集	弯曲角度、对应 ADC 采样值及测量结果	20
7	迪文串口屏动画显示控制	动画的控制实现,包括输出控制和输入控制	5
8	测控数据指标提高及系统功能扩展	精准的弯曲度测试、应用性功能的开发	10
9	实验报告	内容完整性、过程描述正确性、总结体会	10
	合　　计		100
最终成绩采用五级制(优:90～100;良:80～89;中:70～79;合格:60～69;不合格:0～59)			

10 项目特色或创新

本项目特色和创新点在于:

(1)以创新性项目和最新科技为载体,激发学生学习兴趣,拓宽学生创新创业眼界,引导学生拓展设计思维。

(2)将经典测控电路设计基础知识与先进电子电路实现技术相结合,训练学生掌握新技术的能力、工程应用项目开发综合设计能力与动手实践能力。

(3)通过模拟实际工程应用设计场景的设置,让学生灵活应用所学知识、快速查找新的解决方案、快速学习新的应用技术,训练学生的工程设计思维和素养。

5-12 LoRa 无线通信系统设计(2019)

实验案例信息表

案例提供单位	西安电子科技大学		相关专业	通信工程,信息工程
设计者姓名	易运晖	电子邮箱	yhyi@mail.xidian.edu.cn	
设计者姓名	何先灯	电子邮箱	xdhe@mail.xidian.edu.cn	

设计者姓名	贺小云	电子邮箱	xyhe@mail.xidian.edu.cn		
相关课程名称	综合应用开发实验	学生年级	大四	学时（课内＋课外）	32
支撑条件	仪器设备	电源、信号源、示波器、频谱仪、单片机开发板			
	软件工具	IAR,Keil			
	主要器件	常规阻容,无线通信模块,天线			

1　实验内容与任务

实验包含 3 个阶段性任务及最终的演示验收,每个阶段的难度依次增加,鼓励学生全部完成,完成的阶段是考核的一个标准。

(1) LoRa 无线模块的使用：学习 LoRa 技术的工作原理,学习单片机 SPI 接口编程,掌握 LoRa 通信模块的硬件接口工作原理,编写 LoRa 接口程序,实现 LoRa 点对点通信。

(2) LoRa 通信模式选择与比较：深入分析 LoRa 的通信模式,分析各通信模式的特点,比较不同扩频因子的通信距离、通信速率,完成简单长距离(5 km)LoRa 点对多点通信系统的设计。

(3) LoRa 点对多点系统设计：学习通信网络相关知识,针对 LoRa 的通信特点,设计简单的无线通信网络组网协议,实现多于 100 个节点的 LoRa 通信系统。

2　实验过程及要求

(1) 复习通信网络相关知识,了解不同无线通信网的拓扑和组织方式,Ad-Hoc 和 WSN 常用的路由协议及其特点。

(2) 了解多种常用的无线通信标准,包括蓝牙、ZigBee、Wi-Fi、GPRS、NB-IoT 等,对比其通信频段、带宽、速率、应用场合等特点。

(3) 选择适当通信模式和设计协议,力争实现长距离和组网通信。

(4) 方案要考虑系统和协议的测试方案和测试接口,以便系统调试和测试。

(5) 软件编写尽量模块化和标准化,按规范添加注释。

(6) 硬件电路设计注意电磁兼容。

(7) 使用频谱仪进行通信实际信号的测量,注意系统阻抗。

(8) 撰写设计总结报告,并通过分组演讲,学习交流不同解决方案的特点。

3　相关知识及背景

这是一个运用电子信息工程类专业所学到的知识技术解决现实生活和工程实际问题的典型案例,需要运用单片机、高频电子线路、通信原理、信号与系统、数字信号处理等相关知识与技术方法,学会设计实际通信系统。项目涉及无线电频谱测量、网络测量、系统容量及抗干扰等工程概念与方法。

4　教学目标与目的

实验题目面向工程实际问题,引导学生了解和认识通信系统的复杂性,并通过综合运用相关专业知识,组队实践通信系统的设计和实现过程。实验旨在培养学生的实际工程素质、创新意识和团队协作能力。

5 教学设计与引导

本实验是一个比较完整的工程实践项目,需要经历学习研究、方案论证、系统设计、实现调试、设计总结等过程。在实验教学中,应在以下几个方面加强对学生的引导:

(1) 学习无线通信的基本标准,了解各无线通信标准在频率、带宽、信道速率等方面的不同。

(2) 无线自组网采用分布式架构,具有灵活、易用、易扩展等特点,各组网算法在网络拓扑、链路要求、业务性能等方面存在很大的差异,后续的网络层和应用层也要根据应用需求来设计;一般来说,常用的应用场合都有相应的国际标准。

(3) 实验第一项要求是实现简单的点对点通信,即完成对信标台数据的接收并确认信息。这项任务需利用提供的 SPI 接口程序和 LoRa 通信接口程序,完成 SPI 接口的硬件连接、更改通信模式并修改程序完成任务。

(4) 实验第二项任务是完成 5 km 的长距离通信,需要根据 LoRa 模块的接收灵敏度和发射功率,计算链路预算,并选择合适的天线、通信模式。

(5) 实验的最后一项任务是完成无线通信网络的设计,通常网络中存在一个网关,各个节点均将数据发送给网关;分析轮询法和时间片法的优缺点,设计自己的通信组网协议。

(6) 在电路设计,特别是 PCB 设计的过程中,必须考虑电磁兼容问题,特别是电源和地线的抗干扰问题。在教学过程中,主要介绍退耦、地线拓扑等基本原则,检查中要特别注意PCB 的电磁兼容问题。

(7) 在实验完成后,可以组织学生以项目演讲、答辩、评讲的形式进行交流,了解不同解决方案及其特点,拓宽知识面。

在设计中,要注意学生设计的规范性,如软件模块化、协议测试接口;在调试中,要注意工作电源品质对系统指标的影响,电路工作的稳定性与可靠性;在整个过程中,强调对学生基本工程素质的培养,纠正学生上电次序颠倒、带电焊接和插拔元件等常见错误;在最后的测试和结果分析中,要分析理论和实际结果的差别和原因。

6 实验原理及方案

系统框图如图 5-12-1 所示,主要由无线通信电路、按键、液晶模块和 STM32/MSP430 系统组成。

1) LoRa 无线通信模块(详细资料请参考 LoRa 设计手册)

LoRa 是 Semtech 公司推出的应用于低成本 WSN 的超远距离无线传输解决方案,其工作在低于 1 GHz 的频率下,有 109 MHz、433 MHz、866 MHz 等工作频率。LoRa 使用新型的扩频调制技术,可以自定义不同的传播

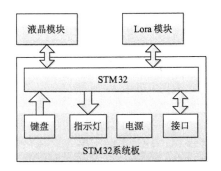

图 5-12-1 系统框图

因素和不同的带宽以适应不同的传输距离和数据要求。由于 LoRa 技术在功耗、无线传输距离、组网能力、穿透力等方面有着极大优势,SX1278 LoRa 无线通信模块的外形如图 5-12-2 所示。

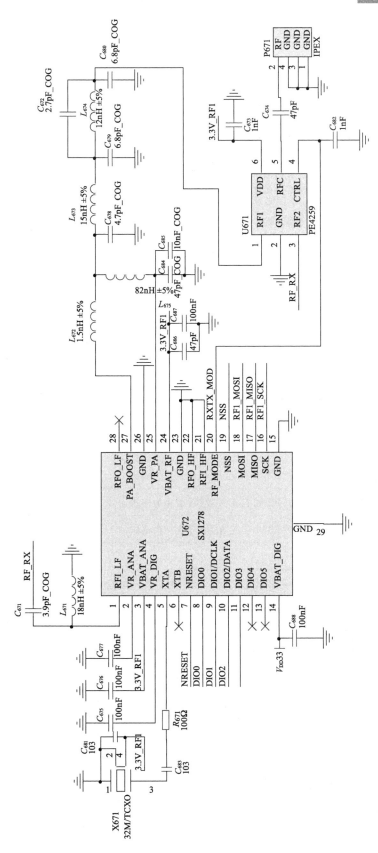

图 5-12-2 SX1278 模块电路图

LoRa 无线通信模块的电路图如图 5-12-3 所示。

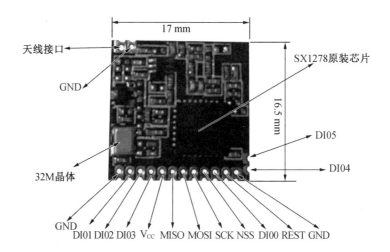

图 5-12-3　SX1278 模块外形图

LoRa 无线通信模块的各引脚具体功能描述,如表 5-12-1 所示。

表 5-12-1　SX1278 LoRa 通信模块引脚定义

序号	名称	类型	功能描述
1	GND	电源	电源地
2	DIO1	输出	数字 IO,可自定义,通常定义为输出
3	DIO2	输出	数字 IO,可自定义,通常定义为输出
4	DIO3	输出	数字 IO,可自定义,通常定义为输出
5	VCC	电源	电源,3.3 V
6	MISO	输出	SPI 数据输出
7	MOSI	输入	SPI 数据输入
8	SCK	输入	SPI 数据时钟
9	NSS	输入	SPI 片选
10	DIO0	输出	数字 IO,可自定义,通常定义为输出
11	REST	输入	复位
12	GND	电源	电源地

2) 参考设计电路(详细资料请参考示例程序的注释)

参考设计采用 MSP430G2553 的 LauchPad,LoRa 模块的主要引脚和 MCU 引脚的对应关系如表 5-12-2 所示。

表 5-12-2　主要引脚和 MCU 引脚对应关系

接口	名称	MCU 引脚	功能描述
LoRa	MISO	P2.1	SPI 数据输出
	MOSI	P2.2	SPI 数据输入
	SCK	P2.0	SPI 数据时钟
	NSS	P1.4	SPI 片选
	DIO0	P1.6	数字 IO,可自定义,通常定义为输出
	REST	P1.5	复位
LED	LED1	P1.0	红色 LED
	LED2	P1.6	绿色 LED
KEY	KEY0	P1.3	按键 S1
OLED	SCL	P2.3	液晶 SCL
	SDA	P2.4	液晶 SDA
	RST	P1.7	液晶 RST
	DC	P2.5	液晶 Data/Command

3) LoRa 通信模式(详细资料参考 SX1276/SX1278 设计手册)

LoRaTM 调制解调器采用扩频调制和前向纠错技术。与传统的 FSK 或 OOK 调制技术相比,这种技术不仅扩大了无线通信链路的覆盖范围,而且还提高了链路的鲁棒性。表 5-12-3 列明了几种 LoRaTM 调制解调器的工作模式及性能,可以通过调整扩频因子和纠错率这两种设计变量,从而在带宽占用、数据速率、链路预算改善以及抗干扰性之间达到更好的平衡。

表 5-12-3　LoRa 工作模式及性能

带宽/kHz	扩频因子	编码率	标称比特率/(b/s)	灵敏度/dBm	参考频率
10.4	6	4/5	782	−131	TCXO
	12	4/5	24	−147	
20.8	6	4/5	1 562	−128	
	12	4/5	49	−144	
62.5	6	4/5	4 688	−121	XTAL
	12	4/5	146	−139	
125	6	4/5	9 380	−118	
	12	4/5	293	−136	

LoRa 扩频调制技术采用多个信息码片来代表有效负载信息的每个位。扩频信息的发送速度称为符号速率(Rs),而码片速率与标称符号速率之间的比值即为扩频因子,其表示每个信息位发送的符号数量。LoRa 调制解调器中扩频因子的配置见表 5-12-4。

表 5-12-4　LoRa 扩频因子配置

扩频因子(RegModulationCfg)	扩频因子(码片/符号)	LoRa 解调器信噪比(SNR)
6	64	−5 dB
7	128	−7.5 dB
8	256	−10 dB
9	512	−12.5 dB
10	1 024	−15 dB
11	2 048	−17.5 dB
12	4 096	−20 dB

增加信号带宽,可以提高有效数据速率以缩短传输时间,但这是以牺牲部分接收灵敏度为代价。当然,多数国家对允许占用带宽都设有一定的约束。FSK 调制解调器描述的带宽是指单边带宽,而 LoRa 调制解调器中描述的带宽则是指双边带带宽(或全信道带宽)。表 5-12-5 中列出了 LoRa 调制解调器在多数规范约束下的带宽范围。

表 5-12-5　LoRa 约束带宽、扩频因子、纠错码和信息速率表

宽带/kHz	扩频因子	纠错码	标称速率/(b/s)
7.8	12	4/5	18
10.4	12	4/5	24
15.6	12	4/5	37
20.8	12	4/5	49
31.2	12	4/5	73
41.7	12	4/5	98
62.5	12	4/5	146
125	12	4/5	29.3
250	12	4/5	586
500	12	4/5	1 172

4)信道和链路预算

无线信道比有线信道更复杂,无线电波在空间中通过直射、折射或反射由发射机传播到接收机,接收机收到的信号是直射波、折射波和散射波的合成信号。接收信号的功率会发生衰减,主要包括平均路径损耗、大尺度衰落和小尺度衰落,这里的衰落指接收信号电平的随机起伏。接收功率的衰减可以表达为:$L(d) = P(d)S(d)R(d)$,其中 d 表示通信双方的距离。无线信道对信号的影响可以分为三类:

(1)平均路径损耗 $P(d)$,主要是电波在空间的传播损耗,通常可以利用自由空间损耗模型进行计算。在气温 25℃,1 个大气压的理想情况下,自由空间损耗 Lbf(dB)计算公式如下:

$$Lbf(\text{dB}) = 32.5 + 20\lg F + 20\lg d$$

其中:d 为距离(km),F 为频率(MHz)。

（2）大尺度衰落 $S(d)$，主要由于传播环境的地形起伏，建筑物和其他遮挡物遮蔽引起的衰落，也称为阴影衰落。阴影衰落的特性符合对数正态分布，接收信号的局部场强中值变化的幅度取决于信号频率和障碍物状况。

（3）小尺度衰落 $R(d)$，接收信号通常是发射信号经过多径传输的矢量合成信号，由于多径的随机性造成合成信号可能在短时间或短距离就发生信号强度的快速波动，因此称之为小尺度衰落，也叫快衰落。此外，由于多普勒效应引起的相对速度变化也会造成快衰落。

对于无线通信系统，平均路径损耗和阴影衰落主要影响到无线区域的覆盖范围，决定接收点信号的场强（平均值）。对于通信的各种场合，常用的模型有：Lee 模型、Okumura-Hata 模型、COST231-Hata 模型、Walfisch-Ikegami 模型和室内传播模型。

在接收端接收到的无线信号的强度可以用以下公式表示：

$$Rss = P_t + G_t + G_r - L_c - Lbf$$

其中：Rss 为接收信号强度，P_t 为发射功率，G_r 为接收天线增益，G_t 为发射天线增益，L_c 为电缆和缆头的衰耗，Lbf 为平均路径损耗。

为了表示接收机在满足一定的误码率（数字调制）性能或输出规定信噪比/信纳比信号的条件下收信机输入端需输入的最小信号电平，我们引入了灵敏度的概念。下面这个公式反映的是决定灵敏度的因素，这些因素互相独立。

$$静态参考灵敏度 S = -174 \text{ dBm} + NF + 10\log 10\Delta f + 期望 S/N$$

其中，-174 dBm 是室温（290 K）下 1 Hz 带宽的热噪声功率。$10 \log10\Delta f$ 因子表示带宽为 Δf 时引起的噪声功率变化。带宽越宽，噪声功率越大，固有噪声电平越高。期望 S/N 是用 dB 表示的期望信号噪声比。而 NF 是接收机接收解调器前的噪声系数。根据公式，如果需要更高的接收机灵敏度，则在保持相同的信号输入电平的情况下需要降低信号带宽。

对于数字调制，期望 S/N 通常是解调所需的有用信号与噪声信道的比值 Eb/Nt，即 SNR 的最小值。静态参考灵敏度通常是静态传播情况下的理想数值，是衡量接收机性能好坏的一个重要指标。但在实际工作中，由于接收机所处的环境非常复杂，各种衰落都会降低接收机性能。因此需要计算链路系统裕量（也称为链路预算裕量）。链路系统裕量是指接收站设备实际接收到的无线信号与接收站设备允许的最低接收阈值（设备接收灵敏度）相比多出来的数值。

$$SFM = Rss - Rs$$

其中，Rss 为接收信号强度，Rs 为设备接收灵敏度（dB）。

系统裕量是衡量无线链路可用性和稳定性的重要指标。在考虑无线通信的通信距离（建设无线链路）时，必须保留一定的系统裕量，通常建议系统裕量大于 $15\sim20$ dB。

美信提供了一个 ISM RF 产品的无线链路计算表格，（https：/www. maximintegrated. com/cn/tools/other/appnotes/5142/AN5142-link-budget. xls），其应用笔记地址为 https：//www. maximintegrated. com/cn/app-notes/index. mvp/id/5142，可以辅助大家估算链路裕量。

5) LoRa 通信系统拓扑和通信协议设计

实验要求完成点对多点组网,完成多节点向一个主机汇报情况。此时,如果节点数比较少,只需要采用如图 5-12-4 所示的数据帧,从机发送数据的时候带有从机 ID 即可。也就是采用纯 ALOHA 协议,有数据时就发送,检测到冲突后间隔随机的时间然后再发送。

命令字:表明此帧数据的用途	源 ID	目的 ID	长度:内容数据的 BYTE 数	内容:数据	校验

图 5-12-4　带有从机地址的数据帧格式

但是,当节点数目较多时,碰撞较高,会导致主机无法收到数据。此时常用的解决方法包括主机轮询组网和分时组网。图 5-12-5 是主机轮询组网的示意图,此种工作方式下,主机依照一定的顺序探询各节点有无传送信息的要求,被探询的节点如有传送要求就占用公用信道,将信息发送给主机或者其他从机;否则,主机继续探询下一节点。这是一种集中控制的方法,因为主机一直持有探询各节点的控制权,各节点始终是被探询的对象。此种方式工作比较稳定,但轮询耗时比较长,适用于时间要求不高的场合。

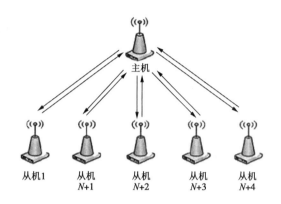

图 5-12-5　主机轮询组网图

如果事先保证了主机和从机的时间同步,还可以使用时隙 ALOHA 协议以及分时间片组网的方式。图 5-12-6 是分时间片组网的示意图,当主机广播公布了各从机可以使用的时间片后,各从机按各自的时间片顺序发送数据,这样减少了主机轮询中询问指令和从机应答指令的时间,大大减少了时间消耗,适用于发送速率较低的 LoRa 通信系统。

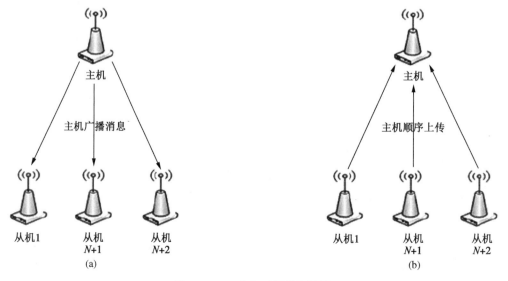

图 5-12-6　主机时间片组网图

对于系统的同步,除了使用无线电系统进行同步外,还可以使用 GPS/北斗卫星导航系统进行时间同步。

6) 示例程序说明

大部分子程序都已封装好,要实现程序的功能只需要更改 Main 和 Function 两个文件中的对应内容。其中,keyProcess 为按键响应函数,可以根据按键对应功能,改写此函数;frameProcess 为接收信息处理函数,可以根据所需接收数据的处理和显示功能改写此函数;RFSendData 为发送函数,可以根据发送功能要求调用此函数(如读取温度,如果温度超过门限则发送数据)。常用子函数如表 5-12-6 所示。

表 5-12-6　常用子函数

序号	子程序名称	功能	文件
1	OLED_PrintStr(x, y, buf)	在液晶的第 x(0:3)行的第 y(0:127)位置显示字符串,其数组首地址为 buf	oled. c
2	msg((char *) buf)	滚动显示字符串,其数组首地址为 buf	function. c
3	RFSendData(sendBuf, L);	利用 LoRa 发送长度为 L 的数据,其数组首地址为 sendBuf	rf. c
4	len = RFRevData(revBuf)	查询 LoRa 的接收数据,并放入 RevBuf 为首地址的缓冲区,如果返回值为 0 表明没有收到数据	rf. c

7　教学实施进程

本次实验为《综合应用开发实验》中的综合性设计实验,主要涉及的先修课程和先修内容包括:

(1)《模拟电子线路》及实验;(2)《数字电子线路》及实验;(3)《高频电子线路》及实验;(4)《通信原理》及实验;(5)《综合开发应用实验》的电子系统设计、单片机基础和 Altium Designer 等内容。

课程的实施包括预习自学、课堂教学、分组方案讨论、设计与制作、测试与验收五个环节,主要安排见表 5-12-7。

表 5-12-7　教学进程安排

序号	内容	学时	教学内容	学生任务	教师任务重点
1	预习自学		预习和复习相关知识	1. 复习单片机相关知识 2. 查阅 LoRa 和物联网相关文献,学习 LoRa 基本知识 3. 了解和学习无线通信网络中路由的相关知识	1. 指导学生了解身边常见无线通信标准的特点,并与 LoRa 进行对比 2. 无线通信几个常用路由算法及其特点 3. 电磁兼容和 PCB 设计
2	课堂教学	2	LoRa 接口程序设计、无线通信协议设计等内容的教授	1. 学习相关知识 2. 分析系统要求 3. 思考系统方案	

（续表）

序号	内容	学时	教学内容	学生任务	教师任务重点
3	分组讨论	2	系统方案讨论	1. 根据设计要求,讨论系统方案 2. 时间规划和任务分工	1. 帮助学生完善方案 2. 引导学生利用相关知识对方案进行理论分析 3. 检查其实施计划的可行性
4	设计与制作	7	硬件制作、软件程序编写、系统调试与测试	1. LoRa 模块接口 2. 印刷电路板设计 3. 通信程序设计 4. 作品制作 5. 调试和测试,记录测试数据	1. 检查和提醒学生设计的规范性 2. 纠正学生不规范的动作 3. 引导学生完成系统调试
5	测试与验收	1	验收与报告评阅	1. 准备现场答辩PPT 2. 撰写设计报告	1. 检查设计的规范性和完整性 2. 发现学生思维亮点,引导学生进一步完善思路,并扩展实验内容

8 实验报告要求

实验报告需要反映以下内容：

（1）实验原理：根据实验目的学习 LoRa 相关知识内容。

（2）实验方案：为完成实验要求,提出多种系统方案,并进行比较。

（3）理论推导计算：对系统的关键指标、实验中的各项参数进行计算。

（4）电路设计与参数选择：给出关键电路计算过程、电路原理图和PCB板图;并给出软件部分的程序框图和流程图。

（5）实验测试：给出测试方法、测试数据和实验记录分析方法。

（6）结果分析：给出实验结果和理论结果的比较和分析。

（7）项目管理：列出项目时间、经费的预算和决算。

9 考核要求与方法

（1）实物验收：验收作品的完成的阶段、指标的完成情况及实际工作量。

（2）实验质量：验收电路方案的合理性,作品的焊接、组装。

（3）回答问题：考查学生对作品创意、原理等情况的阐述,学生对作品原理的理解。

（4）实验数据：实验过程中的测试和实验方法、测试结论的正确性,测试数据的完整性。

（5）项目管理：作品元器件选择的合理性,过程中时间安排的合理性和完成速度。

（6）实验报告：最终报告中工程模型、系统方案、单元电路设计是否完整;设计报告的规范性。

10　项目特色或创新

项目的特色在于:

(1) 项目知识应用的综合性强,涵盖单片机、高频电子线路、通信原理等多个课程的专业知识。

(2) 项目背景强调工程性和实用性,可以用于物联网、智能家居等场合,扩展性强。

5-13　基于无线传输的环境信息监测系统的设计(2019)

参赛信息表

案例提供单位	苏州大学		相关专业	电子信息类
设计者姓名	刘学观	电子邮箱	txdzlxg@suda.edu.cn	
设计者姓名	周鸣籁	电子邮箱	uudraco@suda.edu.cn	
设计者姓名	张德凤	电子邮箱	zhangdefeng@suda.edu.cn	
相关课程名称	电子系统综合设计	学生年级	大三	学时(课内+课外)	54+28
支撑条件	仪器设备	直流电源、示波器、频谱仪、网分仪			
	软件工具	Altium Designer、ADS、C++			
	主要器件	单片机、温度/湿度/光敏器件、无线传输芯片、电源芯片			

1　实验内容与任务

本项目设计一套具有无线传输功能的环境信息监测系统,包括温湿度、光照传感模块、无线通信模块以及太阳能供电模块,如图 5-13-1 所示。设计时需考虑功能指标、成本、功耗、外观及结构合理性等多方面因素。

项目分部件设计和系统综合两个阶段,第一阶段完成相应模块(分成三个子课题)的电路选型设计、板图设计、电路调试与定标 3 个环节。第二阶段通过 3 个子课题的综合,完成具有完整功能的环境信息监测系统的设计与实现。主要功能如下:

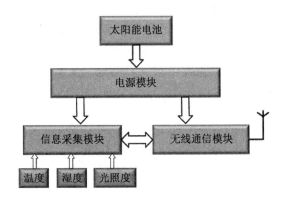

图 5-13-1　基于无线传输的环境信息监测系统基本框图

(1) 环境信息采集,并定时上传信息。温湿度、光照度监测要求如下:

① 温度范围与精度:-40~50℃,±2℃;

② 湿度范围与精度:20%~95%,±5%;

③ 光照范围与精度:0～65 535 lx,±5 lx。

(2) 提供设备 ID 号,上传后台。

(3) 通信模块为工作在 ISM 频段的无线传输芯片。

(4) 供电及低功耗要求:

① 太阳能、锂电池组合供电,电量不足上传提醒信息,装置有低电压指示提醒;

② 每天传输信息 4 次,其他时间休眠;

③ 严格按照低功耗设计,电池不充电情况下可连续工作 7 天。

(5) 相应的工程约束要求如下:

① 成本:尽可能降低作品成本;

② 可制造性:作品结构合理、制作装配工艺简便;

③ 低功耗:在确保 7 天续航的前提下,功耗低。

2 实验过程及要求

1) 第一阶段,功能部件设计(27 学时)

(1) 第一环节,基础设计能力培训与考核(9 学时):

电路板图设计能力。

(2) 第二环节,部件设计(分 3 个子课题)(18 学时):

①传感器电路设计(若干个小组);②太阳能供电路设计(若干个小组);③无线传输电路设计(若干个小组)。

学时安排(仅列出集中学时,分散学时不计在内):电路设计方案分析与比较(6 学时);电路板图设计与考核(6 学时);调试与汇报(6 学时)。

考核要求:电路板图设计能力现场考核;电路原理、结果汇报交流;阶段工作报告 1。

2) 第二阶段,系统综合设计(36 学时)

(1) 第一环节:射频仿真技术培训及考核(12 学时);

(2) 第二环节:系统设计与调试(24 学时)。

学时安排:系统设计规划及开题(6 学时);系统设计与阶段汇报(12 学时);系统总结与汇报(6 学时)。

表 5-13-1　各个环节安排总表

周次	动员阶段	板图设计	部件设计与制作	企业专家讲座	射频仿真技术	软件设计辅导	作品设计与系统联调	现场技能考核	验收与汇报
15	●								
19	●	●							
0		●							
1		●							
2		●	●						
3			●				●		

（续表）

周次	动员阶段	板图设计	部件设计与制作	企业专家讲座	射频仿真技术	软件设计辅导	作品设计与系统联调	现场技能考核	验收与汇报
4			●					☆	
5	●		●				●		◆
6	▽						●		
7					●		●		▲
8					●		●		
9	▽			●			●		
10							●		
11					●		●	☆	▲
12							●		
13	●			●		●	●		
14							●		◆
15	▽						●		
16									▲

注：①●表示各个环节实施周；☆表示专题考核周；◆表示作品验收；▲表示交流汇报；带▽表示该周不集中。
② 15 周、19 周是上一个学期的周次，用于动员及补充相关知识。

考核要求：射频仿真技术现场考核；完成项目任务书；作品现场验收；作品交流汇报；提交阶段工作报告 2。

3　相关知识及背景

该项目将完成一套具有明确工程背景、考虑工程约束的种植大棚用环境信息（温度、湿度、光照度）采集上传系统的设计、制作与调试，系统包括：信息获取与处理、太阳能供电以及信息无线传输 3 个部分，要求从硬件设计和软件设计两个方面开展，全面提升电路设计能力、射频仿真能力和电子系统设计调试能力、团队合作能力和表达能力。

4　教学目标与目的

本项目以电子系统作品为导向，运用所学多学科的基本原理，综合传感、信息处理、信息传输、电源管理以及仿真等技术，通过调研确定设计方案，并合理选用现代工具，通过团队协作完成系统设计、原理样机制作，全面提升学生解决复杂工程问题的能力。

对应工程认证需求，细化为 8 个具体目标：

（1）根据给定的设计要求进行市场调研、文献研究。

（2）综合运用数理、电路、通信等基本原理对系统进行性能分析，确定设计目标。

（3）针对设计目标，设计系统解决方案，综合考虑成本、功能、性能、社会、安全、法律和环境等因素。

（4）能按照所设计的系统方案进行软硬件分工，确定软硬件设计开发流程及实施路线。

（5）进行软硬件开发，包括电路仿真、硬件设计、板图输出、软件编程与调试、系统测试，并进行性能优化。

（6）能组织团队开展项目，团队成员分工明确，具有团队协作精神。

（7）具备项目管理的基本经验，能就项目做出预算，并在项目实施过程中执行预算方案。

（8）能就所设计的技术方案及设计成果进行答辩汇报并撰写设计报告，思路清晰。

5 教学设计与引导

1）实施"一主多辅""纵横组队"的教学模式

本教案在教学过程中实施教学团队"一主多辅"联合指导，团队由课程负责人、硬件电路设计责任指导教师、软件设计责任指导教师、仿真设计责任指导教师、研究生助教等多人组成。所谓"一主多辅"，一是在课程负责人的主导下，全体教学团队成员分工协作，完成指导作品设计与调试的实现；二是分阶段，以相关责任教师为主，其他教师为辅，完成阶段任务的实施。形成多名指导教师组成教学团队，采用分工协作方式指导的新模式。

学生则以"纵横组队"的形式完成相应的设计任务。设计分为两个阶段进行，第一阶段，功能部件设计，包括传感器电路设计、太阳能供电电路设计和无线传输电路设计，分三个子课题组，每个学生承担一个功能模块的设计任务；第二阶段，以作品系统设计实现为导向，在第一阶段的基础上，组队联合设计，并最终形成作品。"纵横组队"的分组管理方式如表5-13-2所示。

表 5-13-2　学生分组样表

组别	学生姓名	电源组	传感器组	无线通信组	备注
第一组	学生 1	●			组长
	学生 2		▲		
	学生 3			◆☆	
第二组	学生 4		▲		组长
	学生 5	●☆			
	学生 6			◆	
			……		
第 N 组	学生 m-2			◆	组长
	学生 m-1		▲☆		
	学生 m	●			
备注		☆组长	☆组长	☆组长	

上述分组可以有效提升设计效率和团队合作意识，也为复杂工程问题的团队协作提供有效训练，提升学生的工程意识。

2）教学过程设计

首先由指导教师就电子综合系统设计中所涉及的关键技术进行理论讲解,然后布置设计任务,只对必要的技术环节做了限定,综合考量系统功能、成本、可制造性等,由学生自行设计。本项目所需完成的设计为一个半开放式任务,学生以团队的方式完成设计任务,以3～4人为一组自行组团,一开始每个学生就明确自己在团队中的角色。实施时分为功能部件设计部分和综合设计两个阶段。

第一阶段:功能部件设计环节,分为信息采集与处理、太阳能供电和信息无线传输三个大组,每个大组完成一项子课题,每个学生承担相应部件的设计与调试,要求独立完成要求的电路方案设计、电路板图设计及作品调试,并提交阶段工作报告。

第二阶段:综合设计环节,每个项目组都由完成三个子课题的同学组成,项目组首先进行资料查询和文献研究,在需求分析的基础上通过集中讨论形成设计方案,设计方案应包括系统功能、系统构成、性能指标、预设的应用场景、团队分工、计划进度及经费预算等内容,并在方案答辩通过后进入实施阶段。

在方案设计阶段,需综合考虑系统性能与复杂度之间、功能和工程应用场景之间、实现难易程度和经济成本之间等多方面的互为制约和冲突的因素。

系统的实现阶段包括电路原理设计、电路板图设计、电路调试、传感器定标、电路仿真、算法设计、软件设计、软件调试、系统联调、性能测试、系统改进等诸多环节,要求学生能够根据实施过程中出现的问题,进行具体分析,通过不断地讨论和尝试,解决系统实现中所遇到的各类问题,最终实现系统的正常运行。

课程结束时各团队进行系统的展示和汇报,并提交课程设计报告。在教学过程中指导组将设置各考核检查环节,以定时指导、集中检查、分工协作的指导模式确保教学任务的完成。

本课程还安排了电路板图设计和射频技术仿真设计两个环节,通过培训,要求分别进行现场考核,以强化基础设计能力。

学生经过此面向电子信息领域复杂工程问题的教学实践,经过"调研-分析-设计-制作-调试-测试-改进-运行"等模拟解决工程问题的环节,实现解决复杂工程问题能力的培养。

6　实验原理及方案

本项目的工程背景是工程中需将农业大棚中的温度、湿度、光照度等环境信息实时上传到云端,然后在用户终端可以实时显示,为大棚智能管理提供信息支撑。考虑时间有限和专业特点,选择其中的信息传感节点设计与实现作为重点;考虑成本问题,将本来基于NB-IoT的无线模块改为低成本的无线传输模块,但需设计射频匹配电路,以提升学生的射频设计能力。

1）系统总体框图

需设计的环境信息监测系统的总体框图如图5-13-2所示。

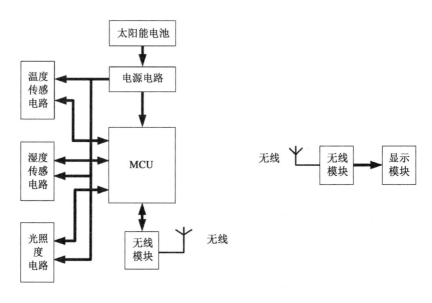

图 5-13-2　系统总体框图

2）信息采集模块基本要求

要采集的环境信息包括温度、湿度和光照度3个参量,功能部件设计阶段不得采用现成模块,需要选择传感器、转换电路以及数字显示。要求采用单片机进行信息的采集和标定。

3）太阳能供电模块基本要求

要求采用太阳能供电,确保信息采集模块、无线传输模块以及单片机系统的全部供电需求,同时需考虑低功耗供电和电源管理。

4）信息无线传输模块基本要求

要求采用低功耗无线数传芯片,设计相关匹配电路并实现与单片机连接,确保存储在单片机的信息发送到接收端显示出来。

5）环境监测系统设计要求

要求将各个子模块全部集成在一块板上,并满足设计要求,完成设计原理、板图设计、数据测试等全部工作。

各组可以根据上述要求,合理选择传感器、单片机、电源管理芯片以及无线传感芯片,最终作品以功能实现程度以及成本、工艺以及表达等综合结果进行合理评价。

7　教学实施进程

本项目的实施分为两个阶段,第一阶段功能部件设计阶段,主要完成电路设计软件使用能力培养和基本电路设计能力培养两个部分;第二阶段综合系统设计,主要完成射频仿真技术能力培养和综合设计能力培养两个部分,具体时间安排、任务明细、指导教师安排如表5-13-3所示。

表 5-13-3 《电子系统综合设计》分阶段时间安排表

阶段	周次	学时数	主要任务	指导方式	参与人	执行时间与地点
第一阶段 (部件设计) (2019.1— 2019.3)	15	1	介绍提升解决复杂工程问题能力的意义、本课程的特点与思路,讲解实施计划	动员	刘学观	12月14日下午 博远楼207
	19	3	布置部件设计任务	任务下达	全体指导教师/研究生	1月12日 上午8:00~11:00 电子楼114
	19	3	Atium Designer软件介绍;原理讲解,假期任务要求	讲解、自主学习	张德凤 刘学观	1月12日 13:00~16:30 电子楼114
	0	3	部件设计方案讨论	各组汇报、讨论方案	各组指导教师	2月24日 上午8:30~11:30 电子楼114
	0	3	电路布图辅导	讲解、答疑	张德凤	2月24日 下午1:30~4:30 电子楼114
	1	3	系统设计开题报告要求;电路焊接指导	讲解、答疑	刘学观 张德凤	3月1日 13:30~16:30 电子楼114
	2	3	硬件调试辅导	讲解、答疑	各组指导教师	3月8日 13:30~16:30 电子楼114
	3	3	单片机软件编程技巧与软件编程指导	讲解、答疑	邹玮、商镱	3月15日 13:30~16:30 电子楼114
	4	3	布置设计任务书,Atium Designer软件使用能力现场考查	上机考查	刘学观、张德凤、商镱	3月22日 13:30~16:30 电子楼114
	5	3	硬件调试与作品验收,汇报交流与开题	交流与考核	全体教师	3月29日 13:30~16:30 电子楼114
第二阶段 (系统设计) 2019.4— 2019.6)	7	3	无线模块选型与应用及射频电路仿真软件使用培训(匹配技术)	讲解、答疑	杨歆汨 各组指导教师	4月12日 13:30~16:30 电子楼114
	8	3	射频电路仿真设计指导;方案指导	讲解、答疑	杨歆汨 各组指导老师	4月19日 13:30~16:30 电子楼114
	10	3	单片机软件编程技巧与软件编程指导	讲解、答疑	邹玮、商镱	5月3日 13:30~16:30 电子楼114

（续表）

阶段	周次	学时数	主要任务	指导方式	参与人	执行时间与地点
第二阶段（系统设计）2019.4—2019.6)	11	3	仿真软件应用能力考查,系统调试指导（1）	讲解	杨歆泪	5 月 10 日 13：30～16：30 电子楼 114
	12	3	系统调试指导（2）	现场考查	邹玮 各组指导教师	5 月 17 日 13：30～16：30 电子楼 114
	12	3	电子产品的电磁兼容性	讲解	赵润生（企业）	时间、地点另定
	13	3	系阶段工作报告 2 布置;系统调试指导（3）	答疑	刘学观 各组指导教师	5 月 24 日 13：30～16：30 电子楼 114
	13	3	工程招投标与工程项目预算	讲解	刘德全（企业）	时间地点另定
	14	3	系统调试指导（4）作品设计制作与验收	指导、验收	各组指导教师	5 月 31 日 13：30～16：30 电子楼 114
	16	3	作品检查考核与汇报交流总结	答辩、交流	全体指导教师	6 月 14 日 下午 13：30～16：30 电子楼 114

8 实验报告要求

本项目需要完成周进展报告、阶段总结报告、项目任务书、项目总结报告四类报告,其中两个阶段各交周进展报告 3 次（共 6 次）,第一阶段完成时需提交阶段总结报告,第二阶段开始时提交项目任务书,结束时提交项目总结报告。

5-14　小型发电机的并网控制电路设计(2019)

实验案例信息表

案例提供单位	南通大学		相关专业	电气工程及其自动化,自动化,建筑电气与智能化
设计者姓名	朱建红	电子邮箱	jh. zhu@ntu. edu. cn	
设计者姓名	吴 晓	电子邮箱	wu. x@ntu. edu. cn	
设计者姓名	杨 慧	电子邮箱	yanghui8828@ntu. edu. cn	

（续表）

相关课程名称		模拟电子电路,数字电子电路,电路原理,传感器与检测技术,电气控制技术,新能源发电技术,信号与系统等	学生年级	大二	学时(课内+课外)	20学时(课内)
支撑条件	仪器设备	示波器,信号源,稳压源,万用表,频率计,电烙铁,DSP主控板,单片机主控板等				
	软件工具	Multisim,Spice,LabView,Proteus,Matlab,C++编程语言等				
	主要器件	变压器,传感器、运算放大器,与非门逻辑器件,单稳态多谐振触发器,三极管,继电器,触发器,开关,LED指示灯,电阻、电容等				

1　实验内容与任务

项目设计结合正弦电压信号特征,要求学生首先明确并网的四个基本条件,即发电机的频率与电网频率相同;发电机出口电压与电网电压相同;发电机相序与电网相序相同;发电机电压相位与电网电压相位一致。然后,在此基础上进一步熟悉国家标准委员会发布的GB/T 33593—2017《分布式电源并网技术要求》,设计一个并网控制电路,以国家标准规定的技术指标为设计目标,当电网正、负电压偏差绝对值之和不超过标称电压的10%及频率波动在48~50.5 Hz范围内时,电路保持并网状态。

1) 并网控制电路设计的基本要求

（1）深入分析元器件工作特性、信号采集精度及控制方法对指标的影响,通过采集电网侧与发电侧的电压信号,比较输出同步检测结果,驱动并网接触器动作。

（2）结合国家并网标准,相位与幅值及频率信号可以通过传感检测或设计调理电路采样检测、程序设计实现控制功能。

（3）能设计简单的锁相环电路,不限于硬件或软件。

（4）方案可以采用分离元器件,也可采用集成芯片或软件编程与硬件电路相结合的混合策略。鼓励学生结合电路设计要求,创新性地尝试使用市场新推出的芯片或器件。

（5）方案必须首先通过仿真验证,确定设计所需元器件清单,然后结合实验室现有资源,给出需购置的元器件清单。

（6）考虑不同专业或方向的培养目标及学生基础差异,成果体现在仿真、编程及硬件设计要求等方面,采用不同的考核指标要求,但必须有设计指标体现。在仿真软件、编程器及传感检测的选择利用方面必须体现独立设计能力。

2) 并网控制电路的辅助要求

实时采集并显示网侧与发电侧电压信号、相位及频率信号,动态演示并网过程。并网模拟量处理过程中可选择降压变压器降压,直接由副边获取电压信号,以0~3.5 V模拟量形式输入,利用比较器获取并网点同步信号;或者直接由网侧及发电侧电压传感器直接测量得到。

通过上述功能实现,训练学生对仿真软件的应用能力,消化吸收数电、模电及电路的基本理论,结合实际工程应用的能力,提高系统设计、选型、电路焊接及调试与问题解决的基本技能,学会借助仪表判断故障点,分析各环节数据传输的正确性。在工程实践中认识系统、设计系统、分析系统、调试系统、完善系统,帮助学生在大脑中灵活链接分散的知识点,建立网络知识体系,从而提高复杂工程知识的应用能力。

2 实验过程及要求

(1) 剖析综合设计任务书要求,检索图书电子资源,了解国家相关行业政策对并网发电的基本要求,查阅现有并网控制方案,学习使用相关仿真软件,结合并网指标分析方案的优点与不足。在确定了信号检测与技术路线的前提下,对不同方案的优缺点给予客观公正的评价,完成综合设计报告,初步确定系统设计的最终方案。

(2) 结合仿真结果,统计所用元器件,进行合理选型,分析器件规格与技术指标,分析电路参数检测所使用传感器对控制器采集速度的影响;根据器件外形及引脚分布,规划硬件线路结构、设计装调技术。

(3) 借助面包板简单搭试或用洞洞板焊接,完成信号采集与显示模块的设计、故障分析与调试,完成硬件电路调试。

(4) 设计完成后统一答辩,完成实验报告,具体要求见8:实践报告要求。

3 相关知识及背景

项目结合分布式发电并网控制的实际应用,设计一个简单的并网控制器,这是一个运用数字与模拟电子技术解决现实生活和工程实际问题的典型案例,需要运用传感器及检测技术、信号比较与数据显示、参数设定、锁相环设计及信号驱动等相关知识与技术方法。包括硬件电路设计及软件编程结合的灵活控制、液晶显示等环节。

4 教学目标与目的

模拟实践工程项目设计,学生在此过程中能够认识、提高并升华所学的理论知识,不同课程知识交叉应用,形成"系统工程"概念;通过项目教学培养学生的自学能力,在问题解决中提高学生的创新能力;学生经历项目分模块设计与系统联调,团队合作意识增强;项目设计结合行业应用背景,尽早培养学生的工程素养,提高就业能力;项目题材结合教师科研促教学,学生可在方案设计中及时了解前沿技术知识。

5 教学设计与引导

本设计是一个比较完整的工程实践项目,需要经历设计环节(文献研读、方案设计、仿真及方案论证)、实验环节(系统设计与调试)、成果验收及答辩总结等过程。结合发电行业对并网指标的要求,在教学中,应在以下几个方面加强对学生的引导:

(1) 结合学生现有知识,引进典型案例分析。要求学生通过文献研读,了解并网控制器的基本原理,理解综合设计项目的功能需求,利用所学数电及模电知识、电路仿真工具软件,分模块初步设计电路,演示设计步骤。引导学生利用虚拟仪表检测关键测点的信号(仿真软件自行选择),分析存档以作为硬件电路故障排除参考,同时从并网信号的可靠性角度,分析设计方案的可行性。

（2）根据项目仿真设计结果，在设定三相相序判断正确的条件下，结合现有器件，选择可行性方案，进行硬件选型、电路布置，进行单相电压的并网控制调试，利用两单相电压信号的副边低压信号作为硬件电路的输入信号，验证设计成果的可靠性。

（3）三相并网控制信号显示设计离不开信号采集，项目要求采集发电侧与网侧的电压信号，引导学生学习电压信号传感检测的基本方法，掌握 A/D 转换的基本原理，选型并设计调理电路。

（4）引导学生深入思考问题，结合当前分布式发电并网控制的不足，设计动态信号软硬件处理技术，学习三相并网过程的信号处理方法，对动态信号采集过程的锁相环环节进行分析设计，对比分析硬件锁相环技术，结合 DSP 信号采集与坐标变换，准确获取电压信号。判断各信号一致情况下，驱动并网控制器线圈动作。

（5）尽量分类指导，对于自我要求较高的学生，鼓励他们用软硬结合进行系统方案设计与联调。

（6）在电路设计、搭试、调试完成后，进行设计总结，从成本及可靠性角度，综合分析设计方案的优点及不足。在实验完成后，可以组织学生以项目演讲、答辩、评讲的形式进行交流，了解不同解决方案及其特点，拓宽知识面。

（7）设计时需要考虑的问题，即所设计系统承受电网的波动范围，引导学生从数据测试角度及系统设计关键参数及软硬件实现环节入手，深入分析。

在设计中，要注意学生设计的规范性，如系统结构与模块构成、模块间的接口方式与参数变化；在调试中，要注意工作电源和参考电源的品质对系统指标的影响，电路工作的稳定性与可靠性；在测试分析中，要分析网侧及发电侧电网波动扰动对控制器的影响，分析设计成果的抗扰动能力。

6　实验原理及方案

1）设计原理

综合设计的系统结构如图 5-14-1 所示，分成主电路与控制电路两部分，主电路为网侧与发电侧并网主触点，控制电路原理主要是由控制信号实现线圈通断控制，控制信号的生成主要原理基于同步信号的采集、比较及触发信号的驱动几个模块的协调工作。本设计主要聚焦于控制电路设计。

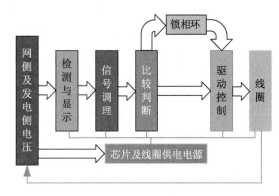

图 5-14-1　并网系统结构

2）实现方案

对照设计目标，在整体方案选择时，可以引导学生按照图 5-14-2 中的几种方案进行仿真设计。总体包括信号采集与差动信号的形成、信号的处理与显示、驱动与执行器的动作等环节。依据个人基础不同，学生可以就其中一种进行硬件实验调试。

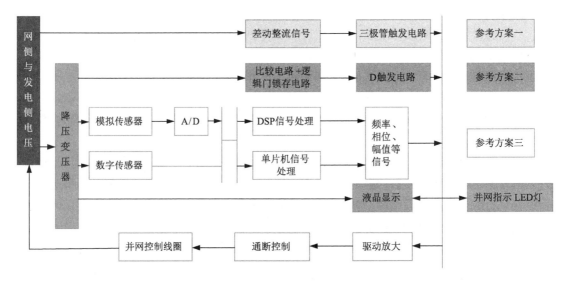

图5-14-2 系统设计方案

首先,整体系统设计都是采用先软件仿真后硬件实现的方法,具体实施时可以选用传感器加控制器编程方案,也可基于硬件直接进行信号采集设计,避免传感器及编程控制方案。学生可以根据自己的基础,选择简单或复杂的方案。

其次,在硬件方案设计中,可以采用输入信号差值直接整流输出,触发三极管导通的方案,也可以采用先降压再比较输出的方法。在传感检测加编程控制过程中,可以采用STM32单片机进行数据采集,也可采用DSP2812数据采集编程。硬件设计用到的器件包括各种类型三极管或场效应管、各种比较放大器与门逻辑电路及触发器。所用的传感器有直接数字式的,也有模拟传感器,模拟传感器需设计信号调理电路。

再次,控制方案设计都是通过设计环节,查阅资料及自学软件先进行仿真,然后硬件实现,仿真可采用不同的电路仿真软件,如Multisim、Spice、LabView、Proteus、Matlab等对不同的设计方案进行仿真,比较方案的优缺点。

最后,对所有方案进行成果验收时都可以通过同一套驱动与执行机构及并网指示LED等设计判断方案的可行性,中间的并网过程参数可以通过液晶显示。

7 教学实施进程

1) 教学设计的目的与思路

电子电路综合设计实践环节面向电气相关专业开设,通过一个以工程实践或社会生活为背景的工程项目的研究、设计与实物搭试,使学生将已学过的《电路原理》《数字逻辑电路》和《模拟电子线路》理论和相应的实验课程等知识综合运用于电子电路的设计中,从而训练学生的动手实践能力,搭试电子电路并独立完成调试的工程能力;培养学生系统设计、分析处理复杂工程问题的能力。

通过本环节的学习和实验,使学生掌握电子系统的方案设计理念、设计方法和步骤,掌握电子电路系统中常见实际问题的分析、处理方法与步骤,以提高学生理论与实践相结合的能力,在一定程度上培养学生设计和分析复杂工程问题的能力,为后续课程及今后从事相关的工作做好储备。

本环节要求学生能运用数学、自然科学、工程基础和专业知识掌握典型复杂工程问题的物理本质,识别和判断工程问题的关键环节和参数,能够应用所学知识分析所设计电路的工作原理,对其中的特征问题有清晰的理解,从而清晰地理解本环节所要完成的工作任务,能够很好地对所提出的设计任务给出设计思路,通过讨论确定一个较为合理的设计方案。在电路的调试过程中,理解实际电路与理论仿真电路之间的差异,并能够根据实际情况分析和解决调试过程中遇到的问题,解释其原因。

提交的报告必须基本按照设计报告的一般形式撰写。要求内容充实,有较强的条理性,能够较好地反映项目设计思想与实验调试过程,阅读性较好。在考核环节的答辩中,学生有能力清楚地介绍自己所完成的工作和获得的成果,并能够回答答辩中提出的问题。

2)综合设计要求

(1)基本要求

本实践环节的内容以工程实践或社会生活为背景,完成电子电路的设计与实物搭试任务。

① 掌握电子电路的系统构建、方案设计、电路分析、软件仿真、硬件设计等整个设计步骤。

② 掌握电子电路的参数测定、环节调试、成品联调的方法和步骤,分析研究、解决测试过程中遇到的实际问题。

③ 课题以团队的形式,1～3人一组完成一个课题,在对总体方案充分讨论的基础上,每人重点完成其中的一部分(包括电路设计和搭试、调试)。

④ 每人独立撰写设计报告和实验报告,完成设计答辩。

上述实践课题均要求学生熟练掌握电子电路的方案选择、设计工作,掌握实验方法,提高工程分析能力和排除故障的能力。

(2)具体要求

① 检索工程规范文件、产品样本、使用说明等资料,了解所选用集成芯片的引脚排列、内部原理、逻辑真值表等,了解实际电路工作时必须遵守的工程规范和系统实现时所受到的商用产品的实际限制。

② 要求以团队的形式,每人具体完成以下工作:

● 按照设计要求,在阐述总体设计方案的基础上,完成自己负责的一部分子课题的方案论证和电路设计,并绘制原理图和接线图。

● 按照设计的原理图选择合适的软件进行电路仿真,确认电路的功能能够实现设计要求。

● 按设计的原理图和接线图完成电路的硬件连接、功能测试,并可用于团队各部分的联调,最终完成设计任务。

● 实验调试前完成设计报告,实验调试后撰写实验报告。

3)时间安排

按专业培养计划规定,本设计环节实施时间为1周,安排在二年级第2学期进行。

(1) 准备阶段(2 天)

实验调试前,向学生发放设计任务书,指导教师充分做好各项准备工作,辅导上课,进行设计目的意义教育,宣布纪律以及设计进程;讲解设计内容和原理,提示设计步骤及设计方法,提出思考问题。

学生查阅文献资料,通过检索工程规范文件、产品样本、使用说明,了解所选用集成芯片的引脚排列、内部原理、逻辑真值表等,了解实际电路工作时必须遵守的工程规范和系统实现时所受到的商用产品的实际限制。

其中讲课 0.5 天,电子电路设计、仿真调试 1.5 天。要求学生在进入实验调试前按照要求撰写并提交设计报告,教师批改合格后方可进入实验调试动手阶段。

(2) 实验调试阶段(2.5 天)

本阶段学生根据自己的设计方案(设计报告中给出的原理图和接线图),先按各部分硬件电路模块在面包板上或者洞洞板上接线、调试,确认功能;然后同一组同学将各模块电路进行整合,进行系统调试,调试完成后得到整体接线的实物图片。完成后总结交流、分析自己工作成果及不足,撰写报告。其中系统调试 2 天,撰写实验报告 0.5 天。

(3) 考核与总结阶段(0.5 天)

实验结束,提交实验报告。指导老师组织答辩。根据学生在综合设计中的学习态度、综合设计成果验收记录情况、答辩情况及报告进行成绩评定。

该实践环节采取集中安排的形式进行,整个过程由团队合作完成,但设计报告和实验报告的撰写由每个学生单独完成。

备注:学生在综合设计过程中必须要时刻注意安全,保证人离电断,防止发生人身伤害和火灾等不必要的财产损失。

8 实践报告要求

本实践环节需交 2 份材料:设计报告、实验报告。设计报告、实验报告必须独立撰写,每人一份。要求条理清楚、简明扼要、字迹端正、图表清洁、结论准确。

1) 设计报告主要内容包括

(1) 综合设计目的与要求,明确综合设计目的和实验调试要求,明确系统应该达到的控制要求。

(2) 实验仪器设备与器件,包括实验设备、检测设备、必要的软件。

(3) 原理分析,这一部分进行方案设计,关键点如下:

① 在清晰地描述系统设计任务的基础上,给出系统总体框图和各部分的结构框图,阐述其工作原理;

② 对自己负责的部分提出 2~3 个设计方案进行比较、优化(尽量体现创新),进而给出具体的设计电路以及电路中选用的集成芯片和其他元器件的参数值(必须给出参数计算过程);

③ 通过选择合适的仿真软件,对自己设计的电路进行仿真研究,在实物搭试前,确认电路的功能能够实现设计任务。

(4) 综合设计步骤,这一部分主要给出综合设计的主要过程,必须考虑完成综合设计的每一个细节。关键点如下：

①画出实物接线图；②说明接线完成后的调试步骤和调试方法；③说明调试中参数的测试方法和应有的数据；④说明调试中电路每个功能的测试方法。

2）实验报告主要内容包括

（1）综合设计调试过程记录，这部分内容包括：

①画出实物原理图和接线图；②给出综合设计的详细步骤，调试过程及记录的测试数据，功能的测试过程；③记录在每一步调试中的现象，发生的问题和解决的过程。

（2）综合设计结果处理与分析

对综合设计过程中遇到的问题和错误进行分析。特别是必须结合工作原理讨论实际参数与理论计算值的差异。

（3）综合设计心得体会，这一部分主要是对本次综合设计的总结，具体内容如下：

①综合设计过程中遇到了什么困难和问题（特别是在设计过程中没有预料到的）？怎么解决？②通过这次综合设计掌握了哪些知识，哪些理论得到了印证和巩固，还有什么不足的地方？③影响并网控制指标的环节及元器件有哪些，通过本次综合设计得到的最大收获在哪里？④对综合设计内容和综合设计过程有什么意见和建议？

9　考核要求与方法

（1）根据方案仿真与硬件调试成果情况，分阶段考核。

（2）设计成果的质量：电路方案的合理性，焊接质量、组装工艺。

（3）自主创新：功能构思、电路设计的创新性，自主思考与独立实践能力。

（4）材料与元器件选择的合理性，能耗、精度及稳定性。

（5）数据处理技术：测试数据及并网指标。

（6）设计报告：设计报告的规范性与完整性。

（7）制度履行情况：集中讲授、集中辅导答疑、实验室综合设计过程缺席而又没有办理请假手续者以旷课论处。凡累计旷课达到 2 天，不予评定成绩。

（8）学生独立完成设计报告、实验报告的编写，有无指标体现，最后调试的硬件电路满足的电压、频率与相位变化范围，每个同学的综合设计数据原则上不得一致，严禁抄袭，一经发现，不予评定成绩，取消该课程的学分。

10　项目特色或创新

项目的特色在于：设计背景面向分布式新能源发电并网技术，具有一定的工程应用价值。该设计所用知识涵盖数电、模电、控制原理、电气控制技术、传感器技术、信号处理、计算机控制技术等多门课程，可以面向所有电气相关的专业开设，应用的综合性较强，同时实现方法既可以纯硬件，也可以软硬件结合，所用的仿真软件、传感检测及数据采集、控制芯片等呈现出方法的灵活性与多样性。

5-15 智能视力保护台灯设计与制作(2018,高职高专)

实验案例信息表

案例提供单位	湖南铁路科技职业技术学院		相关专业	电气自动化专业	
设计者姓名	徐美清	电子邮箱	76826314@qq.com		
设计者姓名	陈 斗	电子邮箱	491141562@qq.com		
设计者姓名	蒋逢灵	电子邮箱	158364038@qq.com		
相关课程名称	专业综合实训	学生年级	大三	学时(课内+课外)	28
支撑条件	仪器设备	万用表、示波器、直流稳压电源			
	软件工具	Proteus、Protel DXP 2004、Keil C51			
	主要器件	STC89C51、热释电传感器 HC-SR501、红外接近传感器 E18-D50NK、光敏电阻、ADC0809、数码管、LED、按键、三极管、蜂鸣器等			

1 实验内容与任务

以单片机为主控制器,设计一款安全环保的智能视力保护台灯:5V电源供电,LED光源,可以手动和自动调节灯光亮度。

1)手动模式

灯光亮度不随环境光线变化而变化,而是通过手动按键来调节。

2)自动模式

(1)能够根据周围环境的光线自动调节自身亮度,以达到最佳照明效果。

(2)当人处在台灯感应范围内且环境光强度较弱时,自动感应开灯;当人离开时,自动感应关灯,以节省能源;且感应距离可以根据实际需求进行调节。

(3)当人体太靠近台灯时,自动感应并发出报警,提醒人们纠正坐姿,防止近视。

(4)可以通过按键设定学习时间,设定时间到,蜂鸣器报警,提醒休息。

2 实验过程及要求

(1)明确内容要求,进行任务分解,制订作业计划。

(2)确定主控芯片型号,了解主控芯片的引脚功能、性能参数等。

(3)查找满足要求的传感器,了解传感器的电路构成、功能特点、电气参数等。

(4)思考根据环境亮度自动调节灯光亮度的方法,讨论确定检测电路结构。

(5)思考数码管显示、蜂鸣器报警、按键控制及LED照明电路的构成,讨论确定各电路模块与主控芯片间的连接,完成电气原理图设计及仿真、硬件电路的搭建。

(6)完成系统程序开发,并进行仿真调试与优化,确保仿真功能实现。

（7）小组合作完成产品焊接制作。产品焊接完成后,下载源程序,联调实现功能要求。

（8）分组演示产品功能,参照配分评分标准进行自评互评,整理技术资料并撰写设计报告。

（9）完成产品外观设计及产品宣传 PPT 制作。

3 相关知识及背景

这是一款运用电子技术及单片机相关知识设计的智能环保型家用电子产品,需要运用传感器及检测技术、A/D 转换、信号放大、数码管显示、按键扫描处理、定时器中断、LED 照明控制等相关知识方法,并涉及原理图设计、程序开发、系统仿真分析、元器件筛选、产品焊接装配、软硬件联调,系统参数调整、仪器仪表使用等实践技能技术。

4 教学目标与目的

1）知识目标

（1）熟练运用相关知识方法;（2）理解系统工作原理。

2）技能目标

（1）能完成产品装配;（2）会使用仪器仪表;（3）会故障定位与检修。

3）素质目标

（1）提高自主学习能力;（2）提高表达、沟通能力;（3）培养协作、创新精神。

5 教学设计与引导

表 5-15-1 教学设计与引导表

课前——任务准备	
实验环节	教学设计与引导
任务明确	（1）下发工作任务书,明确任务内容及要求; （2）安排学生进行分组,3 人一组,分解实验任务,制订作业计划
资料收集	（1）要求学生收集单片机控制芯片、红外传感器及数模转换芯片相关资料; （2）指导学生对收集到的资料进行分析,简单介绍芯片及模块的选择依据,引导学生自主完成主控芯片、红外传感器及数模转换芯片的选取
电路设计	（1）组织学生复习数码管显示电路、按键电路及 LED 照明电路等相关知识,讨论确定系统模块组成、模块电路结构及相关元件参数,完成电气原理图的设计; （2）要求利用 DXP 进行电气规则检查,生成报表文件; （3）设计过程中,提醒学生注意设计的规范性,如电路模块间的接口方式、参数要求、电气特性等,并对设计过程中出现的问题进行巡回指导
课中——任务实施	
实验环节	教学设计与引导
程序开发	（1）简单介绍系统控制思路; （2）引导学生完成控制程序流程图的绘制; （3）要求学生利用 Keil 软件自行编写程序,教师对程序编写编译过程中出现的问题进行指导

(续表)

实验环节	教学设计与引导
仿真分析	(1) 要求学生利用 Proteus 仿真软件完成系统硬件电路的搭接; (2) 指导学生进行仿真分析,更改元件参数,优化控制程序,确保仿真功能正常实现
产品装配	(1) 指导学生利用 DXP 完成 PCB 制图设计,提醒学生注意元器件布局及走线的规范性; (2) 要求利用万用表完成元器件的引脚辨别、类型判断及性能测试; (3) 要求利用万能板完成实物焊接制作,提醒学生注意工艺要求及元器件的正确插装; (4) 要求学生下载程序,进行软硬件联调,教师在联调过程中进行巡回指导,保证产品功能实现
评价总结	(1) 组织学生以组为单位进行产品功能演示与汇报,交流设计制作心得; (2) 要求小组对照考核评价表进行自评互评,找差距,找不足; (3) 归纳分析设计制作过程中存在的典型问题,对各小组实验产品进行综合评价; (邀请企业导师对产品进行点评,引入行业规范,树立标准) (4) 整理技术资料(作业计划书、原理图、PCB 图、元器件报表、流程图、源程序等),完成实验报告,撰写总结

课后——任务拓展

实验环节	教学设计与引导
外观设计	(1) 指导学生进行外观造型及内部结构设计; (2) 指导学生选择好外壳材料,完成产品整体组装与检查; (3) 组织学生对产品外观进行装饰美化
推广宣传	(1) 组织学生进行市场调研,了解市面上相关产品价格,估算产品生产成本,完成产品定价; (2) 指导学生完成产品宣传 PPT 制作; (3) 组织学生进行产品营销推广,培养学生的创新精神与创业能力

6 实验原理及方案

1) 系统结构框图(图 5-15-1)

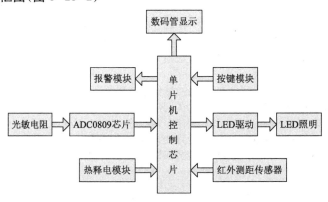

图 5-15-1 系统结构框图

2) 电气原理图

本系统主要由六部分组成,电气原理图如图 5-15-2 所示。

(1) 传感器部分:包括热释电传感器、红外测距传感器、光敏电阻。自动控制时,通过热

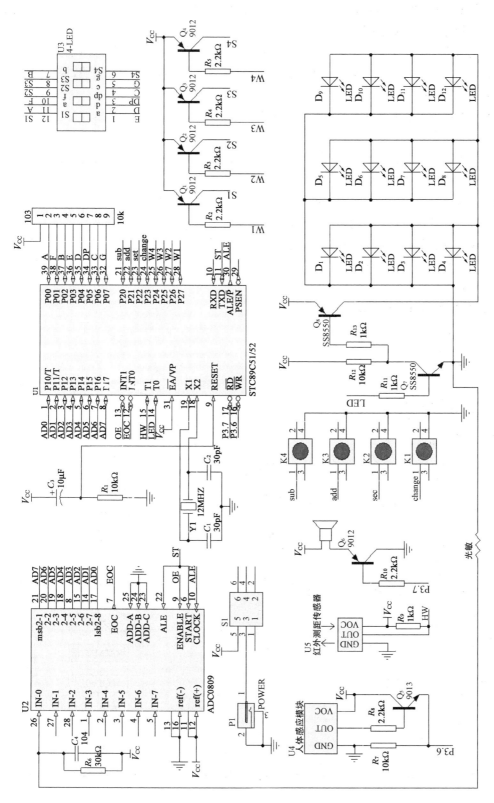

图 5-15-2　系统电气原理图

释电红外探测器检测附近是否有人,如果有人,通过 ADC0809 转换芯片不断检验光敏电阻的电压来间接测量感应光线强度,将电压和预设的阈值进行对比,调整 PWM 的占空比对 LED 的电流进行控制,从而实现对灯光亮度的自动调节。如果没有人,则灯会自动熄灭以节能。同时,通过红外测距传感器检测人离桌面的距离,若距离过近,蜂鸣器就会报警,提醒使用者注意坐姿,防止近视。

(2) 主控单元:采用 STC89C51 单片机作为主控芯片,处理信号并发出控制命令,综合实现全部控制功能。

(3) 灯光控制电路:选用 12 只白光 LED,根据 STC89C51 给出的命令控制灯光亮灭和亮度。

(4) 蜂鸣器报警电路:用于设定的学习时间到报警和坐姿矫正报警。

(5) 数码管显示电路:采用四位一体数码管,来显示设定的学习时间。

(6) 按键控制部分:手动控制时,按键按下,输出不同的 PWM 占空比对 LED 的电流进行控制,共十个挡,从而实现对光度的手动调节。另外,还可以通过按键来切换工作模式并设置定时时间。

3) 系统控制思路(图 5-15-3～图 5-15-6)

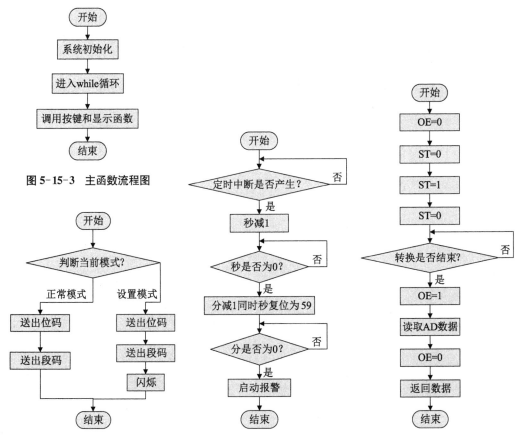

图 5-15-3　主函数流程图

图 5-15-4　显示函数流程图　　图 5-15-5　定时函数流程图　　图 5-15-6　ADC0809 函数流程图

7 教学实施进程

表 5-15-2 教学实施进程表

实验任务——智能视力保护台灯设计与制作						学时：28
课前——任务准备						
实验环节	实验内容	学习资源及工具	双边活动		教学方法	时间分配
			教师	学生		
任务明确	（1）云平台推送工作任务书与相关任务资讯；（2）采用卡片式抽签随机分组，明确实验任务及要求，分解任务，制订作业计划	（1）工作任务书；（2）作业计划书	（1）推送资源；（2）安排分组；（3）检查、指导作业计划	（1）学习资源；（2）任务分工，制订作业计划并上传	任务驱动法	20 min
资料收集	（1）收集单片机控制芯片、红外传感器及数模转换芯片的相关资料；（2）完成主控芯片、红外传感器及数模转换芯片的选取	（1）多媒体课件；（2）元器件手册	（1）简单介绍芯片及红外模块的选择依据；（2）解答疑问	（1）整理、分析收集资料；（2）自主完成芯片及模块选型；（3）问题反馈	讲授法、讨论法	70 min
课中——任务实施						
实验环节	实验内容	学习资源及工具	双边活动		教学方法	学时分配
			教师	学生		
电路设计	（1）数码管显示、定时器中断、按键扫描处理、LED照明等相关知识点复习；（2）完成系统结构框图及原理图设计；（3）利用DXP进行电气规则检查，生成报表文件	（1）多媒体课件；（2）电气原理图；（3）DXP软件	（1）引导讲授；（2）巡回指导；（3）解答疑问	（1）认真倾听；（2）讨论确定电路构成及元件参数；（3）自主完成电气原理图设计	讲授法、启发法、讨论法、实操法	180 min
程序开发	（1）系统控制思路介绍；（2）程序流程图的绘制；（3）利用Keil软件完成控制程序编写编译	（1）多媒体课件；（2）程序流程图；（3）Visio软件；（4）Keil C软件	（1）引导讲授；（2）巡回指导；（3）解答疑问	（1）认真倾听；（2）互相讨论完成流程图的绘制；（3）自主完成控制程序的编写	讲授法、启发法、讨论法、实操法	180 min
仿真分析	（1）利用Proteus仿真软件完成系统硬件电路的搭接；（2）仿真调试，更改参数，优化程序，确保仿真功能正常实现	（1）.hex文件；（2）Proteus软件	（1）注意事项讲解；（2）巡回指导；（3）解答疑问	（1）合作完成仿真电路搭接；（2）仿真运行，实现功能	讨论法、实操法	90 min

(续表)

实验环节	实验内容	学习资源及工具	双边活动 教师	双边活动 学生	教学方法	时间分配
产品装配	(1) 确定元件参数,更新原理图,完成 PCB 制图设计; (2) 完成元器件引脚辨别、类型判断及性能测试; (3) 完成元器件的正确插装及实物的焊接制作; (4) 下载程序,软硬件联调,保证产品功能正常实现	(1) 元器件报表; (2) 万用表; (3) 万能板; (4) 电烙铁; (5) 稳压电源; (6) 示波器; (7) STC-ISP 程序下载软件	(1) 提醒注意布局及走线规范性; (2) 巡回指导; (3) 解答疑问	(1) 合作完成产品 PCB 设计; (2) 合作完成元器件筛选; (3) 合作完成产品焊接制作; (4) 分析故障原因并排除故障	讨论法、实操法	270 min
评价总结	(1) 以组为单位进行产品功能演示与汇报,分享心得; (2) 小组依据考核评价表进行自评和互评; (3) 归纳实验过程中存在的典型问题并进行综合评价; (4) 整理技术资料,完成实验报告,撰写总结	(1) 实验报告; (2) 考核评价表	(1) 归纳总结; (2) 给予评价	产品分享; 参与评价; 整理资料	演示法、讨论法、实操法	90 min

课后——任务拓展

实验环节	实验内容	学习资源及工具	双边活动 教师	双边活动 学生	教学方法	学时分配
外观设计	(1) 考虑产品电路板尺寸及外接部分的安装方式,进行外观造型及内部结构设计,生成效果图; (2) 选择确定好外壳材料,完成外壳与内部电路板的组装,检查可操作部分是否灵活、各部件之间是否有效连接及整体是否牢固安全; (3) 进行外观装饰(喷涂、绘画等),保证产品美观	(1) ProE 软件; (2) 包装材料; (3) 装饰材料	(1) 下达任务; (2) 介绍流程; (3) 指导建议	(1) 合作完成外观造型及内部结构设计; (2) 自主选择外壳材料,完成组装与检查; (3) 思考创新,美化产品外观	启发法、讨论法、实操法	180 min
推广宣传	(1) 了解市面上相关产品价格,估算产品生产成本,完成产品定价; (2) 制作宣传 PPT,说明产品功能特点及使用方法等; (3) 借助宣传单、社团活动等,在校园内营销推广产品	(1) 调研报告; (2) 宣传 PPT; (3) 宣传单	(1) 下达任务; (2) 指导建议; (3) 反思总结	(1) 市场调研,估算成本,完成产品定价; (2) 制作宣传 PPT; (3) 营销推广,并做好售后服务	启发法、讨论法、实操法	180 min

8　实验报告要求

实验报告需要反映以下工作：

(1) 作业计划表：明确任务分工、任务完成时间及要求。

(2) 系统结构框图：系统模块组成及模块、芯片选型论证。

(3) 电气原理图：系统电路构成、工作原理分析及元件参数推导计算。

(4) 系统控制思路：绘制程序流程图。

(5) 系统仿真分析：仿真调试过程中存在的问题及其解决办法。

(6) PCB 制图设计：元件布局及走线规范性要求。

(7) 元器件筛选报表：元器件型号、作用、数量、电路符号、性能测试结果等。

(8) 系统功能调试：调试过程中存在的问题及其解决办法。

(9) 实验现象记录：记录功能现象。

(10) 实验结果总结：总结设计制作经验与方法。

9　考核要求与方法

表 5-15-3　考核要求表

考核内容	考核标准	考核方法		
		自评互评（30%）	教师评价（50%）	企业导师评价（20%）
工作过程知识（20%）	(1) 知识点熟练掌握； (2) 产品工作原理分析正确	(1) 小组对照考核评价表进行自评和互评； (2) 教师对照考核评价表进行综合评价； (3) 企业导师点评，引入行业规范，树立标准		
工作过程技能（60%）	(1) 电气原理图设计正确； (2) 流程图正确简明，程序编写正确； (3) 仿真设计分析正确； (4) PCB 制图设计正确； (5) 元器件检测方法正确； (6) 焊接符合工艺要求； (7) 产品通电能正常演示功能； (8) 检修思路及调试步骤正确； (9) 实验报告完整规范			
安全文明素养（20%）	(1) 工具、材料、资料整理归位； (2) 不迟到、不早退、不旷课； (3) 安全用电，无人为损坏仪器、元件和设备； (4) 保持环境整洁，秩序井然，操作习惯良好； (5) 小组成员协作和谐			

10　项目特色或创新

1) 知识应用的综合性

实验完成过程中，需要综合运用"模拟电子技术""数字电子技术""传感检测技术""单片机技术及应用"等课程相关知识。

2) 实验任务的实用性

选取智能视力保护台灯设计与制作作为实验任务,实验的过程就是一个完整电子产品的开发制造推广过程,最后完成的产品还可直接应用于实际生活中。

5-16 基于单片机的红外遥控光立方设计(2019,高职高专)

实验案例信息表

案例提供单位	桂林电子科技大学		相关专业		微电子技术	
设计者姓名	农红密	电子邮箱	425515883@qq.com			
设计者姓名	郭 乾	电子邮箱	229051030@qq.com			
设计者姓名	覃尚活	电子邮箱	631072071@qq.com			
相关课程名称	电子电路设计制作实训	学生年级	大专二年级	学时(课内+课外)		64(课内32+课外32)
支撑条件	仪器设备	电脑、万用表、电烙铁、焊锡、松香、单片机开发板等				
	软件工具	Altium Designer、Keil C、Proteus				
	主要器件	PCB、单片机、红外遥控器模块、74HC373、LED灯(64个)、晶振、电阻、电容等				

1 实验内容与任务

1) 基本任务

(1) 以单片机为控制核心,设计一个可显示三维造型图案的 $4\times4\times4$ LED光立方系统;

(2) 可通过红外遥控器选择光立方的图案样式,样式不少于三种;

(3) 可通过 Porteus 软件对系统进行仿真,了解仿真软件在单片机系统开发中的作用。

2) 扩展任务

(1) 扩展成可显示三维造型和图案的 $8\times8\times8$ LED光立方系统;

(2) 利用其他传感器(如声控、光感等)来实现光立方图案和样式的改变。

2 实验过程及要求

(1) 通过自我学习、收集和检索信息,查找与光立方相关的技术资料。

(2) 能认识常用电子元器件并掌握其好坏的检测方法,能熟悉和了解不同厂商、不同型号单片机器件并掌握其性能特点。

(3) 了解 LED光立方的结构、工作原理、制作方法,了解红外遥控器的原理及实现方法。

（4）能开拓创新思路，编制出红外遥控光立方的系统总体设计方案。

（5）能按设计方案和技术要求进行电路原理图绘制、C语言程序编写及系统仿真。

（6）能根据系统设计要求进行元器件采购、焊接组装。

（7）会使用常用仪器仪表，如万用表、示波器等对单片机应用系统进行判断分析、调试，直至调试成功。

（8）了解 8×8×8 LED 光立方系统显示原理，构思扩展功能。

（9）撰写设计总结报告，并通过分组讨论，学习交流不同解决方案的特点。

3　相关知识及背景

本实验项目是一个将单片机和红外遥控相结合以控制 LED 光立方显示效果的典型案例，综合运用了单片机原理、传感器及检测技术、电子技术基础等相关知识与技术方法。要求学生掌握红外遥控器与单片机之间的通信原理，掌握三维 LED 动态显示技术，掌握 Keil C 编程软件、Altium Designer 绘图软件、Proteus 仿真软件的操作方法，具备较强的电路组装及焊接能力。

4　教学目标与目的

以工作过程为导向，引导学生了解单片机系统开发方法及 C 语言编程方法；引导学生根据项目需求进行系统电路设计、选择元器件、制作并调试系统；引导学生通过测试与分析对项目作出技术评价，同时培养学生的团队协作、沟通表达、职业道德与规范等综合素质。

5　教学设计与引导

本实验是一个比较典型的、趣味性较强的工程应用项目，需要经历学习研究、方案论证、硬件设计制作、软件编程、软硬件联合调试、总结汇报等过程。在实验教学中，应在以下几个方面加强对学生的引导：

（1）软件操作方法：学习 Altium Designer 绘图软件、Keil C 编程软件、Proteus 仿真软件的操作方法。

（2）系统设计方法：学习 C 语言程序设计方法、单片机原理及其系统设计方法、红外传感器基本原理及其应用电路的设计方法。

（3）光立方的焊接方法：如采用"层共阴，列共阳"的 LED 连接方法，且强调焊接时要认真细致，预先规划和测量 LED 连接的位置及尺寸。

（4）系统调试、修改方法：要求程序按从上到下、从主到次、从整体到局部的思路编写，并分模块调试，以便于查找和修改错误；系统制作前，建议先使用 Proteus 仿真软件进行仿真，仿真成功再制作系统。

（5）实验完成情况：实验要求的精度并不高，学生至少要完成基本任务，并根据自身知识的掌握程度和实训时间进度自行完成扩展任务。

（6）实验报告撰写：实验报告须按要求撰写，内容要完整、清晰、有条理，图表要规范。

(7) 在实验完成后,应当组织学生通过项目答辩、评讲的形式进行交流,了解本实验设计方案及其特点,拓宽知识面。

在设计中,要注意引导学生设计的规范性,如系统结构与模块构成,模块间的接口方式等;在调试中,要注意电路工作的稳定性与可靠性,掌握常用测试仪器的使用,注意分析问题的原因,寻找解决问题的方法并记录总结经验。

6 实验原理及方案

1) 实验原理

本实验项目的系统结构框图如图 5-16-1。实验所要设计的光立方是由 $4\times4\times4$ 的 LED 点阵组成,基于点阵的控制原理,可得光立方的控制方法,即通过选中每一层的行和列,并给出不同的电平信号,就能控制 LED 的亮灭。光立方通常的搭建方案有两种,层共阳或层共阴,假设采用层共阴,则需要 4 条层选线,给任一层选线低电平信号就能选中该层选线对应的层。

光立方的驱动方式是通过人眼视觉暂留特性,利用逐层扫描的方式,来达到显示各种图案的目的。要求采用 STC89C52 为主控芯片,可考虑采用 74HC373 作为锁存器。

红外遥控模块是由红外遥控信号发射器、红外遥控信号接收器、单片机及其外围电路等三部分构成。遥控信号发射器用来产生遥控编码脉冲,驱动红外发射管输出红外遥控信号,遥控接收头完成对遥控信号的放大、检波、整形,解调出遥控编码脉冲。遥控编码脉冲是一组组串行二进制码,将此串行码输入到单片机中,由单片机完成对遥控指令解码,并执行相应的遥控功能。

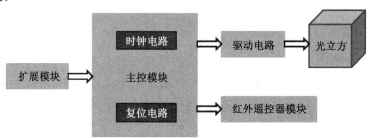

图 5-16-1　系统结构框图

2) 元件及其作用

(1) STC89C52:主控芯片,光立方的显示样式都存储在主控芯片中;

(2) 74HC373:八位并行锁存器,可用于单片机的 I/O 复用,控制芯片的 LE 脚,有选通数据以及锁存上一次数据线上的数据的功能;

(3) IRM(红外接收模块):与红外遥控器配合使用,用于通过红外遥控器选择光立方的显示样式;

(4) 晶振:给单片机提供稳定的脉冲源,是主控芯片工作必备条件之一;

(5) 30 pF 瓷片电容:也叫谐振电容,与晶振配合使用;

(6) 轻触按键、10 kΩ 电阻、10 μF 电解电容:共同组成单片机的复位电路,也是工作必备条件之一;

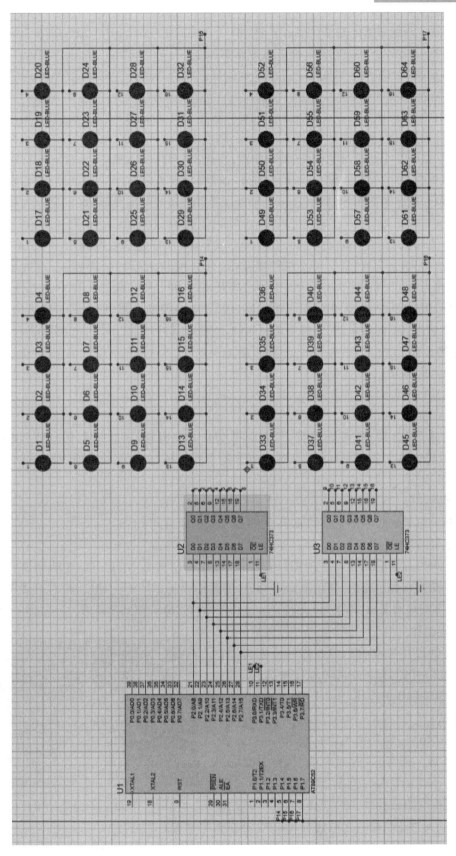

图 5-16-2 光立方系统仿真图（参考）

(7) 普通二极管：防止电源反接；

(8) 发光二极管与 1 kΩ 电阻：组成电源指示；

(9) 64 个发光二极管：组成光立方的显示部分。

3) 硬件设计

光立方系统原理图如图 5-16-2 所示。从左至右,左上角是红外接收头模块;向下分别是复位电路、晶振电路和电源接口;向右,第一个是主控芯片 STC89C52,主控芯片下面是电源指示电路,以及一个防反接的二极管;再向右,是两片 74HC373;最右边,右上角的是 4×4 的信号传输焊盘,下方是四个层选焊盘,层选焊盘顺序为：左上是第一层控制线,右上是第二层控制线,左下是第三层控制线,右下是第四层控制线。光立方 LED 详细电路在仿真图中展示。

光立方 Proteus 仿真图如图 5-16-2 所示。从左至右,首先是主控芯片——STC89C52 单片机;其次是两个 74HC373 八位并行锁存器,分别用 P3.0 和 P3.1 控制;右边是四组 LED,其分布为：左上角是第一层,用 P1.4 口控制,右上角是第二层,用 P1.5 口控制,左下角是第三层,用 P1.6 口控制,右下角是第四层,用 P1.7 口控制。利用 Proteus 进行仿真时,可以忽略掉单片机的时钟电路、复位电路及 VCC、VSS 接口。

4) 程序设计

(1) 初始化部分

设置对应的中断,定时工作方式。

(2) 显示部分

把立方体看作 LED 点阵数码管,每个面即为一个数码管,因此每个面的显示原理和 LED 点阵数码管是完全一样的。画面通过查表的方式实现,自 0 起始递增,每次加 1,每个画面查表 16 次。

(3) 中断部分

为了达到红外遥控动画切换的效果,可考虑采用中断方式。

(4) 显示循环

每个动画的显示应该是一个死循环,只有通过中断改变查表的变量,才能切换一次动画。在每个画面都显示完后,需注意修正变量,使其能再显示同一个动画,不管查表的是 Z 轴,还是 Y 轴的控制变量,都要进行初始化,直到中断改变查表的变量数值。

5) 焊接制作

光立方的焊接考验的是耐性和动手能力,特别要注意每个灯的焊接时间和焊接整齐度。图 5-16-3 是学生制作的作品。

6) 调试

(1) 在 LED 搭建完成之后采用点阵屏整面点亮方式检查每一面 LED 的通电情况,有过亮、过暗或者完全不亮的需及时拆换;

(2) 检查电路板的焊点和飞线是否有虚焊或者漏焊情况,元件正负极有无颠倒情况;

图 5-16-3　学生制作的光立方作品

(3) 烧录测试程序，检查光立方在全亮状态下有无坏点；

(4) 调试红外遥控功能和光立方的动画显示效果。

7 教学实施进程

采用学生为主、教师为辅的教学形式，教学具体实施进程如下：

1) 任务安排

(1) 学生自由组合分组；(2)光立方工作过程说明，电路设计、程序设计、组装调试、系统功能的要求说明。

2) 学生预习

(1) 学习 Altium Designer、Keil C、Proteus 等软件的操作方法；(2)学习实验原理；(3)查阅资料，完成预习与自学报告。

3) 方案确定

(1) 小组讨论系统设计方案的合理性，确定设计方案；(2)实验设备、耗材准备。

4) 编程仿真

(1) 绘制电路原理图；(2)C 语言程序编辑；(3)进行仿真与调试。

5) 制板调试

(1) 绘制 PCB 图；(2)电路制板、焊接；(3)下载程序，调试电路功能。

6) 结果验收

(1) 检查各小组预习自学笔记；(2)根据实验任务要求，对各小组的电路调试结果评分；(3)收集各小组实验报告和总结。

7) 总结演讲

(1) 各小组派代表总结实验的收获、经验和教训；(2)所有学生一起探讨各组实验过程中遇到的问题，提出可能的解决方案；(3)教师点评各小组实验方案、实验过程、实验结果；(4)各小组整理实验现场，做好实验室卫生打扫工作。

8) 报告批改

参照实验报告要求批改实验报告。图6-16-4 为学生分组讨论，进行实验项目的设计和制作。

图 5-16-4 学生制作现场

8 实验报告要求

实验报告需要反映以下工作：

(1) 实验需求分析；

(2) 实现方案论证；

(3) 硬件电路设计仿真，包括电路原理图、元器件参数及各模块设计说明；

(4) 软件设计，包括软件流程图及关键部分模块程序说明；

（5）实物调试,包括调试过程、测试及修正方法;

（6）实验结果情况记录;

（7）实验总结。

图 5-16-5 为学生上交的实验报告。

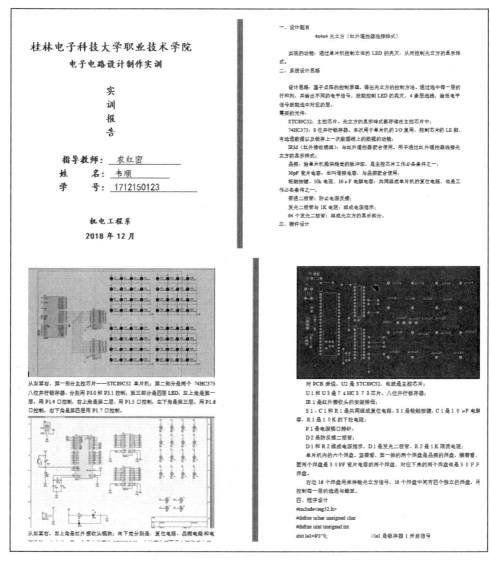

图 5-16-5　学生实验报告

9　考核要求与方法

（1）实物验收:验收功能与性能指标的完成程度,包括光立方运行的稳定性,基本任务和扩展任务的完成情况和完成时间。

（2）实验质量:电路设计方案的合理性,硬件焊接质量、组装工艺,软件设计的逻辑性、可扩展性。

（3）自主创新：功能构思、电路设计的创新性，自主思考与独立实践能力。

（4）实验成本：是否充分利用实验室已有条件，材料与元器件选择的合理性，成本核算与损耗。

（5）实验报告：实验报告的规范性与完整性。

（6）成绩评定：课程成绩＝操作考核×80％＋报告成绩×10％＋团队协作表现×10％。

10 项目特色或创新

（1）本实验项目属于工程应用中趣味性、实用性较强的案例，容易被学生理解与接受，能激发学生参与设计的积极性，促进学生克服困难完成实验。

（2）整个实验项目包括"设计→绘图→编程→制板→调试"5个部分，综合运用了单片机、传感器、电子技术基础的知识。设计部分能很好地锻炼学生将理论知识应用于实践的能力；硬件制作部分能很好地锻炼学生焊接、动手能力；调试部分能很好地锻炼学生发现问题、独立分析及解决问题的能力。